The Mystery of the Aleph

MYSTERY OF ALEPH by Amir D. Aczel

Copyright ⓒ 2000 by Amir D. Aczel
Korean translation ⓒ 2002 by Seung San Publishers
This Korean edition was published by arrangement with Four Walls Eight
Windows c/o Writers House Inc.,
New York through Korea Copyright Center, Seoul.

이 책의 한국어판 저작권은 한국저작권센터(KCC)를 통한
저작권자와의 독점계약으로 도서출판 승산에 있습니다.
저작권법에 의해 한국내에서 보호를 받는 저작물이므로 무단전재와 복제를 금합니다.

수학, 철학, 종교의 만남
무한의 신비

1판 제1쇄 인쇄 | 2002년 5월 27일
1판 제8쇄 펴냄 | 2022년 8월 10일

지은이	애머 악첼
옮긴이	신현용, 승영조
펴낸이	황승기
마케팅	송선경
펴낸곳	도서출판 승산
등록날짜	1998. 4. 2
주소	서울특별시 강남구 역삼동 테헤란로 34길 17 혜성빌딩 402호
전화	02-568-6111
팩시밀리	02-568-6118
이메일	books@seungsan.com
ISBN	978-89-88907-34-4 03410

• 도서출판 승산은 좋은 책을 만들기 위해 언제나 독자의 소리에 귀를 기울이고 있습니다.

수학, 철학, 종교의 만남
무한의 신비

| 애머 악첼 *Amir D. Aczel* 지음 | 신현용 · 승영조 옮김 |

승산

Contents

옮긴이 서문   006

$\aleph_0$ | 할레   011

$\aleph_1$ | 고대 무한의 기원   021

$\aleph_2$ | 카발라   037

$\aleph_3$ | 갈릴레오 갈릴레이와 볼차노   059

$\aleph_4$ | 베를린   079

$\aleph_5$ | 원을 정사각형으로 만들기   099

$\aleph_6$ | 학생시절   109

$\aleph_7$ | 집합론의 탄생   115

$\aleph_8$ | 최초의 원   129

$\aleph_9$ | "나는 그것을 안다, 그러나 그것을 믿지 않는다"   137

$\aleph_{10}$ | 악의적인 반대   149

$\aleph_{11}$ | 초한수   157

$\aleph_{12}$ | 연속체 가설   169

$\aleph_{13}$ | 셰익스피어와 정신병   177

| $\aleph_{14}$ | 선택공리 | 191 |

| $\aleph_{15}$ | 러셀의 패러독스 | 199 |

| $\aleph_{16}$ | 마리엔바트 온천장 | 207 |

| $\aleph_{17}$ | 오스트리아 빈의 카페 | 213 |

| $\aleph_{18}$ | 1937년 6월 14일과 15일 밤 | 223 |

| $\aleph_{19}$ | 라이프니츠, 상대성, 그리고 미국 헌법 | 229 |

| $\aleph_{20}$ | 코언의 증명과 집합론의 미래 | 235 |

| $\aleph_{21}$ | 할루크의 무한한 광채 | 245 |

부록 : 집합론의 여러 공리　　253
저자 후기　　257
옮긴이 해설　　261
각주　　279
찾아보기　　287
참고문헌　　301

| 옮 긴 이　　서 문 |

　자연과학에서는 관측이나 실험이 가능해야 한다. 그렇기 때문에 자연과학은 현실적으로 가능한 이야기를 다룬다. 유클리드 기하학으로 대표되는 과거의 수학에서도 이와 비슷한 상황을 볼 수 있었다. 그러나 현대 수학에서는 사정이 다르다. 수학적 체계 내에서 모순이 없다면, 어떠한 주장이라도 받아들일 수 있게 된 것이다.

　수학은 공간이나 시간적 제한을 받지 않기 때문에, 실험가능성이나 실현가능성은 문제가 되지 않는 학문이다. 실수집합에 정렬순서를 부여하는 것이 현실적으로 가능하다고 보는 사람은 거의 없을 것이다. 그러나 실수 집합은 물론, "모든 집합에는 정렬 순서를 부여하는 일이 가능하다"는 원리는 현대수학의 기본공리로 자리 잡고 있다. 이렇듯 자유성은 수학의 큰 특징이다.

　현대수학의 이러한 특징은 칸토어 이후 형성되었다고 볼 수 있다. 무한은 신의 영역이라고 인정하면서 조심스러운 자세로 견지하던 칸토어는 반대로 매우 적극적인 자세로 무한의 존재를 규명하고자 했다. 전인미답의 수학세계에 과감한 첫 발을 들여놓은 그는, 무한의 난해함과 신비함에 절망과 환희를 맛보기도 하였다. 그의 이러한 수고로, 우리는 무한에 대해 다가갈 수 있는 거리를 좁히게 되었으며, 각자 나름대로의 관점에서 무한을 좀더 이해할 수 있게 되었다. 그러나 필연적으로 새로운 문제가 대두되었다.

　러셀과 *Burali-Forti*에 의하여 제기된 역설들이 그것인데, 이로 인해 칸토어의 이론은 많은 어려움을 겪게 되었다. 게다가 스승이었던 크로네커 등을 비롯한 많은 수학자들에게 심한 비판과 모욕, 심지어는 저주까지 받게 된다. 이러한 일련의 일들이 복잡하게 얽히면서 칸토어의 몸과 마음은 서서히 병들어갔다.

　후일에 20세기 최고의 수학자로 인정받는 괴델은 칸토어를 그토록 괴롭히던 문제에 해답을 제시하게 된다. 비록 몇 년 뒤 폴 코언에 이르러서야 만족할 만한 해결을 얻게 되지만, 괴델이 제시한 해답은 칸토어의 이론이 현대수학에 어느 정도의 의의가 있는지를 여실히 보여주는 것이라 할 수 있다.

이 책은 무한의 신비에 대해 무한한 매력과 호기심을 느끼며 살아갔던 수학자, 칸토어의 이야기를 담고 있다. 우리는 이 책 속에서 그의 삶을 통한 수학자의 적극성과 긍정적 성향, 능동적 자세는 물론 진리를 향한 호기심과 열정을 읽을 수 있다. 육체와 정신이 허물어져 가는데도 식을 줄 모르는 진리에의 갈증을 해갈하려고 한 칸토어의 모습은 분명 아름다움이 아닌가.

저자인 애머 악첼은 난해한 내용의 기초수학 분야인 무한을 독자들이 쉽게 이해하도록 저술하였다. 기초수학을 알기 쉽도록 설명한 그의 노력에, 수학을 가르치고 있는 입장에서, 반가움과 고마움을 느낀다. 이러한 노력을 바탕으로 이 책을 읽는 독자들이 칸토어의 삶과 학문적 세계에 손쉽게 다가갈 수 있기를 바란다.

그 내용과 개념이 난해하다보니 저자의 이해의 틀이 다소 어색하기도 하고, 때로는 수학적인 오해가 한두 군데 보이기도 한다. 본서 전체의 분위기를 흐리지 않는 범위 내에서 이런 부분들은 옮긴이의 주를 달아 표시하였고, 몇 개의 깊은 주제에 대해서는 권말에 해설을 실었다. 독자들의 이해에 도움이 되었으면 한다.

비전공자인 일반 독자들에게는 이 책이 다소 어렵게 느껴지리라 생각된다. 많이 노력했으나, 역시 부족함을 느낀다. 독자들의 이해를 구한다.

신 현용 · 승 영조

칸토어 *Georg Cantor* 1845~1918

여섯 살의 나이에 $\aleph_0$ 와 연속체의 기수가 다르다는 것을 이해한 미리엄에게

$\aleph_0$

할레

1918년 1월 6일, 쇠약하고 지친 한 남자가 심장마비로 죽었다. 독일의 산업도시 할레의 대학 정신병원인 할레 네르벤클리닉에서였다. 그의 시신은 읍내를 가로질러 작은 공동묘지까지 조용히 운구되었다. 이 루터교 장례식에 참석한 것은 그의 아내와 다섯 자녀, 그밖에 서너 명뿐이었다.

지금 그 묘지는 남아 있지 않다. 오래 전에 묘지를 갈아엎고 개인주택이 들어섰다. 그러나 누군가 묘석을 보관해 두었다가, 수년 후 할레의 다른 작은 묘지에 유골도 없이 묘석만 세워두었다. 그 묘석에는 다음과 같이 새겨져 있다.

> 게오르크 칸토어 박사
> 수학 교수
> 1845. 3. 3~1918. 1. 6

사망할 무렵, 게오르크 칸토어는 7개월째 할레 네르벤클리닉에 입원해 있었다. 이것은 첫 입원이 아니었다. 그는 입원과 퇴원을 수차례

거듭했다. 이 클리닉은 1891년에 세워졌는데, 칸토어의 정신적 문제는 그보다 몇 해 전에 시작되었다.

게오르크 칸토어는 1869년 베를린 대학에서 수학박사 학위를 받았다. 베를린 대학에서 그는 세계 최고의 수학자들에게 배우며 수학의 수많은 중요 아이디어를 흡수했다. 그는 열정적으로 자신의 지식을 활용해서 해석학 분야에서 새로운 이론을 전개하고자 했다. 이때 24세였던 칸토어는 마침내 독일 대학의 교수가 된다는 사실에 마음이 들떴다. 그는 교수로 지내며 수학 연구를 할 시간도 갖게 되길 바랐다. 그러나 졸업할 즈음 그에게 교수직을 제의한 곳은 할레의 프리드리히 대학밖에 없었다.

베를린에서 서쪽으로 약 110킬로미터 거리에 있는 할레는 역사가 오랜 도시이다. 10세기 중반에 세워진 이 도시는 잘레 강변의 중추 소금 산지였다. 이곳은 세계대전의 폭격에도 피해를 입지 않았다. 그래서 역사적인 도시의 중심부에는 아직도 수많은 옛 건축물이 서 있다. 매력적인 중세의 거리에는 조약돌이 깔려 있어서, 시민들은 자동차가 다니지 않는 거리의 가게와 카페까지 걸어다닌다. 할레는 5탑 도시라고도 불린다. 중세 장터교회*Marktkirche*의 네 첨탑이 중심가 건물들 위로 우뚝 솟아 있고, 가까이에 다섯 번째 탑인 붉은탑*Rot Turm*이 서 있다. 붉은탑은 시민들이 가혹한 귀족정치로부터 독립하기 위해 투쟁한 것을 기념하여 세운 것이다.

할레는 작곡가 게오르크 프리드리히 헨델이 태어난 곳이다. 헨델이 1685년에 태어나서 18년 동안 살았던 집의 가장 오래된 벽은 역사가 12세기까지 거슬러 올라간다. 이 집은 이제 헨델의 생애를 기리는 박

1900년경 할레의 장터 모습

할레 ● **013**

물관이 되어 방문객을 맞고 있다. 할레는 언제나 지역주민의 연주회, 오페라, 음악이 있는 도시였다.

할레는 음악의 도시여서 칸토어의 관심을 끌 만한 곳이었다. 그의 부계와 모계에 모두 재능 있는 음악가들이 많았기 때문이다. 그들 가운데 일부는 고국인 러시아에서 명성을 날리기도 했다. 그러나 칸토어는 할레의 매력에 관심이 없었다. 그의 집안 사람들은 이베리아 반도를 떠나 덴마크와 러시아를 거쳐온 이주민들이었다. 젊은 칸토어는 남들보다 뛰어나야 한다는 압력을 받았다. 특히 아버지는 그가 공부를 잘 해서 가족의 기대를 저버리지 말아야 한다는 내용의 편지를 줄곧 써보냈다.

할레는 거대한 두 대학 도시의 중간 지점에 자리 잡고 있다. 북쪽의 베를린, 서쪽의 괴팅겐이 그것이다. 19세기 후반에 베를린 대학은 수학 분야에서 세계 최고였고, 유럽을 통틀어 베를린보다 더 자극적이고 활기찬 도시는 없었다. 괴팅겐은 또 다른 학구적 매력을 지니고 있었다. 괴팅겐도 할레만큼 역사가 오랜 도시이다. 중심가의 수많은 주택에는 지난날 그 집에 살았던 유명인사의 이름이 적힌 현판이 붙어 있다. 시인 하이네, 화학자 분젠, 천문학자 올버스, 특히 당대 최고의 수학자였던 카를 프리드리히 가우스 *C. F. Gauss*(1777~1855)도 괴팅겐에서 살았다. 칸토어는 베를린대학과 괴팅겐대학 모두에 마음이 끌렸다.

그러나 칸토어는 할레에 머물면서 두 대학에서 초대해주기만 기다렸지만 끝내 초대장은 날아오지 않았다. 수년 동안 베를린이나 괴팅겐에서 수학 대회가 열릴 때마다 참석해서 희망을 걸어보았지만, 어떤 제의도 받지 못하자 그는 울분을 터트리곤 했다. 그는 강렬하게 요구하는 성격을 지녔고, 곧잘 감정이 폭발했다. 이런 기질 때문에 평생 적을 많이 만들었고 친구를 잃기도 했다. 그러나 다른 수학자들에게 하는 행동과는 달리, 가족 관계에서는 여간 부드러운 게 아니었다. 그는 항상 동료들과의 대화를 주도했지만, 집에서는 식사시간에 아내와 자녀들이 대화를 이끌어가게 하며 느긋한 시간을 보냈다. 그리고 저녁식사를 끝낼 때마다 아내에게 이렇게 물었다.

"오늘 나와 함께 있는 게 즐거웠어? 나를 사랑해?"

그는 프리파트도첸트 *privatdozent*로 시작했다. 그건 독일 대학의 초급 강사직이다. 몇 년 동안 고생한 후 조교수로 승진했고, 곧이어 수학과 정교수가 되었다. 그는 수학을 집중 연구하게 되었는데, 가장 생산적인 시기에 이상한 일이 일어나서 잠시 연구를 중단하게 되었다. 1884년 늦봄에 깊은 우울증에 빠졌던 것이다. 그해 5월부터 6월까지 그는 옴짝달싹도 하지 못했다— 연구는 고사하고 다른 일도 거의 하지 못했다. 그의 아내와 자녀들은 여간 걱정이 되지 않았고, 칸토어를 높이 떠오르는 수학자로 보았던 동료들은 어리둥절했다. 그러나 칸토어는 어떤 전문적인 도움이나 치료를 받지 않고 회복되어 정상적인 생활로 돌아왔다. 후일 친한 친구인 스웨덴 수학자 미타그-레플러*G. Mittag-Leffler*(1846~1927)에게 보낸 편지에서 자신의 병 얘기를 한 후, 정신쇠약 직전에 "연속체 문제*continuum problem*"를 연구하고 있다고 썼다.

이듬해인 1885년에 칸토어는 가족이 살게 될 화려한 집을 지었다. 작곡가 헨델의 이름을 딴 거리인 헨델슈트라세에 지은 이 2층집은 천장이 높고 창문이 크다(지금은 칸토어의 손자 소유이다). 게오르크 칸토어

칸토어의 집

의 아버지는 상인이자 증권 브로커였는데, 몇 해 전 사망하며 50만 마르크의 유산을 남겨주었다. 이 유산의 일부로 새 집을 짓고 가구도 들여놓아서, 칸토어의 가족은 안락하게 지낼 수 있게 되었다. 당시와 마찬가지로 헨델슈트라세는 지금도 아주 조용한 거리이다. 길가에는 나무가 줄지어 서 있고, 주변에 값비싼 주택이 많이 들어서 있다. 이 집에서 대학과 카페, 레스토랑, 중요 공공시설까지는 걸어서 10분 거리이다. 그러나 칸토어는 가족과 함께 새 집에서 오래 지내며 즐길 수 없었다. 곧이어 다시 병을 앓게 되었던 것이다. 이번에도 그는 정신쇠약 직전에 연속체 문제를 연구하고 있었다.

할레의 대학에는 우수한 정신의학부가 있었다. 그는 이 대학의 교수였기 때문에 최고의 치료를 무료로 받을 수 있었다. 그러한 모든 결정을 내리는 권한을 지니고 있던 그의 대학과 베를린의 문화부는 칸토어가 오랫동안 자리를 비우고 거듭 휴가를 얻는 것에 대해 아주 관대했다. 그러나 그의 입원은 해가 갈수록 점점 더 잦아졌다. 베를린의 프로이센 국가 문서국에는 1902년 8월 29일자로 문화부가 재무부로 보낸 예산서가 보관되어 있다. 이 예산서에서 문화부는, 칸토어 교수의 병세가 일을 재개할 수 없을 만큼 심할 경우, 할레의 대학에서 다른 수학 교수를 임명할 수 있도록 지원하기 위한 예산 6,660마르크를 요구하고 있다. 그러나 칸토어는 다시 회복되어 계속 제자들을 가르쳤다.

1년이 지나지 않아 다시 앓게 된 그는 1904년 9월 17일자로 다시 입원했다. 그리고 1905년 3월 1일에 퇴원했다가, 그해 가을 다시 입원했다.
할레 네르벤클리닉에는 11개의 병동이 있는데, 커다란 울타리를 두

른 구내에 매력적인 노란 벽돌로 지어져 있다. 건물을 어찌나 튼튼하게 지었는지, 지금도 한 세기 전에 막 지은 모습을 보는 것 같다. 첨탑을 올린 본관 건물은 정신병동이라기보다 군사령부 같다. 내부의 널찍한 병실은 창이 커다랗고 저마다 욕실이 딸려 있다. 이곳은 구속복을 입혀 환자를 감금하는 곳이 아니었다. 입원비와 식대와 치료비를 댈 수 있는 부유한 환자들이 몇 개월 정도 단기 입원하는 병원이었는데, 오늘날에도 마찬가지이다. 이 대학의 교수인 칸토어에게는 전망 좋은 독실을 내주었고, 연구를 계속할 수 있는 자유도 주었다. 그가 받은 치료는 주로 뜨거운 물에 몸을 담그고 있는 것이었다.

후일 버트런드 러셀*B. Russell*은 칸토어의 편지를 참고해서 이렇게 말했다. 칸토어의 편지를 읽은 사람이라면 그가 정신병동에서 사망했다는 말을 들어도 놀라지 않을 거라고. 그러나 칸토어가 비록 이 클리닉에 입원해 있는 동안에 사망하긴 했지만, 러셀의 말이 반드시 옳다고는 할 수 없다.

우리는 칸토어의 병이 정확히 어떤 것인지 모른다. 일부 진료 기록에 의하면 그의 증후는 양극성 장애 곧 조울증과 비슷해 보인다. 그러나 이런 정신질환은 일반적으로 유전적 요인 탓인 것으로 알려져 있는데, 칸토어의 가계에는 이런 질환을 앓았다는 사람이 없다.

칸토어의 병에 대해 한 가지 사실만큼은 분명하다. 그가 우울증에 사로잡힌 것은 한결같이, 오늘날 "칸토어의 연속체 가설*continuum hypothesis*"이라고 알려진 것을 생각하고 있을 때였다. 그때 그는 단 하나의 수학적 표현—헤브라이어 첫 문자인 알레프($\aleph$)를 사용한 방정식—을 생각하고 있었다.

$$2^{\aleph_0} = \aleph_1$$

이 방정식은 무한의 본질에 대한 진술이다. 칸토어가 이것을 쓴 지 1과 3분의 1 세기가 흐른 지금도, 이 방정식은—그 속성이나 함의도—수학에서 가장 불가사의한 것으로 남아 있다.

ℵ₁

고대 무한의 기원

기원전 5~6세기의 어느 때인가 그리스인은 무한*infinity*을 발견했다. 무한이라는 개념은 모든 인간의 직관을 뛰어넘어 너무나 압도적이고 너무나 기괴해서, 무한을 발견한 고대 철학자와 수학자들은 길피를 잡을 수가 없었다.

그들은 더러 골머리를 앓다가 미쳐 버렸거나, 적어도 한 명이 살해되기까지 했다. 25세기가 지난 후, 이 발견의 결과는 과학계와 수학계, 철학계, 종교계에 깊은 영향을 미치게 되었다.

우리는 고대 그리스인들이 무한의 개념을 떠올렸다는 증거를 가지고 있다. 엘레아(이탈리아 남부)의 철학자 제논*Zeno*(495~435 B.C.)의 유명한 패러독스가 바로 그것이다. 여러 패러독스 가운데 가장 널리 알려진 것은 아킬레스와 거북 이야기이다.

고대인 가운데 가장 발이 빠른 아킬레스에 비하면 거북은 너무 느리기 때문에 얼마간 앞에서 출발한다. 거북이 처음 출발한 지점에 아킬레스가 도착할 무렵이면 거북은 얼마간 더 기어갔을 것이다. 거북이 더 기어간 거리만큼 아킬레스가 쫓아갈 무렵이면 거북은 또 얼마간 더 기어갔을 것이다. 이런 식의 논법이 무한히 계속된다. 그리하여 제논은 발빠른 아킬레스가 느린 거북을 결코 앞지를 수 없다고 결론짓는다. 제논은 이 패러독스를 통해, 공간과 시간이 무한히 분할될 수 있다는 가정 아래서는 아예 운동*motion*이 불가능하다고 추론했다.

제논의 또 다른 패러독스인 이분법*dichotomy*에 의하면, 우리는 지금 있는 실내에서 결코 벗어날 수 없다. 일단 문까지 절반의 거리를 걸어가면, 아직 절반이 남아 있다. 남은 거리의 반을 가면 또 반이 남아 있다. 이런 걸음*step*을 무한히 반복하더라도, 지난번보다 거리는 반으로 줄어들지만, 우리는 결코 문밖으로 나갈 수 없다! 이 패러독스의 이면에는 중요한 개념—무한히 많은 단계*step*를 거친다 해도 때로는 유한한 전체 거리에 이를 수 있다는 개념—이 자리 잡고 있다. 각 단계의 거리가 지난번보다 반으로 줄어든다면, 그래서 비록 무한히 많은 단계를 거쳐야 하기는 하지만, 가야 할 전체 거리는 맨 처음 간 거리의 두 배이다.

$$1+1/2+1/4+1/8+1/16+1/32+1/64+\cdots\cdots=2$$

제논은 이 패러독스를 사용해서, 시간과 공간을 무한히 분할할 수 있다는 가정 하에서는 아예 운동을 시작할 수도 없다고 주장했다.

이 두 가지 패러독스는 역사상 무한의 개념을 사용한 최초의 예이다. 무수히 많은 단계를 합해도 유한한 수의 답이 나온다는 이 놀라운 결과는 "수렴*convergence*"이라고 불린다.

이런 패러독스에서 벗어나기 위해, 아킬레스나 방을 벗어나려는 사람이 점점 더 작은 걸음을 걸어야 한다는 생각을 폐기해 버리려고 할 수 있다. 그러나 의문은 여전히 사라지지 않는다. 아킬레스가 점점 더 작은 걸음을 걸어야 하는 한, 그는 결코 거북을 앞지를 수 없기 때문이다. 이런 패러독스는 무한의 곤혹스러운 속성을 반영한다. 우리가 무한한 과정 혹은 현상의 의미를 이해하고자 할 때 우리를 기다리고 있는 함정도 바로 이것이다. 그런데 무한이라는 개념은 제논보다 약 1세기 이전 사람인 피타고라스 *Phythagoras*(약 569~500 B.C.)가 먼저 제기한 것이다.

고대 수학자 가운데 가장 중요한 인물이라고 할 수 있는 피타고라스는 에게 해의 사모스 섬에서 태어났다. 젊어서 고대 세계 각지를 널리 여행했는데, 전설에 따르면 바빌로니아는 물론이고 이집트까지 수차례 여행했다고 한다. 이집트에서 그는 여러 사제―문명의 여명기까지 소급되는 역사적 기록의 보관자―들을 만나 이집트의 수 연구에 대한 논의를 했다. 되돌아온 그는 고대 그리스의 식민지인 남부 이탈리아의 크로톤에서 수 연구에 헌신하는 철학파를 세웠다. 이곳에서 피타고라스와 그의 추종자들은 그 유명한 피타고라스 정리를 얻었다.

피타고라스 이전의 수학자들은 오늘날 정리 *theorem*라고 부르는 결과가 증명되어야 한다는 것을 이해하지 못했다. 피타고라스와 그의 학파 사람들은 고대 그리스의 다른 수학자들과 더불어 우리에게 엄밀한 수학의 세계를 소개했다. 이 수학의 세계는 공리 *axiom*와 논리 *logic*를 사용한 최초의 원리들을 초석 삼아 계속 층을 높여간 건축물과 같다. 피타고라스 이전의 기하학이란 그저 경험으로 얻은 규칙들의 모듬collection일 뿐이었다. 피타고라스는 완전한 수학 체계가 구축될 수 있고, 그 체계에서 기하학적 원소는 수와 대응한다는 것을 발견했다. 그리고 범자연수*whole numbers*(이 책에서는 정수*integer*의 의미로 사용되기도 한다: 옮긴이)와 그 비율만 있으면 논리와 진리의 완전한 체계를 세울 수 있다고 보았다.

그러나 피타고라스와 그의 추종자들이 세운 우아한 수학 세계를 무너뜨려 버리는 것이 있었다. 바로 무리수無理數*irrational numbers*의 발견이 그것이다. ("유리"수를 뜻하는 "rational"에서 "ratio"는 "비율"의 뜻도 있다. 따라서 "유리수"라는 개념에는 비율 개념이 강조될 수 있다. 이에 따라 어떤 사람은 "무리수*irrational number*"를 "무비수無比數"라고 번역했어야 했다고 아쉬워하기도 한다: 옮긴이)

크로톤의 피타고라스 학파는 엄격한 행동 규범을 지켰다. 그들은 영혼의 윤회를 믿었다. 그래서 동물을 죽이지 못했다. 동물에는 사망한 친구의 영혼이 깃들어 있을지도 모르기 때문이다. 그들은 채식주의자였고, 온갖 음식물 금기 규범을 준수했다(예컨대 콩도 먹지 않았다: 옮긴이).

그들은 수학과 철학 연구를 도덕적 삶의 기초로 삼았다. 철학*philosopy*(지혜를 사랑함)과 수학*mathematics*(배움)이라는 말을 처음 만든 것도 피타고라스인 것으로 알려져 있다. 피타고라스는 두 종류의 강의를 했다. 그의 동아리가 금기해야 할 것들, 그리고 더 큰 공동체를 위해 구상한 것들이 그것이다. 무리수의 존재라는 곤혹스러운 발견은 첫 번째 종류의 강의에 속했고, 그의 동아리는 그것을 완전히 비밀에 부칠 것을 맹세했다.

그들에게는 휘장으로 사용한 상징이 하나 있었다. 그것은 별 모양이 안에 그려진 오각형인데, 정오각형 안에 별이 있고, 이 별 속에 정오각형이 들어 있고, 그 속에 또 별이 들어 있고, 이것이 무한히 계속된다. 이 도형에서 각 대각선은 다른 대각선과 교차하며 길이가 다른 두 부분으로 분할된다. 분할된 대각선의 짧은 부분과 긴 부분의 비율은 자연계와 미술에 나타나는 신비한 황금분할을 이룬다(짧은 부분과 긴 부분의 비율은 긴 부분과 전체의 비율과 같다. 바꿔 말하면, 긴 부분의 제곱은 짧은 부분 곱하기 전체와 같다 : 옮긴이). 황금비는 중세 피보나치 급수*Fibonacci series*의 연속된 두 항의 비의 극한값이다. 1, 1, 2, 3, 5, 8, 13, 21, 34,

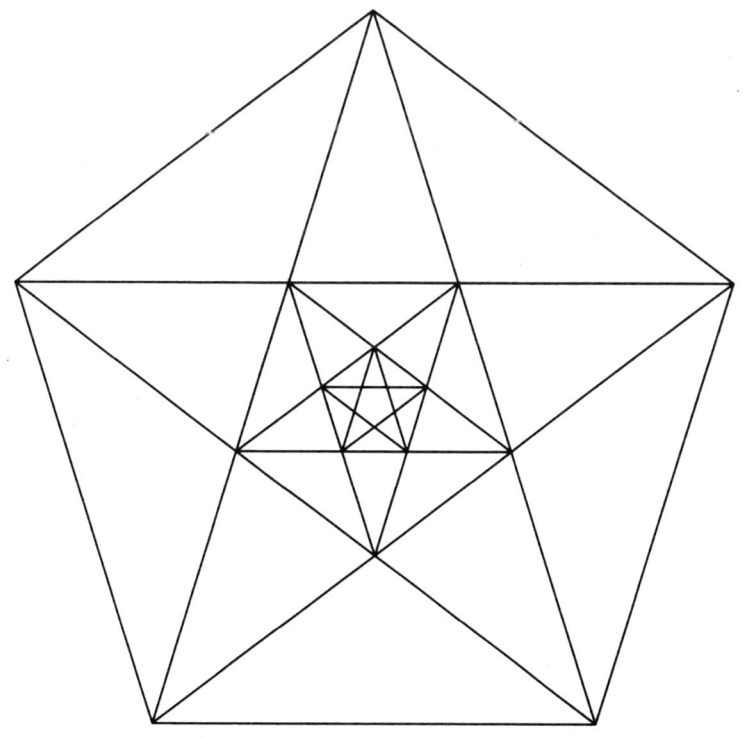

55, 89, 144, 233, …… 이 피보나치 급수의 각 수는 앞의 두 수를 합한 것이다. 계속 이어질수록 인접한 두 수의 비율은 황금비에 근접해간다. 1.61803 …… 이 수는 무리수이다. 이것은 소수 부분이 반복되지 않고 무한히 계속된다. 무리수는 피타고라스 사후 25세기가 흐른 후 무한의 단계 *orders of infinity*를 발견하는 데 결정적인 역할을 하게 된다.

수 신비주의 *number mysticism*는 피타고라스로부터 시작된 것이 아니었다. 그러나 피타고라스 학파는 수를 수학적으로는 물론 종교적으로까지 숭배했다. 그들은 1을 모든 수의 생성원 *generator*으로 여겼다. 이러한 가정은 그들이 무한의 개념을 일부 이해했다는 것을 보여준다. 주어진 수가 아무리 큰 수일지라도 그 수에 단지 1을 더하기만 하면 더 큰 수를 만들 수 있었기 때문이다. 2는 최초의 짝수이고 소신을 상징했다. 피타고라스 학파는 짝수를 여성, 홀수를 남성이라고 생각했다. 3은 최초의 진정한 홀수이고 조화를 상징했다. 최초의 제곱수인 4는 정의와 복수를 상징했다. 최초의 여성수와 남성수의 합인 5는 결혼을 상징했다. 6은 창조의 수였다. 7은 피타고라스 학파 사람들에게 특별한 경외의 대상이었다. 일곱 행성 곧 "떠돌이별"의 수였기 때문이다.

모든 것 가운데 가장 신성한 수는 10, 곧 테트락티스 *tetractys*였다. 이것은 우주의 수를 상징했고, 기하학적 차원들의 모든 생성원을 합한 것이었다. 10=1+2+3+4. 여기서 원소 1은 점(0차원)을 나타내고, 원소 2는 선(1차원)을 나타낸다. 3은 평면(2차원)을 나타내고, 4는 4면체(3차원)를 나타낸다. 피타고라스 학파의 지적 성취 가운데 특히 위대한

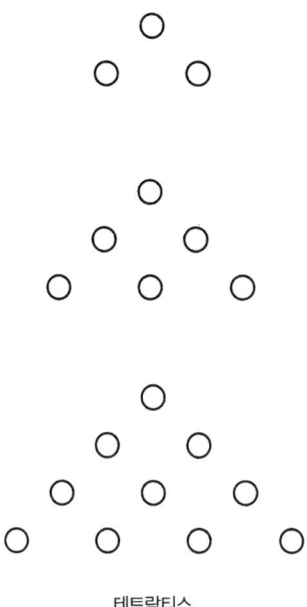

테트락티스

섯 한 가지는, 추상 수학적 논의를 통해서 10의 특별한 지위를 추론해 냈다는 것이다. 10이라는 수는 그저 두 손의 손가락을 합한 것이 아니었던 것이다. 덧붙여 말하면, 손가락과 발가락을 모두 합한 20이라는 수가 그들에게는 특별한 의미가 없었다. 그런데 프랑스어에서는 20진법의 유물이 아직도 발견된다. 이러한 사실은 피타고라스 학파가 인체 해부학적 특징보다는 추상 수학적 논법을 기초로 한 추론을 해냈다는 주장을 뒷받침한다.

10은 *삼각triangular* 수이다. 여기서 다시 우리는 피타고라스 학파의 기하학과 산수가 강하게 연계되어 있었다는 것을 알 수 있다. 삼각수란 그 원소들을 그림으로 그려놓으면 삼각형이 되는 수이다. 더 작은 삼각 수로는 3과 6이 있다. 10 다음의 삼각 수는 15이다.

후기 피타고라스 학파의 사람인 필로라오스*Philolaos*(B.C. 4세기)는 삼각 수들, 특히 테트락티스를 숭배한 것에 대한 글을 남겼다. 필로라오스는 신성한 테트락티스가 전능하며, 모든 것을 창조하고, 신적인 삶과 지상의 삶의 기원이자 길잡이라고 묘사했다.[*1] 우리가 피타고라스 학파에 대해 알고 있는 내용의 다수는 피타고라스 사후에 태어난 필로라오스 등의 저술 덕분이다.

피타고라스 학파는 두 정수의 비율로 나타낼 수 없는 수가 있다는 것을 발견했다. 그런 수를 무리수라고 한다. 피타고라스 학파는 그들의 유명한 정리를 통해 무리수의 존재를 연역해냈다. 이 정리는, 직각삼각형의 빗변의 제곱이 다른 두 변의 제곱의 합과 같다는 것이다. $a^2+b^2=c^2$. 이것을 도형으로 나타내면 다음과 같다.

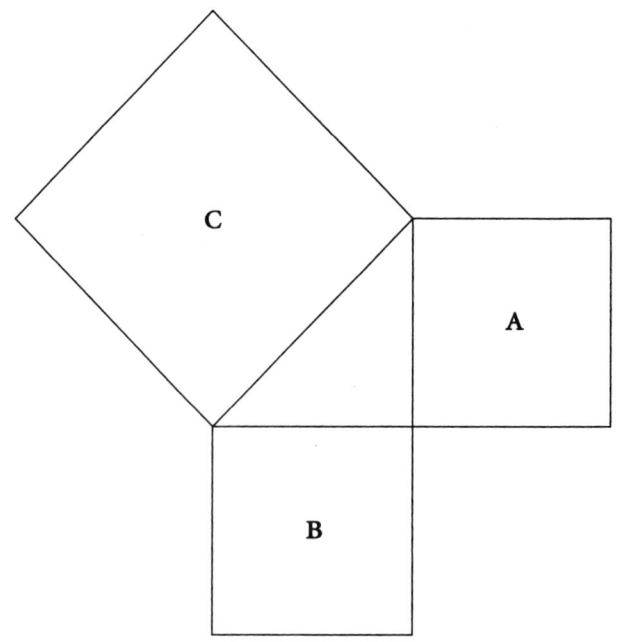

직각을 이루는 두 변의 길이가 각각 1인 직각 이등변 삼각형에 피타고라스 정리를 적용하면, 빗변 c는 다음과 같이 구할 수 있다. $c^2=1^2+1^2=2$, 따라서 빗변 $c=\sqrt{2}$. 피타고라스 학파는 이러한 새 수가 두 정수의 비율로 나타낼 수 없다는 것을 알게 되었다.[*2] 유리수 — a/b (a와 b($b \neq 0$)는 정수) 꼴의 수—는 소수 부분이 궁극적으로 0만 나타나던가, 무한히 반복되는 형태를 띤다. 예를 들면, $1/2=0.5000\cdots$, $2/3=0.6666666\cdots$, $6/11=0.54545454\cdots$ 이와 달리 무리수는 같은 형태가 반복되지 않는다. 그래서 무리수를 정확히 표기하려면 무한한 소수 부분을 모두 써야 하는데, 그것은 불가능하다.[*3]

무리수의 발견으로 피타고라스와 그의 추종자들은 심리적인 공황에 빠졌다. 수는 피타고라스 학파의 종교였기 때문이다. 신이 곧 수라는 것은 그들 종파의 좌우명이었다. 그들에게 수는 정수와 그 비율만을 의미했다. 그리하여 2의 제곱근—신의 창조물인 정수 두 개의 비율로 나타낼 수 없는 수—의 존재는 그들 종파의 모든 믿음 체계를 뒤흔들었다. 이처럼 위험한 발견이 이루어졌을 무렵, 피타고라스 학파는 수의 힘과 신비에 대한 연구에 헌신하는 체계적인 교단을 형성하고 있었다.

이들 교단의 일원이었던 히파소스*Hippasus*는 무리수 존재의 비밀을 외부 세계에 누설한 죄를 지은 사람으로 알려져 있다. 이 사건의 여파로 무수한 전설이 생겨났다. 히파소스가 교단에서 추방되었다는 전설도 있고, 그가 죽었다는 전설도 있다. 피타고라스가 몸소 이 반역자를 목매달았다거나 익사시켰다는 전설도 있다. 피타고라스 학파의 사람들이 히파소스를 생매장시켰다는 전설도 있다. 또 다른 전설에 따르면, 교단의 무리들이 히파소스를 배에 태워서 멀리 띄워보낸 후 배를 침몰시켰다고도 한다.

정수가 신성하다는 피타고라스 학파의 개념은 히파소스의 죽음과 더불어 끝장이 났다고 할 수 있다. 그리고 연속체의 풍성한 개념이 그 자리를 대신하게 되었다. 고대 그리스 기하학이 탄생한 것은 바로 이 무리수의 비밀이 세상에 알려진 후였다. 기하학은 선과 면과 각을 다룬다. 그것들은 모두 연속적이다. 무리수는 연속체라는 세계의 진정한 주민이다. 유리수도 물론 같은 세계에 살고 있지만, 무리수가 연속체의 다수를 구성하고 있기 때문이다. 유리수는 유한한 수의 항 *terms* 으로 진술될 수 있다. 반면, π(원주율 : 지름에 대한 원 둘레 길이의 비율) 등의 무리수의 표현은 본질적으로 무한하다(유리수는 유한 단순 연분수로 표현되고, 무리수는 무한 단순 연분수로 표현된다 : 옮긴이). 즉, 무리수를 완전히 규정하기 위해서는 무수히 많은 자리수로 표기해야 한다. (무리수는 영원히 반복되는 패턴을 갖지 않기 때문에, 예컨대 "소수점 이하 17342가 영원히 반복된다"는 식으로 말하는 것이 불가능하다.)

피타고라스는 기원전 500년경 남부 이탈리아의 메타폰티온에서 사망했다. 그러나 그의 아이디어는 고대세계 각지로 흩어진 그의 수많은 사도를 통해 영원히 살아남게 되었다. 경쟁관계에 있던 신비교 집단인 시바리스(Sybaris : 이탈리아 남부의 고대 그리스 도시로, 그곳에 살던 향락주의자들을 일컫는다 : 옮긴이)의 습격을 받아 다수의 피타고라스 학파 사람들이 죽은 후, 크로톤 본부는 폐쇄되었다. 달아난 사람들은 이탈리아에서 크로톤보다 더 내륙 쪽에 있는 타렌툼(현재의 타란토)에 정착해서 피타고라스의 명성을 이어갔다. 여기서 다음 세기에 필로라오스가 피타고라스 학파의 수 신비주의 훈련을 받았다. 피타고라스와 그의 사도들의 연구에 대한 필로라오스의 저술은 플라톤의 주목을 받게 되었다. 플라톤은 수학자가 아니었지만, 위대한 철학자로서 피타고라스 학파의 수에 대한 숭배를 본받았다. 피타고라스 학파의 수학에 대한 플라톤의 열정 덕분에 기원전 4세기의 아테네는 세계적인 수학의 중심지가 되었다. 플라톤은 "수학을 만든 자"로 알려지게 되었고, 그의 아카데미는 고대세계에서 가장 뛰어난 수학자를 적어도 네 명은 배출했다. 그 가운데 우리의 이야기를 전개하는 데 가장 중요한 인물이 바로 에우독소스 *Eudoxus*(408~355 B.C.)이다.

플라톤과 그의 제자들은 연속체의 기수 *power of the continuum*를 이해했다(수학에서 power는 보통 멱冪이라고 번역되지만 여기서의 power는 기수 cardinal number, 또는 농도 cardinality와 동의어이다. 사실 칸토어가 *power*를 이 뜻으로 사용하였다 : 옮긴이). 이제는 수준이 달라진 수에 대한 숭배를 계속하며 플라톤은 그의 아카데미 정문 위에 다음과 같이 써놓았다. "기하학을 모르는 자는 이곳에 발을 들여놓지 말라." 플라톤의 대화편을 보면, 통약할 수 없는 양 *incommensurable*(두 정수의 비율로 나타낼 수 없는 수) —2나 5의 제곱근과 같은 무리수— 의 발견으로 그리스 수학계가 경악했고, 피타고라스 학파의 수에 대한 숭배의 종교적 기반이 무너졌다는 것을 알 수 있다. 정수와 그 비율로 정사각형의 한 변과 대각선과의 관계를 나타낼 수 없다면, 피타고라스 교단의 말처럼 어떻게 범자연수가 완전하다고 할 수 있겠는가?

"셈법 *calculus*"과 "셈 *calculation*"이라는 말은 피타고라스 학파가 사용한 "calculus"라는 말에서 유래한 것이다. 이 말은 "조약돌"이라는 뜻이다. 그들은 셈을 할 때 조약돌을 사용했고, 이것으로 양을 나타냈다. 플라톤의 제자 수학자들, 그리고 그 유명한 〈기하학 원론*The Elements*〉의 저자인 유클리드*Euclid*(약 330~275 B.C.)의 연구를 통해, 산수화 된 기하학의 중요성이 셈법을 능가하게 됨으로써, 양은 직선 선분*line segments*과 관계를 맺게 되었다. (유클리드*Euclid*는 영어식 이름이고 정식 이름은 에우클레이데스*Eucleides*이다. 〈The Elements〉는 〈Stoikheia〉의 영어 번역본 제목 약칭으로, 이 책은 성경 다음으로 많이 번역 출판되었다고 한다 : 옮긴이). 이처럼 연속적인 양과 수가 이분됨으로써 수학은 새로운 접근을 필요로 하게 되었다―철학과 종교 또한 그러했다. 이와 같이 사물을 바라보는 새로운 방법을 담고 있는 〈기하학 원론〉은 2차 방정식의 해법을 다룰 때에도, 예컨대 대수적으로가 아니라, 직사각형의 넓이를 응용하는 방식으로 다루었다. 플라톤의 아카데미에서는 여전히 수가 군림하고 있었지만, 이제 수는 기하학이라는 더 넓은 맥락에서 조망되었다.

〈공화국*Republic*〉에서 플라톤은 이렇게 말했다. "산수는 추상적인 수에 대해 생각하도록 부추김으로써, 아주 커다란 정신 고양의 효과를 지니고 있다." 플라톤이 아틀란티스에 대해 쓴 책인 〈티마이오스*Timaeus*〉는 피타고라스 교단의 제자 이름을 따서 제목을 붙인 것이다. 플라톤은 또 수세기 동안 깊은 사색의 주제였던 수를 "더 선하고 더 악한 출생의 지배자 *the lord of better and worse births*"라고 언급하고 있다. 그러나 플라톤이 수학사에 가장 크게 기여한 것은, 무한에 대한 이해를 진전시킨 제자들을 배출했다는 것이다.

무한에 대한 제논의 아이디어는 고대의 가장 위대한 두 수학자에게 계승되었다. 크니도스의 에우독소스와 시라쿠사의 아르키메데스

Archimedes(287~212 B.C.), 이들 두 그리스 수학자는 넓이와 부피를 구하기 위해 무한소*infinitesimal*—무한히 작은 수—를 이용했다. 그들은 어떤 도형이든 작은 직사각형들로 나눈 다음, 각 직사각형의 넓이를 구해서 모두 합하면 구하고자 한 미지의 전체 넓이에 대한 근사치를 얻을 수 있다는 아이디어를 얻었다.

에우독소스는 가난한 집안에서 태어났지만 야망이 컸다. 소아시아의 크니도스에서 태어나, 젊어서 아테네로 간 그는 플라톤의 아카데미에 들어갔다. 너무 가난한 탓에 대도시에서는 지낼 수가 없어서, 생계비가 적게 드는 작은 항구 도시 피라에우스에서 하숙을 하며 아테네의 아카데미까지 매일 통학을 했다. 에우독소스는 플라톤의 수제자가 되어 플라톤과 함께 이집트 여행을 했고, 후년에는 의사 겸 입법가가 되었고, 천문학 분야에도 기여를 했다.

수학 분야에서 에우독소스는 극한 과정*limit process*이라는 아이디어를 사용했다. 그는 곡면체의 넓이와 부피를 알아내기 위해, 문제의 넓이나 부피를 수많은 직사각형 혹은 입방체로 쪼개서 계산한 다음 그것을 합산했다. 곡률은 이해하기 어려운데, 그래도 계산을 해야 한다면 곡면을 무수한 평면의 합으로 볼 필요가 있다. 유클리드의 〈기하학 원론〉 제5권에서 이것을 서술하고 있는데, 이것은 유클리드가 아닌 에우독소스의 위대한 업적이다.

넓이와 부피를 구하는 이 방법을 오늘날에는 소진법*method of exhaustion*이라고 부른다. 에우독소스는 그처럼 곡면체의 전체 넓이나 부피를 구하는 데 사용한 무한히 많고 무한히 작은 양의 실제적 존재를 우리가 가정할 필요는 없다는 것을 논증했다. "우리가 원하는 만

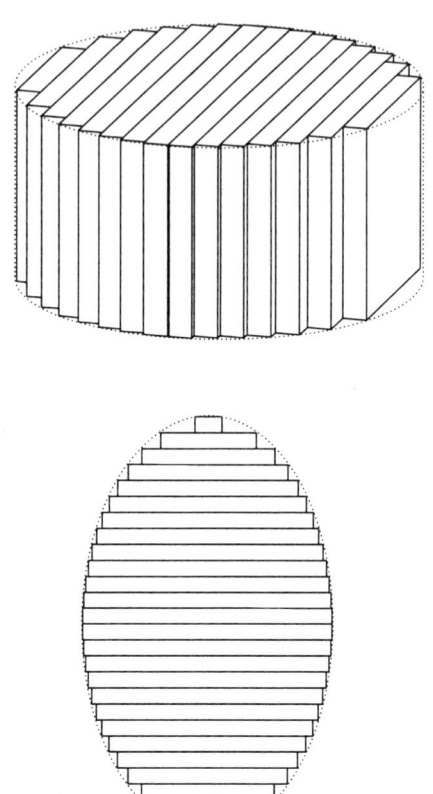

큼 작은" 양이 존재한다는 가정 하에서 주어진 전체 양을 계속 분할하기만 하면 되는 것이다. 이것은 가무한*potential infinity*의 개념을 탁월하게 도입한 것이다. 수학자들이 극한*limit*의 개념으로 발전시킨 이 가무한의 개념은 19세기에 더욱 발전하여 미적분학*calculus* 이론을 굳건한 토대 위에 올려놓게 되었다.

에우독소스가 처음 발전시킨 이 테크닉은 한 세기 후 고대의 가장 유명한 수학자인 아르키메데스에 의해 더욱 진전되었다. 유클리드와 그의 학파의 아이디어에 영향을 받은 아르키메데스는 수많은 발견을 한 것으로 알려져 있다. 그의 발견 가운데 아주 유명한 아르키메데스의 원리라는 게 있다. 그것은 예컨대 어떤 물체가 물 속에 잠겼을 때, 이 물체가 밀어낸 물의 무게만큼 부력이 작용한다(그만큼 물체가 가벼워진다)는 원리이다. 아르키메데스는 사랑하는 도시인 시라쿠사를 방어하기 위해 투석기 등의 전쟁기계를 발명해서 고대세계에 명성을 날리기도 했다. 수학 분야에서 아르키메데스는 에우독소스의 아이디어를 더욱 확대해서, 무한소의 양을 사용하여 넓이와 부피를 구하는 데 가무한을 이용했다. 이러한 방법으로 그는 다음과 같은 규칙을 유도해 냈다―하나의 구*sphere*에 밑넓이를 최대로 하여 내접시킨 원뿔의 부피는 구의 부피의 1/4과 같다. 이때 아르키메데스는 구와 원뿔의 부피를 구하기 위해 가무한을 어떻게 사용해야 하는지를 보여주었다. 아르키메데스가 로마군에게 살해된 후, 그가 가장 아름다운 발견이라고 생각한 것을 기념하기 위해, 한 석공이 구에 내접하는 원뿔 도형을 그의 비석에 새겨놓았다(이는 옳지 않다. 원기둥에 내접하는 구가 새겨져 있다. 로마 키케로에 의해 75 B.C. 년에 발견되었으나 사라졌다가 1965년에 다시 나타났다).

피타고라스와 제논, 에우독소스, 아르키메데스 등, 그리스 황금시대의 철학자와 수학자들은 무한의 개념에 대해 많은 것을 발견했다. 놀랍게도, 이후 2천년 동안에는 무한의 수학적 속성에 대해 새로 발견된 것이 거의 없다. 그러나 무한의 개념은 중세에 종교라는 새로운 맥락에서 다시 탄생하게 된다.

א2

카발라

기원전 2천년에 유대인들이 이집트를 떠날 때, 그들은 유대 사제 제도를 만들었다. 최초로 제사장이 된 사람은 모세의 형인 아론이었다. 제사장은 귀금속인 황금으로 만든 열두 개의 정사각형을 직사각형으로 배열한 사슬을 목에 둘렀다. 열두 개의 정사각형은 유대인 열두 부족을 상징했고, 우림 베투밈*Urim veTumim*(구약 성경에는 "우림과 둠밈"으로 되어있다 : 옮긴이)이라고 불린 이 제식용 사슬에는 신비한 힘이 서려 있다고 여겨졌다. 우림 베투밈은 40년 동안 사막에서 방황해야 했던 고난을 극복하는 데 도움이 되었다. 유대인들은 시나이 산에서 십계명을 받는 제식에서도 우림 베투밈을 사용했다. 이후 성지(팔레스타인)를 정복할 때에도 줄곧 우림 베투밈을 가지고 다녔고, 이것은 마침내 예루살렘 성전에 안치되었다. 유대 신비주의는 이와 같은 사제 제도와 우림 베투밈과 더불어 탄생했다.

유대인들이 바빌론 유수幽囚(기원전 6세기에 세 차례에 걸쳐 신바빌로니아의 침략으로 예루살렘이 함락되고 유대인들이 포로로 잡혀간 사건 : 옮긴이) 후

귀향했을 때, 엄선된 유대인 학자들이 토라*Torah*(율법, 모세의 5경과 그 규범)의 이면 의미를 연구해서 은밀한 해석을 하기 시작했다. 이 해석은 고도로 우화적이었다. 매우 공을 들인 이러한 해석 작업은 A.D. 70년에 로마가 예루살렘 성전을 파괴하고 뒤이어 제2차 유대 독립전쟁(A.D. 132~135)이 벌어진 후까지 계속되었다.

이와 같은 사건들을 거치며 유대교 지도자들은 뿔뿔이 흩어졌는데, 그 와중에 여러 율법학자들이 야브네—예루살렘에서 멀리 떨어진 곳으로 지금은 유대인들의 거주가 금지된 곳—에 정착했다. 이들은 성전의 사제를 대신하게 된 최초의 랍비였다. 이들은 율법학교를 개설했는데, 그 가운데 가장 위대한 영적 지도자로 떠오른 사람은 요셉 벤 아키바*Joseph ben Akiva*(A.D. 약 50~132)였다.

랍비 아키바는 〈마세 메르카바*Maaseh Merkava*〉, 곧 〈전차의 길〉이라는 저술을 남겼다. 이 저술에는 신도들이 숭고한 영성에 이를 수 있다는 새로운 방법이 담겨 있다. 그것은 하늘 궁전의 시각적 이미지를 창조하는 방법인데, 명상을 통해 신성에 다가가는 것을 목적으로 했다.

랍비 아키바는 분명 인간의 정신력으로는 거의 감당키 어려운 혹독한 훈련을 한 것으로 보인다. 이 랍비가 묘사한 명상은 과거 서구 문명이 접해보지 못한 유체이탈 체험을 통해 변화된 정신 상태와 고도의 황홀경을 유도하는 것이었다. 유일자*the One*에게 이를 수 있는 하늘 궁전의 시각화는 생생하고 강렬한데, 랍비 아키바는 제자들이 환각에 사로잡히거나 현실 감각을 잃어버리지 않도록 했다. 그는 이렇게 썼다.

"너희가 순수한 대리석 속으로[명상 단계로] 들어가면, '물이다! 물이다!'라고 말하지 말라. 시편에 이르기를, '거짓으로 말하는 자는 내 눈앞에 세우지 않겠노라'고 했으니."

이 랍비는 성서 구절과 그가 몸소 작곡한 찬송을 명상의 수단으로 사용했다. 그런 수단 가운데 하나가 무한히 밝은 빛인데, 제자들로 하여금 이 빛을 시각화하도록 했다. 이 빛은 시나이 산에서 모세 앞에 나타난 신을 감싸고 있던 옷인 할루크 *chaluk*를 상징하는 것이었다. 제자들은 명상을 하면서 빛을 입은 신의 모습을 바라보는 모세의 정신적 고양 상태에 이르고자 했다.

전설에 따르면, 랍비 아키바와 그의 동료 세 명이 함께 명상의 궁전에 들어갔다. 그들의 체험은 너무나 강렬했다. 첫 번째로 랍비 벤 아자이가 무한한 빛을 보고 사망했다. 그의 영혼이 빛의 원천을 너무나 갈구한 나머지 곧바로 육체를 벗어버렸기 때문이다. 두 번째로 랍비 벤 아부야가 신성한 빛을 보았는데, 하나가 아닌 두 명의 신을 보았다. 그는 배교자가 되었다. 세 번째로 랍비 벤 조마는 신의 옷인 무한한 빛을 보고 미쳐버렸다. 시력을 잃고서 정상적인 삶으로 돌아올 수 없었던 것이다. 다만 랍비 아키바만이 그 체험에서 온전히 살아남았다.

랍비 아키바가 연구한 것은 다음 여러 세기에 걸쳐 수 세대의 유대 학자들의 연구 대상이 되었다. 이들의 연구는 여러 가지 이유에서 엄격히 비밀에 부쳐졌다. 첫째, 그 체험의 강도가 무경험자에게는 위험한 것으로 간주되었기 때문이다. 둘째, 유대인들은 팔레스타인에서든 다른 곳에서든 땅 주인이 아니어서, 그 땅의 지배자들이 유대 신비주의를 적대시할지도 모른다고 보았기 때문이다. 그래서 신비주의에 관한 연구는 은밀히 이루어졌고, 흔히 문외한을 혼란시킬 목적으로 저술을 왜곡하기도 했다. 그리고 완전한 전통을 보존하기 위해 신비주의는 스승이 제자에게 구전하는 형식으로 전해졌다.

10세기에 하이 가온 *Hai Gaon*(A.D. 939~1038)의 바빌로니아 학파는 랍비 아키바와 그의 추종자들이 소개한 명상을 도입했는데, 변화된 정신 상태보다는 영적 의식의 개인적 확장에 초점을 맞추었다. 팔레스타인과 유럽에서의 신비주의 명상은 〈마세 메르카바〉라는 저술의 정신을 이어가고 있었다. 이 명상의 지침 원리는, 명상을 통해 어떤 유대인이라도 십계명을 받던 시나이 산에 현현하는 체험을 되풀이할 수 있다는 것이다.

11세기 스페인에서, 신비주의자 솔로몬 이븐 가비롤 *Solomon Ibn Gabirol*은 유대교의 은밀한 신비주의와 명상 체계에 이름을 붙였다. 카발라 *Kabbalah*. 카발라는 유대 전통의 "전승"이라는 뜻이다. 이 신비주의의 가르침은 입에서 귀로 은밀히 전승되었는데, 이것은 시대를 초월한 영적 지혜의 직접 전달인 셈이었다. 스페인 등의 지역에서 이제 카발리스트라고 불리게 된 유대 신비주의자들은, 신과의 불가사의한 관계와 감춰진 진리를 찾기 위해, 고대의 지혜서인 토라와 주석서의 연구에 헌신하는 비밀 교단을 조직했다.

헤브라이어의 각 문자에는 수치 *numerical value*가 할당되어 있었다. 율법학자들은 문자의 수치 합이 똑같은 여러 낱말들이 서로 모종의 관계를 맺고 있다고 주장했다. 수와의 관련 의미에 대한 이런 연구를 게마트리아 *gematria*라고 한다(창세기에서 야곱은 꿈에 사다리 *sullam*가 땅에서 하늘로 오르는 것을 보았다. 게마트리아에 따르면, *sullam*의 수치는 130이고, 이것은 시나이 *sinai*의 130과 같다. 그래서 시나이 산에서 모세에게 제시된 율법은 인간이 하늘에 이르는 방법을 뜻하는 것으로 해석된다 : 옮긴이). 헤브라이어 알파벳 문자의 치환은 팔레스타인의 초기 카발리스트들이 토라에 감춰진 의미를 연구할 때에도 사용되었다. 12세기에 프랑스인 카발리스트들은 이러한 연구에, 테트라그라마톤 *Tetragrammaton* — "4문자"라는 뜻으로, 신의 이름을 나타내는 **YHVH** 등 — 을 밑바탕으로 한 명상을 덧붙였다. 이런 명상에는 테트라그라마톤 문자들의 수치 연구는 물론이고 호흡법과 몸 동작까지 포함돼 있었다.

1280년에 스페인의 카발리스트 모세스 데 레온 *Moses de Léon*은 고대로부터 당대까지 알려져 있던 모든 신비주의와 모든 명상의 요체들을 결합하여 카발라를 연구한 역작을 남겼다. 이 책은 〈조하르 *Zohar*〉라고 불렸는데, 이 말은 광채, 곧 신의 무한한 빛을 뜻한다. 〈조하르〉는 데 레온의 신비한 체험의 산물, 곧 신성한 이름에 관한 명상의 산물이었다. 이 책은 고대의 수수께끼 같은 언어인 아람어로 기록되었다—아람어는 문명의 여명기에 근동 *Near East*에서 사용한 혼성어이다. 〈조하르〉는 랍비 아키바의 제자인 시몬 바르 요하이 *Shimon Bar Yohai*의 초기 카발라 전통에 깊이 뿌리를 내리고 있다.

그러나 〈조하르〉의 기원은 신비에 싸여 있어서, 수세기 동안 논란의 대상이 되어왔다. 데 레온은 후일 〈조하르〉라는 책으로 편집한 내용들을 처음에는 일부만 친구들에게 전단으로 배포하며, 그것이 고대의 바르 요하이가 쓴 것이고 자기는 단지 옮겨 썼을 뿐이라고 주장했다. 전설에 따르면, 바르 요하이는 12년 동안 갈릴리의 한 동굴에 살면서 자신의 명상을 글로 남겼는데, 이 글은 훗날 로마가 이스라엘을 점령하고 있는 동안 감춰져 있다가, 결국에는 몰래 반출되어 스페인으로 흘러 들어온 것이라고 한다. 그러나 1305년에 맘루크 왕조(1250~1517, 이집트와 시리아 일대를 지배한 투르크계 이슬람 왕조 : 옮긴이)가 성지(팔레스타인)의 지중해 해안에 위치한 도시인 아크레를 포위 공격할 때, 이를 피해서 스페인으로 흘러든 한 사람이 이렇게 주장했다. 즉, 고대의 모든 기록이 반출되지 않고 팔레스타인에 남아 있다는 것이었다. 그래서 데 레온이 배포한 전단은 바르 요하이의 고대 저술을 옮겨 쓴 것일 수가 없으니, 그것은 현대의 저술이라고 그는 주장했다.

그것이 고대의 저술이라는 데 레온의 주장을 뒷받침하는 증거를 발견했다는 다른 조사도 여럿 있다. 어쨌든 그 전단들은 몇 해 만에 〈조하르〉라는 책으로 편집되었다. 데 레온은 1280년과 1286년 사이에 이 책을 완간했다. 수세기가 흐른 뒤에도 이 책의 원저자가 누군가에 대한 의문은 풀리지 않았다. 그러나 그것이 고대의 저술이든, 고대의 아이디어를 바탕으로 한 13세기의 저술이든 간에, 그 문서는 유대 신비주의를 이해하는 데 이루 말할 수 없이 중요하다. 〈조하르〉는 카발라 신비 철학의 중추를 이루고 있기 때문이다.

인쇄술의 발달과 더불어 이 책은 점점 더 널리 퍼졌는데, 첫 판이 인쇄된 것은 1558년과 1560년 이탈리아의 만투아와 크레모나에서였다. 소장자가 많아지자 저자에 대한 논란이 다시 점화되었다. 다수의 카발리스트들은 〈조하르〉가 출판되어 신성한 토라의 비밀이 누설되는 것은 위험한 일이기 때문에 출판이 금지되어야 한다고 생각했다. 더러는 그 문서가 고대의 저술이 아니라는 이유에서 출판을 반대했다.

한 세기가 흐른 후, 거짓 메시아로 알려진 샤베타이 체비*Shabbetai Zevi*(1626~1676)라는 인물의 등장과 더불어 더욱 많은 논란이 일었다.

17세기에 샤베타이가 이끈 샤베타이주의 운동은 다분히 〈조하르〉의 상징과 교리를 빌려 전개한 것이었다. 샤베타이는 1666년에 콘스탄티노플에서 체포되었다. 오스만 투르크의 술탄이 이슬람교로의 개종과 처형 가운데 양자택일하라고 강요하자, 그는 개종을 택했다. 그러나 〈조하르〉의 이미지의 위력은 너무나 막강해서 대대적으로 확산되는 것을 막을 수가 없었고, 이 운동은 18세기까지 이어졌다.

한편, 13세기 스페인에서 아브라함 아불라피아*A. Abulafia*는 여성과 비유대인을 위한 카발라 수련원을 열었다. 이러한 행위는 유례없는 논란의 대상이 되었다. 그는 유대교 지도자들과 종교재판소 양자와 갈등에 휘말리게 되었다. 어쨌든 그의 새로운 접근 덕분에, 장차 수 세기 동안 유대 신비주의를 지배하게 될 메시아 종파가 일어설 수 있게 되었다.

1500년대에 다수의 위대한 카발리스트들은 스페인의 종교재판을 피해 갈릴리의 작은 언덕 도시인 사페드로 이주했다. 유대 민족의 성지 근처에서 살고 싶었기 때문이다. 당시까지도 사페드에는 성지의 분위기가 흐르고 있었다. 이 도시의 외곽에는 중세의 유명 랍비들의 무덤이 산재해 있었고, 시내의 조약돌이 깔린 길은 500년 전과 다름이 없어 보였다. 오늘날에도 당시의 검은 옷을 걸친 율법학자들이 고대 거리를 거니는 모습을 볼 수 있다. 달라진 점이 있다면, 그들 가운데 대부분이 휴대전화기를 지니고 있다는 것 정도이다. 이 도시에는 가장 옛날에 세워진 유대교 회당 가운데 일부가 자리 잡고 있기도 하다.

사자라는 별명을 지닌 이삭 루리아*Isaac Luria*(1543~1620)가 이끈 신비주의 비밀집단 — 2천년 전의 피타고라스 학파와 닮은 집단 — 이

자리 잡은 것도 이곳이었다. 이 집단 구성원들은 친구라는 뜻의 하베림*Chaverim*으로 불렸다. 그들은 일을 분담했고, 기도와 식사와 명상을 함께 했다. 루리아는 틱쿤*tikkun*이라는 새로운 명상 방법을 도입했다. 틱쿤은 회복이라는 뜻이다. 이 명상은 의식을 집중하고 형상의 세계와 절대자를 결속시키고자 한다. 루리아는 제자들에게 각자의 개성에 어울리는 실천 사항을 하나씩 정해주었다. 그리고 제자들의 명상 상태를 고양시키기 위해 향기로운 허브와 향료를 사용했다. 이것은 모두 제자들이 신의 숭고함에 도달할 수 있도록 하기 위한 것이었다.

이 집단은 번창해서 훌륭한 카발리스트를 여럿 배출했다. 그 가운데 모세스 코르도베로*Moses Cordovero*(1522~1570)는 당시 사페드의 카발리스트들을 이끈 지도자였다. 그는 율법학자들의 무덤 가에서 집단 명상을 하는 방법을 썼고, 성서에 관한 대화를 이끌었다. 또 다른 중요 학자로는 요셉 카로*Joseph Caro*(1488~1575)가 있었다. 그는 스페인에서 사페드로 가라는 성령의 명을 받았다고 한다. 그가 사페드에 온 것은 1536년이었다. 카로와 코르도베로 등은 그들 집단의 공식 언어로 헤브라이어를 채택했고, 구전되어온 카발라 전통을 구성원들로 하여금 암송하게 했다. 루리아는 이집트에서 1570년에 사페드로 왔는데, 이때 〈조하르〉 문서를 가져왔다. 사페드에서는 이와 같은 다수 학자들의 영향 아래, 오늘날 알려져 있고 수련되고 있는 것과 똑같은 카발라의 필수 원소들이 확립되었다. 이들 원소는 다음과 같다.

카발라의 핵심에는 10개의 세피로트*Sefirot*, 곧 "셈"이 자리 잡고 있다(sefirot의 단수형은 세피라*sefira*이다. 이것은 "수"를 뜻하기도 한다 : 옮긴이). 그래서 피타고라스 학파에게 테트락티스가 신성했던 것처럼, 유대 신비주의자들에게도 10이라는 수가 특별한 의미를 지니고 있다. (참회기도를 할 때 거명하는 유대 순교자도 10명인데, 그 가운데 한 명이 랍비 아키바이다.)

카발라의 상당 부분은 테트라그라마톤 곧 신성한 신의 이름을 치환하고, 그 의미를 연구하는 일로 이루어져 있다. 신의 이름을 나타내는 헤브라이어 문자 YHVH는 몇 가지로 재배열될 수 있을까? 목록을 만들어보자. **YHVH, YVHH, VYHH, VHYH, HVYH, HYVH, HVHY, HYHV, HHYV, HHVY.** 이렇게 열 가지로 배열될 수 있어서 10이라는 수가 중요하다.(이 외에 **YHHV**와 **VHHY** 같은 두 가지 배열이 더 있는데 왜 간주되지 않는지 분명하지 않다 : 옮긴이). 카발라의 은밀한 원소인 세피로트는 다차원의 공간을 점유하고 있는 10개의 구로 배열되어, 신비한 기하학적 형상을 이룬다. 종이 위에 그려 놓으면 다음과 같지만, 이 원소들은 2차원이 아닌 다차원으로 뻗어 있다는 것을 이해해야 한다.

헤브라이어로 나타낸 신의 이름 네 자는 하나의 세계를 대표한다. 자리바꿈을 한 열 개의 이름은 세피로트를 형성한다. 그 첫 번째의 케테르*Keter*는 왕관을 뜻한다. 이것은 또 의지, 겸손, 5차원의 의식을 나타내며, 흑백의 색깔과 관계가 있다. 두 번째의 비나*Binah*는 이해 혹은 지성을 뜻한다. 이것은 행복을 나타내며, 초록색과 관계가 있다. 세 번째의 호흐마*Chochma*는 지혜를 뜻한다. 이것은 또 무아 *egolessness*를 나타내며, 청색과 관계가 있다. 게부라*Gevura*는 권능을 뜻하며, 힘, 경외, 자제, 적색과 관계가 있다. 헤세드*Ghesed*는 은혜를 뜻하며, 사랑, 창조, 흰색과 관계가 있다. 티페레트*Tiferet*는

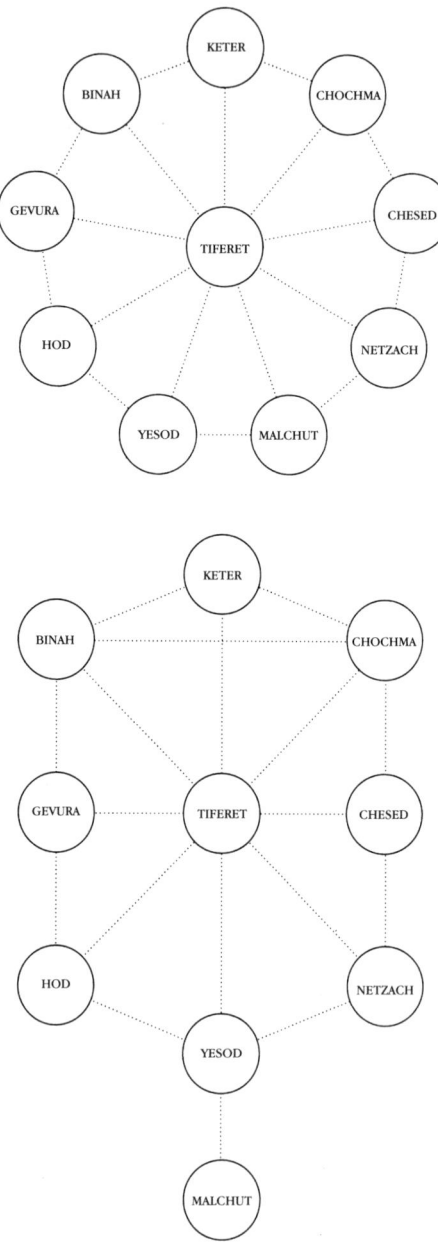

아름다움 혹은 우아함을 뜻하며, 연민과 관계가 있다. 색깔은 흰색이다. 호드*Hod*는 위엄을 뜻하며, 유연함, 성실성, 초록색과 관계가 있다. 네차*Netzach*는 영원을 뜻하며, 광채, 승리, 안전과 관계가 있고, 색깔은 적색이다. 예소드*Yesod*는 기초를 뜻하며, 진리, 형성을 나타내고, 색깔은 흰색이다. 마지막으로 말후트*Malchut*는 왕국을 뜻하며, 행동, 인지, 흰색과 관계가 있다.(위와 같이 영어로 표기된 헤브라이어 낱말 가운데 ch는 /h/와 /k/ 사이에 있는 음으로, 목청을 가다듬을 때 내는 소리와 유사하다는데, 나타낼 길이 없어서 /ㅎ/로 통일해서 표기했다 : 옮긴이)

열 가지 세피로트는 각각 신의 특성을 나타낸다. 그것은 신의 열 가지 양상으로서, 신에의 접근을 고취하는 지침이기도 하다. 그러나 열 가지 세피로트의 이면에는 전체로서의 신이 자리 잡고 있다. 그 전체는 너무나 크고, 너무나 숭고하고, 형언하기 어려울 만큼 너무나 현묘해서, 다만 이름만 알려져 있을 뿐이다. 엔 소프*Ein Sof*. 카발리스트들은 그 전체를 다만 엔 소프라고 말할 수 있을 뿐인데, 이 낱말은 무한*Infinity*을 의미한다. 신은 무한하다. 엔 소프는 카발라의 모든 것속에 내재된 궁극의 개념이다. 신을 엔 소프라고 부른 최초의 카발리스트는 12세기의 랍비인 맹인 이삭*Isaac the Blind*이다. 무한한 빛이라는 개념이 잉태되는 데에는 맹인이 필요했다는 것이 흥미롭다.

무한으로서의 신은 묘사되거나 이해될 수 없다. 엔 소프는 너무나 현묘해서, 인간의 정신으로는 얼핏 훔쳐보길 기대할 수조차 없다. 14세기의 어떤 익명의 카발리스트는 이렇게 썼다.

"엔 소프는 토라에도, 예언에도, 어떤 저술에도, 우리 랍비들의 말에도 그림자조차 나타나지 않는다. 딱한 랍비들의 기억이여. 그러나 예배의 대가들[카발리스트들]은 엔 소프의 작은 암시를 받았다."*4

〈조하르〉에 나타난 무한의 한 형태는 다음과 같다.

명하리라 생각한 왕은

하늘 광채 속에 새김을 새겼다.

숨겨진 것 속의 숨겨진 것 속에서,

불가사의한 무한으로부터

눈이 멀 듯한 불꽃이 터졌고,

한 자락 무형의 연무煙霧가

둥글게 고리 모양으로 맺혔다,

백색도, 흑색도, 적색도, 초록색도 아닌,

그 어떤 색깔도 아닌···

When the King conceived ordaining

He engraved engravings in the luster on high.

A blinding spark flashed

Within the Concealed of the Concealed

From the mystery of the Infinite,

A cluster of vapor in formlessness,

Set in a ring,

Not white, not black, not red, not green,

No color at all…*5

신은 무한이고 이해될 수 없기 때문에, 세피로트는 다만 카발리스트들이 무한한 엔 소프로부터 이삭 줍듯 모아들인 유한한 양상이다. 세피로트의 속성들은 연구되고 명상되고 기도될 수 있다.

세피로트는 신의 창조물을 구현한다. 미네랄 따위의 더없이 낮은 수준으로부터 위대한 엔 소프의 경이에 이르기까지 모든 것을. 데 레온은 〈조하르〉에 이렇게 썼다.

"신은 통합된 하나이다. 최후의 고리까지 추적해나가면, 모든 것이 서로 모든 것과 엮여 있어서, 신의 정수는 위뿐만 아니라 아래에도 있고, 하늘에도 땅에도 있다."

〈조하르〉는 세피로트 각각의 이미지로써 빛, 뿌리, 왕관, 의상과 같은 용어를 사용한다. 독자는 그 신비한 이미지들을 해석해야 하고, 각각의 세피로트를 식별할 수 있어야 한다.

13세기 초에 세피로트와 엔 소프가 등장함에 따라, 카발리스트들은 다신론의 색채를 띠게 되었다. 신은 어떻게 무한하면서 동시에 10가지의 세피로트일 수 있는가? 카발리스트들은 대답했다. 신은 곧 무한한 엔 소프이지만, 세피로트는 엔 소프의 일부이며, "석탄에 붙은 불꽃처럼" 하나를 이룬다고. 세피로트는 다중의 존재를 갖는 것처럼 보이지만, 그 모두가 하나이며 무한의 일부를 이룬다.

이와 같이 카발리스트들은 그리스 철학자와 수학자들 못지않게 무한의 개념을 여실히 파악했던 것으로 보인다. 무한이 유한한 부분을 포함할 수 있지만, 그 전체, 무한 자체는 부분들보다 이루 말할 수 없이 더 크다는 것을 그들은 이해했다. 다신론 색채를 띠게 된 데 대한 대답으로, 카발리스트들은 현대 집합론에도 나타나는 중요한 개념 하나를 사용했다. 그것은 *1과 다the one and the many*의 문제라고 불린다.*⁶ 이 문제는 우리가 다음과 같이 물을 때 제기된다. 다수의 대상이 하나로, 즉 모든 개별 대상을 포함하는 하나의 *집합*으로, 간주될 수 있는 경우는 언제인가? 이것은 어려운 문제이다. 이 문제는 나중에 다루게 될 유명한 러셀의 패러독스와 같은 패러독스로 귀결되기 때문이다.

카발라의 개념 가운데 하나는 무*nothingness*이다. 카발리스트들은 순수한 무를 상상해보려는 사람이 좌절하기 마련인 이 문제에 봉착했다. 사람들은 무를 생각할 때에도 항상 무를 담고 있는 어떤 유*something*, 예컨대 빈 상자 따위를 떠올리고 싶어한다. 카발라에서는 이와 같은 빈 상자를 그릇 혹은 옷으로 표현한다. 현대 집합론에서 우리는 *공집합empty set* — 아무 것도 포함하지 않는 집합—을 상정한다. 카발라에서 그릇에 관한 논법은 21세기의 집합론을 괴롭히는 여러 패러독스의 경우와 똑같은 결론으로 귀결된다. 그걸 보면 그들은 우리가 무한을 이해하고 있는 것에 못지 않게 많은 것을 이해한 것처럼 보이기도 한다.

카발라는 엔 소프의 개념을 여러 맥락에서 사용한다. 열 가지 세피로트를 무한의 부분으로 여긴다는 것은, 정수를 비롯한 원소들로 이루어진 이산*discrete* 무한을 상정한 것과 같다. 나아가서, 카발라 저술들의 문장 가운데, 끝없이 뻗어가며 무한원점遠點*a point at infinity*을 향해 휘어지는 직선을 논하는 대목이 있다. 이것은 기하학의 연속*continuous* 무한인데, 무리수를 발견하기 이전의 초기 피타고라스 학파가 생각한 무한이 아니라, 플라톤과 그의 제자들이 생각한 무한이다. 따라서 카발리스트들은 무한이 이산적인 항목의 끝없는 모음으로서 뿐만 아니라, 연속체로서도 존재한다는 사실을 분명히 인식하고 있었던 것이다. 신은 이와 같은 두 가지 무한의 모습으로 조망되었을 뿐만 아니라, 인간의 정신으로는 생각해낼 수 없을 만큼 복잡한 무한으로 조망되기도 했다. 그러나 다른 종류의 무한을 수학적으로 이해하고 발전시키는 것은 훗날을 기약해야 했다.

엔 소프가 무한의 연속적 형태일 경우, 엔 소프는 무한한 강도를 지닌 무한한 광선의 모습을 띈다. 빛은 공간을 채우고 무한을 향해 휘어진다. 무한한 빛의 둘레에서는 공간이 수축된다. 이 수축*contraction*(헤브라이어로 침춤*tzimtzum*)은 절대적 하나인 신의 완전성 속에 깃들어 있는 불완전하고 유한한 세계의 존재라는 패러독스를 언급하는 것으로 이해된다. 카발라에 따르면, 천지창조 때에 무한한 광선이 수축된 공간으로 들어가서, 열 개의 동심구*concentric spheres*를 형성한다. 이 구가 바로 세피로트이다. 세피로트의 기하학적 모형은 복잡하지만 수학적으로 의미심장하다. 다음에 예시한 그림은 이것을 평면화한 것이다.

단테*Alighieri Dante*(1265~1321)는 1300년대의 저술인 〈신곡 *Divine Comedy*〉에서 천국과 연옥과 지옥을 묘사하기 위해 거의 똑같은 모형을 사용했다. 단테는 아홉 구의 세계를 두루 여행하며 아홉 구의 천사들을 만난다. 이들 구 너머에는 최고천最高天이라고 불리는 하나의 점이 있는데, 이곳에 신이 거주한다. 카발라의 모형이나 단테의 모형 모두에서 우리는 이들 구가 동심同心을 가지고 있다는 것을 알 수 있다. 그 위 어딘가 아주 먼 곳에 무한원점이 있다. 1800년대에 기하학에 대한 예리한 이해력을 지닌 위대한 독일 수학자 한 명이 바로 그러한 구를 이용해서 무한을 묘사하는 뜻 깊은 방법을 발견했다. 오

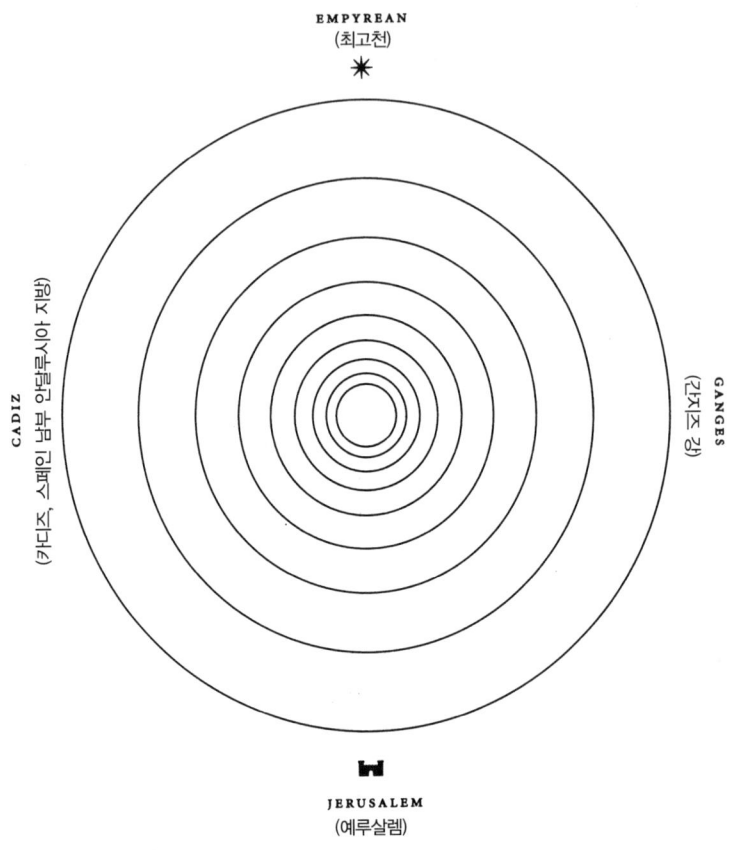

늘날 이것은 그의 이름을 따서 리만 구*Riemann Sphere*라고 부른다.

단테는 또 신비한 수 체계를 발전시켰다. 그는 피타고라스 학파의 테트락티스를 재발견했고, 10을 가장 중요하고 신성한 수로 여겼다. 그는 베아트리체에게 9라는 수를 부여하고, 자신에게는 10을 부여해서, 문자와 함께 이들 수의 상호작용을 통해 감춰진 의미를 계산했다. 이것은 카발리스트들이 게마트리아를 통해 하던 것과 똑같은 것이다. 중세 시대 내내 수비학數秘學은 기독교 신비주의에서도 중요한 역할을

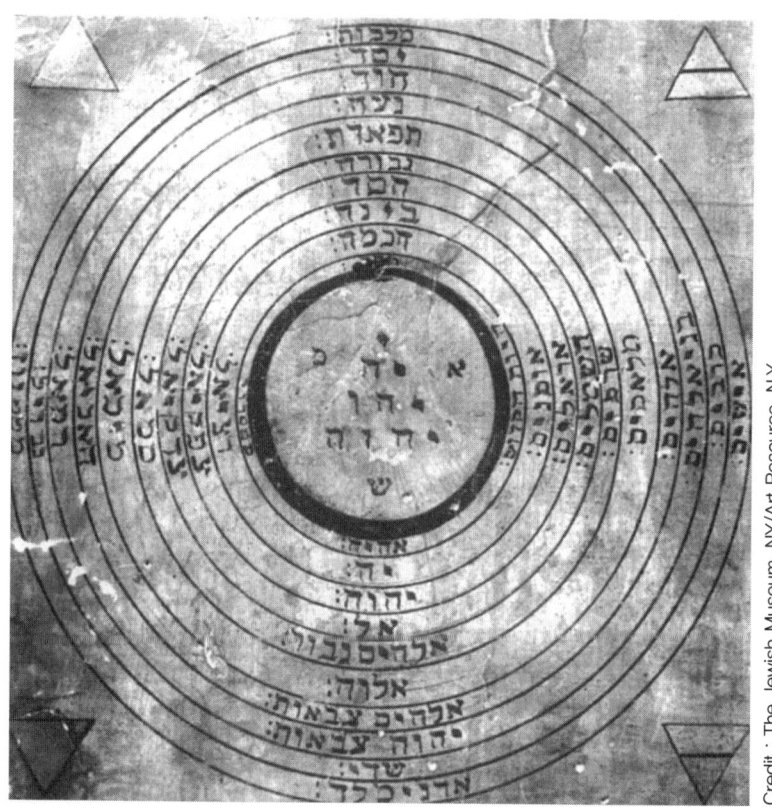

카발리스트의 현판 Kabbalistic plague

했다. 이제 무한의 개념은 동시에 두 곳에 존재하는 천사들에 대한 논의로 이어졌다. 하나의 바늘 끝에서 얼마나 많은 천사들이 춤을 출 수 있을까? 등의 논의가 그것이다. 카발리스트의 원리는 기독교 신학자들의 연구 대상이 되기도 했다. 그러나 기독교 신학은 카발라와 거리를 두고 독자적으로 무한의 개념을 발전시켰다.

무한을 연구한 사람으로는 특히 아우구스티누스*Augustine*(A.D. 354~430)를 꼽을 수 있다. 〈신시 *City of God*〉 제7권 19장에서 아우구스티누스는 다음과 같이 썼다.

"각각의 수는 유한하지만 전체적으로는 무한하다. 그것은 신이 모든 수를 알지는 못했다는 것을 의미할까? 신의 앎은 얼마나 큰 수에까지 이를 수 있을까? 끝까지? 그걸 말할 수 있을 정도로 미칠 수 있는 사람은 없었다."

중세에 토마스 아퀴나스*T. Aquinas*도 무한의 개념에 대한 글을 썼다. 아퀴나스는 1224년에 나폴리 근처의 로카세카 성에서 태어났다. 그가 다섯 살이었을 때, 부모는 그를 나폴리 북서쪽의 몬테 카지노에 있는 베네딕토 대수도원에 보내서 교육을 받도록 했다. 이 유명한 대수도원에서 어린 소년은 처음으로 기독교 철학을 배웠다. 수 년 후 나폴리의 왕이 대수도원을 철폐하자 아퀴나스는 집으로 돌아왔다. 나이가 들자 그는 나폴리 대학에 입학했다. 후일 성 도미니코 수도회에 들어가 신부가 되었고, 이후 파리와 쾰른, 로마 등 유럽 각지를 널리 여행하며 공부하고 설교를 했다.

아퀴나스는 신의 존재를 증명하려고 시도한 것으로 유명하다. 신이 무한하다는 것을 명상하며 그는 역설적인 결론에 도달했다. 그는 지상의 세계가 신의 영원한 세계로부터 창조된 것인가의 여부를 자문했다. 만일 그렇다면, 이 우주에는 무한한 수의 영혼이 존재해야만 하는데, 그것은 문제가 아닐 수 없다고 그는 결론지었다. 아퀴나스는 이 패러독스를 해결하지 못했지만, 무한과 그 본질에 대한 중요한 개념을 발전시켰다. 그는 어떤 결론에도 도달하지 못한 채 1274년에 로마에서 나폴리로 돌아가던 도중에 사망했다.

후일 기독교 신학자들은 무한에 대한 아퀴나스의 개념을 채택했다.

토마스 브래드워딘T. *Bradwardine*(약 1290~1349)은 수학자이자 신학자로서 1348년에 캔터베리의 대주교가 된 사람이다. 그는 기독교 관점에서 무한에 대한 연구를 확대해서, 영혼이나 천사들의 수라는 이산 무한은 물론, 기하학적 도형의 연속 무한도 연구했다. 그의 저술인 〈연속체론*Tractatus de Continuo*〉에서, 연속적인 양은 종류가 같은 무한한 수의 연속체로 이루어져 있다고 그는 주장했다. 연속적인 무한의 본질에 관한 그의 생각은 쿠사의 니콜라스*Nicholas*(1401~1464)에게 계승되어 더욱 발전했다.

니콜라스는 성직자이자 수학자였다. 그는 원과 다각형을 연구했고, 원을 정사각형으로 만들려는 연구를 하기도 했다. 그는 추기경이 되어서도 고대의 수학 문제를 연구하며 여러 해를 보냈다. 니콜라스는 신의 앎을 원에 비유했다. 인간이 앎은 원에 내접한 다각형으로 시각화되었다. 이러한 원리를 통해 니콜라스는 인간의 앎이 증가함에 따라 다각형의 변이 점점 더 많아지고, 변의 수가 무한에 접근하게 된다는 극한 논법*limit argument*을 세웠다. 그러나 내접된 다각형이 아무리 많은 변을 갖더라도 결코 원이 될 수는 없는 것처럼, 인간의 앎이 아무리 크게 증가해도 결코 신의 앎에 이를 수는 없다고 그는 결론지었다.

기하학적 무한의 개념은 르네상스를 거치며 더욱 발전했다. 그리고 수학자, 신학자, 철학자, 예술가 들에게도 이 개념이 사용되었다. 1500년대에 화가들은 그림을 그리며 무한원점의 사용법을 익혔다. 르네상스 최전성기의 베네치아파 화가인 조르조네*Giorgione*의 그림에는 원근법이 잘 나타나 있다. 이 원근법은 그림의 중앙에서 사라지는 한

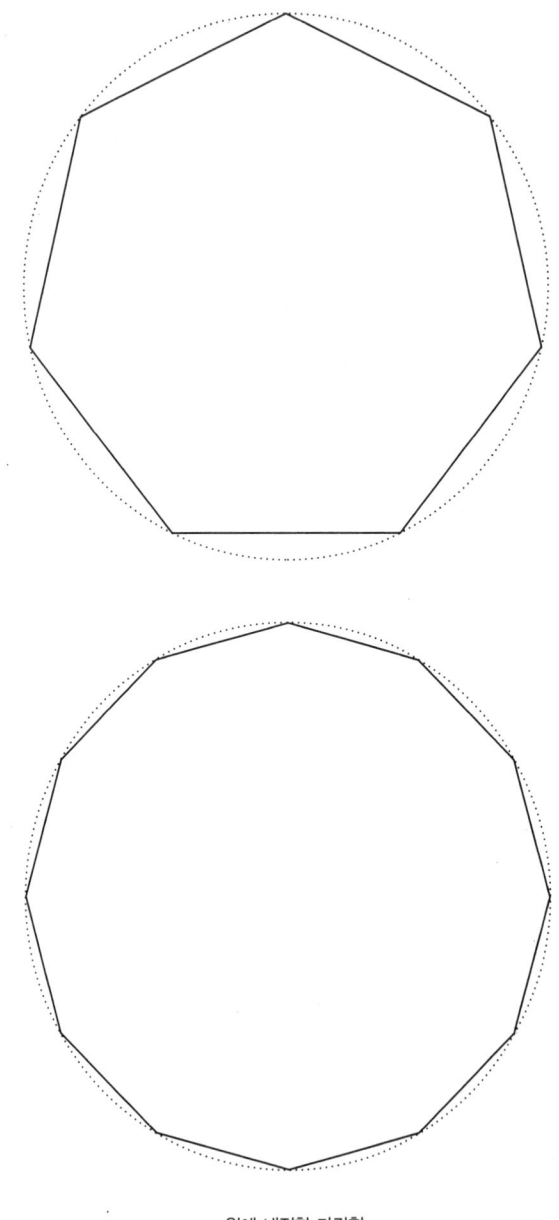

원에 내접한 다각형

다니엘 바르바로 D. Barbaro의 목판화〈원근법 연습 La Pratica della Perspectiva〉
(Venice, 1568 : C. & R. Borgominieri)

점을 사용하는데, 풍경이 그 점 쪽으로 사라지며 아득히 멀리 있는 듯한 효과를 낸다. 이렇게 사라지는 점(소실점)이 바로 무한원점이다.

무한원점은 르네상스 회화의 소실점처럼, 카발라의 열 가지 세피로트 이면에 감춰져 있다. 이 점은 세피로트의 전체 본질을 함축하고 있다. 엔 소프 속에 감춰진 신의 무한히 많은 다른 속성들도 이 무한원점에 함축되어 있다.

흔히 하는 말에 따르면, 카발라는 하나의 비밀 정원인데, 이곳에 들어가서 살아남을 수 있는 사람은 거의 없다고 한다. 카발라에 관한 현대 서적에서도, 이 정원이 모든 사람을 위한 것이 아니며, 이곳에 들어가서 여행을 하려면 아주 조심해야 한다고 독자에게 경고한다. 오직 심오하고 강인한 정신력을 지닌 사람만이 엔 소프에 다가가서 은총을 받을 수 있다는 것이다. 비밀 정원이라는 은유는 우발적으로 생긴 것이 아니다. 신의 말씀을 담고 있는 토라는 유대인의 정신 수련을 위한 출발점이다. 카발리스트들은 네 차원의 토라를 읽는다. 문자 차원(Peshat), 교훈 차원(Remez), 우화 차원(Derash), 그리고 신비 차원(Sod)이 그것이다. 이 네 가지의 헤브라이어 두문자가 PRDS인데, 파르데스라고 발음되는 이 말은 정원을 뜻한다. 그래서 카발라의 정원 또한 네 차원을 지니고 있다. 카발라 수련자들은 연구와 명상을 통해, 각 차원의 조건을 충족시키고 엔 소프에 대한 이해를 증진시킴으로써, 정원의 한 차원에서 다음 차원으로 상승할 수 있게 된다.

엔 소프를 헤브라이어로 표기하면 알레프(א)로 시작한다. 알레프는 헤브라이어 알파벳 첫 문자이다. 그래서 무한은 알레프로 나타낸다. 신을 뜻하는 말인 엘로힘*Elohim*을 헤브라이어로 표기하면 역시 알레프로 시작한다("하나*one*"라는 뜻의 에하드*Echad* 역시 그렇다). 알레프라는 문자는 신의 무한한 본질, 신의 하나임*oneness*을 나타낸다.

$\aleph_3$

갈릴레오 갈릴레이와 볼차노

1600년대 초에서 1800년대 말 사이, 두 수학자가 심오한 무한의 본질을 발견했다. 이들의 발견은 2천 년 전에 살았던 고대 그리스 수학자들의 예리한 통찰을 계승한 것이라고 할 수 있다. 미적분 이론을 비롯한 다른 중요 수학 분야의 발전이 이 시기에 이루어졌고, 수학계에서 가장 위대한 인물인 뉴턴과 라이프니츠, 가우스, 오일러 등이 영향력을 발휘한 것도 이때였다. 그러나 이들 수학자 가운데 무한에 감히 도달한 사람은 아무도 없었다. 이 수학자들은 어떤 양이 무한이나 제로에 접근하는 정도의 수학을 정교한 논법으로 다루었다. 이들은 가무한을 다룬 것이다. 이들 가운데 그 누구도 감히 비밀 정원에 들어서지 못했다.

실무한 *actual infinity* 의 핵심 속성을 발견한 것은 다름 아닌 갈릴레이였다. 그는 역사상 가장 위대한 과학자 가운데 한 명이면서도, 대체로 추상 수학과는 큰 관계가 없었던 사람이다.

갈릴레오 갈릴레이 *Galileo Galilei* (1564~1642)는 독특한 지성인이

었다. 그는 수학자이자 과학자였고, 천문학자이자 인본주의자였다. 1564년 2월 15일에 태어나서 그의 가족이 피렌체로 이주한 1574년까지, 그는 어린 시절을 피사에서 보냈다. 그가 태어난 문예부흥기의 이탈리아는 변화의 바람이 불며 새로운 아이디어가 넘쳤고, 인간의 창조성이 활짝 꽃을 피웠다.

그의 가족은 젊은 갈릴레오를 다시 피사로 보내, 대학에서 의학을 배우게 했다. 피사에서 그는 수학에 눈을 떴다. 그는 가족 몰래 수학 가정교사 —전설적인 이탈리아인 수학자 타르탈리아 *N. Tartaglia*(1499~1557)의 제자인 오스틸리오 리치 *Ostilio Ricci*— 를 채용했다. 리치의 지도 아래, 갈릴레오는 방정식과 기하학의 아름다운 세계를 발견했다. 그는 스스로 재능이 있다는 것을 알았다. 그에게는 주변의 물리 세계를 수학적으로 바라보는 능력이 있었다.

곧 이어 1583년에(19세에) 갈릴레오는 근대 물리학의 첫 발견을 했다. 폭풍이 몰아치는 날, 피사 성당의 예배에 참석한 그는 신부의 설교가 귀에 들어오지 않았다. 그는 머리 위에서 바람에 흔들리는 샹들리에만 쳐다보고 있었다. 맥박을 재며 샹들리에가 흔들리는 주기를 측정한 그는 재빨리 놀라운 속성을 추론해낼 수 있었다. 크게 흔들리든 작게 흔들리든 왕복하는 시간이 똑같았다. 이러한 갈릴레오의 발견을 우리는 진자의 등시성 법칙 *the law of the isochronism of the pendulum*이라고 한다.

갈릴레오는 수학 공부에 더욱 재미를 붙였다. 의학박사 학위도 받지 않고 의학을 포기한 그는 곧 피렌체의 집으로 돌아갔다. 그가 빈손으로 돌아온 것을 보고 가족들은 여간 실망하지 않았다. 그는 직업도 없이 수학에만 심취했고, 천재 아르키메데스에 대한 고대 그리스의 책을 읽으며 전율을 느꼈다. 그는 아르키메데스가 수학적 자연법칙을 발견하고 "유레카*Eureka!*(알아냈다! 혹은 발견했다!)"라고 외쳤다는 이야기에 감동한 나머지 같은 길을 걷기로 작정했는지도 모른다. 그래서 그는 스스로 정수역학*hydrostatics* 상의 발견을 하기도 했다(22세 때인 1586년에 정수靜水 저울 등에 관한 논문으로 유명해졌다 : 옮긴이).

22세의 나이에 갈릴레오는 이미 수많은 발명과 수학적 발견을 했고, 토스카나의 여러 지방에서 학생들에게 수학을 가르쳤다. 이때 자신의 첫 책인 〈작은 저울*the Little Balance*〉을 발간했다. 이 책에는 위대한 아르키메데스의 연구를 확대해서 그가 스스로 발견한 것들이 씌어 있다. 정식 학위가 없었는데도 수학자로서 명성이 점점 높아갔고, 3년 후인 25세 때에는 피사 대학의 수학 교수가 되었다.

몇 년 후 갈릴레오는 베네치아 근처에 있는 파도바 대학으로 자리를 옮겼다. 1609년에 네덜란드의 한 사절이 베네치아로 가는 길에 파도바 대학에 들렀다. 네덜란드의 새로운 발명품인 망원경이 얼마나 쓸모가 많은지를 보여주기 위해서였다(망원경은 1608년 네덜란드의 안경장眼鏡匠 리페르세이가 처음 만든 것으로 알려져 있다 : 옮긴이). 그 네덜란드인이 갈릴레오에게 만들 수 있으면 한번 만들어보라고 하자, 갈릴레오는 베네치아의 고위직에 있는 친구를 찾아갔다. 그는 네덜란드인 경쟁자보다 더 잘 만들 수 있고, 베네치아 사람들에게 훨씬 더 좋은 망원경을 만들어줄 수 있다고 장담하면서, 친구에게 자기 대신 당국을 설득해 달라고 부탁했다.

1609년 8월 21일, 모든 베네치아의 상원의원이 성 마르코 종탑 꼭대기로 모여들었다. 갈릴레오의 망원경이 얼마나 대단한지를 보기 위해서였다. 기록에 의하면, 베네치아 사람들은 "갈릴레오의 염탐경(spyglass ; 사전적 의미는 '작은 망원경' : 옮긴이)이라는 경이적인 힘을 가진 괴물건"에 눈이 휘둥그레졌다. 그들은 10킬로미터쯤 떨어진 무라노 섬에서 걸어가는 사람들을 선명하게 바라볼 수 있었다. 맨눈으로는 전혀 보이지 않는 배들이 바다 멀리서 다가오고 있는 것도 볼 수 있었다. 상원의원들은 재빨리 망원경의 군사적 용도를 깨달았다. 적국의 해상 공격으로부터 공화국을 지키기 위해서는 망원경이 필요했던 것이다. 베네치아 공화국의 총독과 상원의원들은 너무나 깊은 인상을 받은 나머지 갈릴레오가 만든 망원경을 당장 대량으로 사들였다. 갈릴레오는 과학자로서 수입이 늘었고, 신망도 높아졌다.

그는 베네치아 사람들에게 망원경을 선보인 직후, 이 망원경을 하늘 쪽으로 돌렸다. 수학자이자 물리학자였던 그는 이제 최초의 근대 천문학자가 되었다. 토성의 고리, 목성의 위성, 은하수가 모두 수많은 별들로 이루어져 있다는 사실 등, 그는 하늘에서 다수의 놀라운 발견을 했다. 그리고 그는 지구가 우주의 중심이 아닐 수도 있다는 결론에 이르렀다. 그는 망원경으로 천체가 또 다른 중심의 둘레를 돌고 있다는 사실을 발견했던 것이다. 갈릴레오는 연구를 계속했고, 수학을 이용해서 행성들의 궤도 모형을 만들기 시작했다. 결국 그는 코페르니쿠스의 이론이 옳다는 것을 확인할 수 있었다.

갈릴레오가 획기적인 발견과 발명을 한 대가로 베네치아 상원에서 그에게 파격적인 대우를 해주기로 결정한 지 1년도 되지 않아서, 그는 갑자기 피렌체로 돌아가기로 마음먹었다. 토스카나와 달리 베네치아 공화국은 로마 교황청으로부터의 독립을 주장하고 있었다. 그래서 파도바 대학을 떠날 무렵 갈릴레오는 코페르니쿠스의 이론에 대한 파격적인 글을 출판할 수 있었다. 베네치아 공화국의 보호 하에 있는 파도바 대학에 남아 있는 것이 그로서는 더 안전하고 현명한 일이었을 것이다. 그러나 갈릴레오는 피렌체로 돌아가기로 결심했다. 거기서 토스카나의 대공인 코시모 2세는 그를 철학과 수학 자문역으로 임명했다(토스카나는 피렌체가 속한 대공국 : 옮긴이).

갈릴레오는 코시모 2세가 자신을 모든 위협으로부터 지켜줄 거라고 믿었다. 그러나 대공의 힘은 적들로부터 천재 과학자를 지켜줄 만큼 강하지 못했다. 특히 그의 적들은 유럽에서 가장 막강한 힘을 지닌 종교재판소에 소송을 제기할 수 있는 힘을 지니고 있었다.

갈릴레오는 자신의 과학적 연구와 그것을 뒷받침하는 철학적 진리에 자신감이 넘쳐서, 1615년에 로마로 떠났다. 로마에서 그는 대단히 존경을 받았다. 이 무렵 그는 이미 세계적으로 유명한 과학자였고 명망도 높아서 당연히 환대를 받게 되었다. 로마 주재 토스카나 대사를 비롯해서 교황청 인사들에 이르기까지 모든 사람의 환대를 받은 갈릴레오는 자기가 안전하다고 착각하게 되었다. 그는 적들이 자기를 건드릴 수 없을 거라고 확신했다. 또 그의 신념이 강한 만큼 당국도 그의 이론을 배척할 수는 없을 거라고 확신했다. 이처럼 확신에 찬 태도 때문에 그는 자기도 모르게 17년 후 자기를 옭아맬 덫을 놓은 셈이었다.

갈릴레오는 자신의 견해에 대한 완벽한 지지를 얻으려고 교황청에 접근했다. 그는 영향력 있는 추기경 벨라르미노를 한 차례 알현했다. 후일 1616년에 교황은 갈릴레오가 저술이나 입을 통해 공공연히 표명한 견해가 기독교 교리에 도전한 것이 아닌가에 대한 조사 책임자로 벨라르미노를 임명했다. 벨라르미노 추기경은 시편 19편을 지적했다. 거기에는 태양이 돌고 있다고 나와 있었다(해가 … 하늘 이 끝에서 나와서 하늘 저 끝까지 운행함이여 ; 시편 19:5-6 : 옮긴이). 기독교 성서에 따르면 지구가 도는 것이 아니었다. 추기경은 갈릴레오의 저술들이 성서에 대한 직접적인 도전이라고 해석하고, 이 해석을 온건한 말로 기술한 문서를 갈릴레오에게 전했다. 이 문서는 사본이었는데, 원본은 아마도 바티칸의 서류철에 철해졌을 것이다.

아이러니하게도 갈릴레오는 벨라르미노의 1616년의 조치를 잘못 해석해서, 교황청이 바야흐로 코페르니쿠스의 세계관을 받아들이려고 하는 중이라고 순진하게 믿어버렸다. 그래서 그는 더욱 대담하게 태양중심설에 대한 강연을 계속했다. 그러나 갈릴레오에게 전해진 벨라르미노의 보고서 사본은 그의 서류철에 있는 실제 보고서와 똑같은 게 아니었다. 갈릴레오가 스스로 선택한 길에 확신을 지니고 피렌체로 돌아온 직후, 벨라르미노 추기경이 사망했다. 이제 두 사람 사이에 어떤 말이 오갔는지 입증해줄 사람이 없게 되었다. 종교재판소 서류철에 있는 사본은 가짜이고, 갈릴레오가 가진 사본이 진짜라는 것을 입증해줄 사람도 없었다.

1629년에 갈릴레오는 〈프톨레마이오스와 코페르니쿠스의 두 가지 주된 우주 체계에 관한 대화〉라는 책에서 자신의 생각을 과감히 피력했다. 이 책은 하룻밤 사이에 유명해졌다. 이 책은 코페르니쿠스의 태양중심설에 대한 변증법적인 논의를 담고 있었다. 갈릴레오는 진심으로 두 우주 체계를 공정하게 다루었다고 믿었다. 이 책에서는 세 사람이 토론을 한다. 갈릴레오의 친구 이름을 딴 두 사람은 태양과 지구에 대한 "올바른" 견해를 지녔고, 교황청의 견해를 지닌 세 번째 토론자는 이름이 심플리키우스*Simplicius*인데, 이것은 백치라는 뜻이다.

교황은 갈릴레오에게 처음에는 우호적이었다. 그러나 갈릴레오가 〈대화〉를 출간하자마자, 갈릴레오의 적들은 오래 기다려왔던 절호의 기회를 놓치지 않았다. 그들은 암암리에 교황에게 접근할 수 있었다. 그래서 갈릴레오의 저술에 나오는 심플리키우스가 다름 아닌 교황이어서, 그 책은 교황을 조롱하고 있다고 설득했다. 그들의 계획은 주효했다. 1632년 8월에 바티칸은 피렌체의 출판업자에게 〈대화〉의 판매를 전면 중단하라고 명령했다. 이와 더불어, 화가 난 교황은 자신의 조카인 추기경 프란체스코 바르베리니*F. Barberini*를 위원장으로 삼아서 갈릴레오의 책을 조사하는 위원회를 결성토록 했다.

곧이어 갈릴레오는 종교재판 기소에 따라 로마로 소환되었다. 이제 연로하고 건강도 좋지 않은 이 과학자는 연기 요청을 했다. 그의 요구는 기각되었다. 그는 6일 이내에 바티칸으로 출두하라는 명령을 받았다. 모든 사람이 그가 심각한 곤경에 처했다고 생각했는데, 갈릴레오만은 태평했다. 토스카나의 대공은 자신의 저명한 수학자를 대신해서 중재 노력을 했지만 실패로 끝났다. 베네치아 공화국은 갈릴레오가 베네치아 영내로 돌아오기만 하면 종교재판으로부터 보호해주겠다고 제안했다. 갈릴레오는 이 제안을 점잖게 거절했다. 그는 교황청과 싸워서 이길 수 있다고 아직도 확신하고 있었던 것이다. 1633년 2월 13일, 갈릴레오는 로마에 도착해서 종교재판 심리를 받았다. 어떤 얘기에 의하면, "그래도 지구는 돈다*E pur si muove*"고 그가 중얼거렸다고는 하지만, 고문의 위협을 받은 그는 무릎을 꿇고 자신의 이론을 철회했다. 그 대가로 그는 감형을 받아, 사형 선고 대신 남은 평생 동안 피렌체의 집에 연금되었다.

자택연금되어 있는 동안 갈릴레오는 그의 유명한 물리 실험을 하기 위한 여행을 할 수가 없었다. 그는 집에만 있어야 했는데, 집에서는 수녀인 그의 딸이 매일같이 그에게 아베 마리아 찬미의 기도를 들려주었다. 그것은 지구가 우주의 중심이 아니라고 불경한 말을 한 벌로 받아야 할 사형 선고를 감형해주는 조건으로 종교재판소에서 지시한 일이었다. 1992년, 갈릴레오의 서거 350돌 기념식에서 마침내 교황 요한 바오로 2세는 과거 종교재판소의 처분에 대해 갈릴레오에게 사죄했다. 그러나 순수 수학자를 위해서, 그리고 무한의 개념에 대한 우리의 이해를 위해서, 갈릴레오가 자택연금된 것은 불행 중 다행이 아닐 수 없었다.

자신의 집과 아름다운 정원에 연금되어 있던 길고 슬픈 기간에, 갈릴레오는 〈두 가지 새 과학에 대한 논의와 수학적 논증〉(1638)이라는 논문을 썼다. 이 논문에서 그는 복잡한 대화 형식으로 여러 철학적·수학적 아이디어를 다루었다. 이들 대화에서 지성인을 대표하는 인물의 이름은 살비아티이다. 반대자로는 또 심플리키우스를 등장시켰다. 이 책에서 종교재판자들의 견해를 심플리키우스의 입을 통해 드러냄으로써, 갈릴레오는 우회적으로 종교재판소에 복수를 한 셈이다.

살비아티는 심플리키우스에게 무한의 여러 양상을 설명한다. 그는 고대인은 물론 르네상스 시대의 사람들이나 후일의 수학자들에게 널리 알려진 무한, 즉 극한이라는 가무한을 먼저 얘기하기 시작한다. 살비아티를 통해 갈릴레오는 "무한히 많은" 무한소의 삼각형으로 원을 분할하는 것에 대해 설명한다. 그리고 그것은 선분을 원 꼴로 굽어지게 함으로써 "직선일 때에는 다만 잠재적으로 포함하고 있는 무한 수의 부분들을 실재 원 꼴로 실제화한 것"이었다고 주장한다. 따라서 원이란 곧 무한 수의 변을 가진 다각형이라고 그는 주장한다.

갈릴레오의 논법은 에우독소스와 아르키메데스, 그리고 곡면체의 넓이와 부피를 유도하기 위해 그들이 사용한 방법을 떠올리게 한다. 그런 방법은 또 다른 천문학계의 거장도 사용했던 것이다. 태양 주위를 도는 행성들의 운동법칙을 수학적으로 유도해낸 요하네스 케플러 *J. Kepler*(1571~1630)가 바로 그 사람이다. 케플러의 법칙은 오늘날 천문학뿐만 아니라 우주 탐사에도 사용된다. 그러한 획기적인 수학적 방법을 사용함으로써 케플러는 정확한 행성운동법칙을 발견해서 그것을 방정식으로 표현할 수 있었다. 1609년에 그는 두 법칙을 공표했다. 제1법칙, 행성들은 태양을 하나의 초점으로 하는 타원 궤도를 그리며 공전한다. 제2법칙, 한 행성과 태양을 연결한 직선은 같은 시간에 같은 넓이를 주파한다(휩쓸고 지나간다). 이러한 법칙을 유도할 때 케플러는 가무한을 확대 사용했다. 그는 타원의 넓이를 아주 많은 "무한소의" 삼각형으로 나눈 다음 이 넓이를 계산했다. 그래서 그는 삼각형의 수가 무한으로 증가할 때 전체 넓이의 극한치가 어떻게 될 것인지를 알아낼 수 있었다. 1612년에는 와인의 수요가 폭증하자, 케플러는 와인 병의 부피를 구하는 데 자신의 방법을 적용하기도 했다.

〈*두 가지 새 과학*…〉에서 갈릴레오는 *가무한*에서 도약해서 한 단계 더 나아갔다. 가무한은 고대인뿐만 아니라 그의 당대인들도 사용했던 것인데, 그는 이제 *실무한*까지 나아갔던 것이다. 갈릴레오 이전에 감히 실무한에 도전한 것은 카발리스트들밖에 없었다. 살비아티는 모든 정수와 그 제곱수를 1 대 1로 대응시키고 이렇게 말한다.

"우리는 정수만큼 많은 제곱수가 존재한다는 결론을 내리지 않을 수 없다."

그래서 하나의 무한집합, 곧 모든 정수의 집합은 이 집합의 진부분집합*proper subset*인 그 제곱수의 집합과 "수가 동일"하다는 것을 증명한다. 어떻게 그럴 수가 있을까?

갈릴레오가 발견한 것을 제대로 이해하기 위해서는 먼저 우리가 셈을 하는 방법을 명확히 짚고 넘어갈 필요가 있다. 우리는 어떻게 셈을 하는가? "셈"을 하는 행위란 무엇인가? 그것을 주의 깊게 분석해보자.

○   ○   ○

위 동그라미들을 셀 때, 우리는 (무의식적으로) 자연수—항상 1에서 시작해서 커지는 수—와 세어야 할 아이템을 1 대 1로 대응시킨다. 그래서 우리는 첫 번째 동그라미에 1을 할당하고, 두 번째에는 2를, 마지막 세 번째에는 3을 할당한다. 수와 연계시킬 동그라미가 더 이상 없기 때문에, 그리고 동그라미와 연계시킨 가장 큰 수가 3이기 때문에, 우리는 동그라미가 3개 있다는 것을 알게 된다. 물론 아이템이 3개뿐이어서 이 문제는 너무 시시해 보인다. 그렇다면 30개 이상의 아이템으로 셈을 해보자. 아이템을 센다는 것은 각 아이템 하나에 오직 하나의 정수만을 연계시키며, 마지막 아이템이 하나의 정수와 대응할 때까지 수를 증가시킨다는 뜻이다. 마지막으로 할당된 수는 전체 아이템의 개수이다.

원소의 수가 유한할 경우에는 어떤 문제나 패러독스가 발생하지 않는다. 우리는 어떤 집합의 아이템이든 (시간만 충분하다면) 다 셀 수 있다. 똑같은 셈 원리가 무한집합의 경우에도 유효하다. 하나의 무한집합에 "얼마나 많은" 원소가 있는가를 알아내기 위해, 우리는 앞서와 마찬가지로 각 원소에 하나의 정수를 할당해서 얼마나 멀리 계속되는지 알아본다. 그래서 갈릴레오도 모든 제곱수를 "셈"하려고 했다. 그는 우리가 셈을 할 때 사용하는 첫 번째 수인 1을, 첫 번째 제곱수에 대응시켰다. 이 제곱수도 1이다. 그리고 우리가 셈을 할 때처럼 그는 다음 제곱수인 4에 두 번째 정수 2를 대응시켰다. 다음 제곱수 9에는 3을 대응시켰고, 이런 식으로 대응은 무한히 계속된다.

우리가 유한한 물건의 집합을 셀 때와 똑같이 정상적인 "셈" 절차를 통해 갈릴레오는 무한집합이 유한집합과는 판이하게 다르다는 것을 발견했다. 즉, 무한집합은 자신의 진부분집합과 "같은 수의 원소"를 갖는 경우가 있다. 갈릴레오는 각 수를 제곱수와 대응시킴으로써, 즉 제곱수를 세어봄으로써, 정수만큼 많은 제곱수가 있다는 사실을 알아냈다. $1 \to 1, 2 \to 4, 3 \to 9, 4 \to 16, \cdots\cdots$

그렇다면 제곱수가 아닌 수는 어떻게 된 것일까? 셈 할당에서 누락된 수들은 어디로 갔단 말인가? 이것은 곤혹스러운 패러독스처럼 보이지만, 제곱수가 다른 모든 수와 1 대 1로 대응할 수 있다는 것은 사실이다. 어느 의미에서 제곱수의 수는 정수의 수와 같다. 이러한 현상이 사실일 수 있는 것은 오로지 두 집합이 무한집합이기 때문이다. 갈릴레오는 살비아티의 입을 빌어, 제곱수의 수가 정수의 수보다 적지 않다고 올바르게 말했지만, 차마 두 집합의 원소 개수가 똑같다고는 말할 수 없었다. 그로서는 그렇게 말하는 것이 감당키 어려웠던 것이다. 그는 (무한히 많이) 남아 있는 수—모든 비제곱수—가 따로 있는데도, 각 제곱수가 이미 모든 정수와 대응한다는 것을 발견하고 충격을 받았다. 이때 갈릴레오는 무한집합의 핵심 속성을 발견한 셈이다. 그 속성이란, 하나의 무한집합은 그보다 더 작은 자신의 부분집합—원 집합의 일부만 포함하는 집합—과 원소의 수가 동일할 수 있다는 것이다. 무한은 곤혹스러운 개념이다. 우리 일상생활의 직관으로는 이런 개념을 이끌어낼 수 없다. 갈릴레오는 무한에 대한 책을 쓰려고 했다가 이 지점에서 중단하고 말았다. 분명 무한의 힘은 그가 단념하지 않을 수 없을 만큼 위력적이었던 것이다.

무한집합이 자신의 진부분집합과 1 대 1로 대응할 수 있다는 것을 이해하는 좋은 방법은 *무한 호텔*을 생각해보는 것이다. 무한 호텔은 흔히 힐베르트의 호텔*Hilbert's Hotel*이라고 불린다. 위대한 독일 수학자 다비드 힐베르트*David Hilbert*(1862~1943)를 기리기 위한 것인데, 그가 이 호텔 얘기를 즐겨 언급했기 때문이다. 무한 호텔에는 객실이 무한히 많다. 그런데 불운하게도 우리가 이 호텔에 도착하면, 모든 객실이 꽉 찼다고 지배인이 말한다. 빈방이 없다.

"하지만 객실이 *무한히* 많다고 했잖소."

우리가 따지면 지배인이 말할 것이다.

"네, 그건 사실입니다. 하지만 무한히 많은 객실이 모두 다 찼습니다. 빈방이 하나도 없어요."

우리는 머리를 긁적일 수밖에 없다. 방은 무한히 많은데 빈방이 없다니. 이때 우리에게 좋은 아이디어가 떠오른다. 그래서 지배인에게 제안한다.

"이렇게 해봅시다. 1호실 사람을 2호실로 옮깁니다. 그리고 2호실 사람은 3호실로, 3호실 사람은 4호실로, 4호실 사람은 5호실로, 이렇게 무한히 계속합니다. 이 호텔에는 무한히 많은 객실이 있으니까, 모든 손님을 계속 옮길 수 있습니다. 자, 그럼 이제 1호실은 우리가 쓰겠소."

우리는 마침내 무한수의 손님이 투숙한 호텔에서 방 하나를 얻었다. 사실 우리는 *무한히* 많은 빈방을 확보할 수도 있다. 살비아티가 갈릴레오의 책에서 말한 대로만 하면 된다. 즉, 2호실 사람을 4호실로, 3호실 사람을 9호실로, 4호실 사람을 16호실로, 이렇게 계속 옮기면 무한히 많은 빈방을 얻을 수 있다. 무한은 우리 인간의 상상을 뒤흔들어 놓을 수 있다. 그런데 이것은 무한이 우리를 위해 준비해둔 경이의 극히 작은 부분일 뿐이다.

갈릴레오는 역사상 실무한을 건드리고도 호된 시련을 이겨낸 최초의 사람이었다. 적어도 잠깐 동안은 그랬다. 종교재판으로 낭패를 당한 후 10년도 되지 않은 1642년에 그는 세상을 떴다. 갈릴레오는 무한에 대한 결정적이고 반직관적인 사실—하나의 무한집합이 어느 면에서는 자신의 부분과 "똑같다"는 사실—을 이해했다. 열 가지 세피로트가 무한한 신의 일부라고 말할 때 카발리스트들이 염두에 둔 것도 바로 그러한 사실일 것이다. 신이 무한하다면, 열 가지 원소를 뽑아내도 여전히 무한집합이 남는다. 열 가지 세피로트는 무한 호텔에 비어 있는 열 개의 방과 같다.

아무튼 갈릴레오는 무한의 이산적 *discrete* 형태—무한하면서도 여전히 셀 수 있는 형태—를 언급했다. 오늘날 그처럼 무한하면서도 셀 수 있는 집합, 모든 정수 혹은 모든 정수 제곱수의 집합을 가산무한집합 *countably infinite sets* 이라고 부른다. 어떤 수학자들은 가부번집합 *denumerable sets* 이라고도 한다(가부번可付番은 번호를 부여할 수 있다는 뜻 : 옮긴이). 가산집합에서 연속체—피타고라스 학파를 그토록 괴롭혔던 무리수와 기하학을 연구한 고대 그리스인이 잠깐 언급했던 연속체—로 넘어가는 것은 또 다른 수학자의 연구를 기다려야 했다.

베른하르트 볼차노 *B. Bolzano*(1781~1848)는 체코의 성직자였지만, 신학에 대해 진보적인 견해를 가졌다는 이유에서 교회로부터 기피를 당했다. 프라하 대학의 종교론 교수에서 면직 당한 그는, 갈릴레오가 종교재판 후 했던 것과 같은 일을 했다. 즉, 수학과 무한의 개념에 관심을 두었다. 그의 책 〈무한의 패러독스 *Paradoxien des Unendlichen*〉이 발간된 것은 그의 사후 2년째 되는 해인 1850년이었다. 획기적인 아이디어가 담겨 있었는데도 이 책은 당시 수학계의 주목을 받지 못했다.

베른하르트 볼차노는 1781년 10월 5일 프라하에서 태어났다. 그의 아버지는 이탈리아에서 이주해온 미술품 거래상이었다. 그의 어머니는 12명의 자녀를 낳았지만 10명이 어려서 죽었다. 어머니는 살아 남은 두 아들 가운데 하나인 베른하르트의 지적 발달에 커다란 영향을 미쳤다. 베른하르트는 어려서부터 잔병이 많았고, 시력이 나쁜데다가 청력도 좋지 않아서 평생 고생을 했다.

그는 피아리스트 *Piarist*(1597년 요제프 폰 칼라손차가 창립한 가톨릭 교단의 교도 : 옮긴이)가 세운 고전 학교에서 5년을 보냈다. 그곳에서 그는 전혀 두각을 나타내지 못했고, 철학과 수학을 특히 어려워했다. 그랬던 그가 바로 그 두 분야에서 명성을 날렸다는 것은 참으로 묘한 일이 아닐 수 없다. 1796년에 볼차노는 프라하 대학에 입학했다. 당시에는 책이 귀하고 비싸서 공부하기가 여간 어려운 것이 아니었다. 그는 고대 그리스의 수학자들, 특히 에우독소스의 연구에 매력을 느꼈다. 무한대와 무한소 양에 대한 이 그리스 탐구자의 연구 덕분에 볼차노 또한 무한을 연구하게 된 셈이다. 그는 또 유클리드의 기하학과, 오일러와 라그랑주 *Lagrange* 등 후대 수학자들의 저술도 연구했다. 1817년에 볼차노는 중요한 수학적 발견을 했다. 그는 연속 *continuous*이지만 미분가능 *differentiable* 하지 않은 함수를 발견했다. 수십 년 후 바이어슈트라스도 같은 발견을 했는데, 볼차노의 연구가 알려지지 않은 탓에 이 발견은 바이어슈트라스의 업적으로 평가받게 된다.

볼차노는 1805년에 성직자가 되었고, 프라하 대학의 종교철학 교수가 되었다. 볼차노는 여러 해 동안 이 자리를 원했지만, 능력이 떨어지는 사람들이 연줄을 동원하는 바람에 뜻을 이루지 못했었다. 그러나 마침내 정식 교수가 되어 학구적 지위를 얻게 됨에 따라 지적으로 발전할 기회를 갖게 되었고, 젊은 학생들에게 철학과 종교, 수학을 가르치게 되었다. 그러나 볼차노의 대학 교수직은 오래가지 못했다. 교수가 된 지 15년 만에 그는 교수직을 잃었고, 성직도 박탈당했다. 그의 생애는 갈릴레오와 마찬가지로 종교적 편협성과 음모에 시달렸다.

오스트리아-헝가리 제국의 고등교육기관은 빈 정부의 지배를 받았고, 프라하 대학도 예외가 아니었다. 이 제국은 교회와 국가의 일이 분리되지 않았기 때문에, 볼차노의 임명과 수행 평가에는 종교적이면서도 세속적인 양면성이 냉혹하게 뒤얽혀 있었다. 볼차노는 종교 과목만이 아니라 수학까지 가르친 재능 있는 교사였지만, 사회적 가치에 관한 강의와 설교도 해야 했다. 이러한 대중 강연을 할 때, 거의 2세기가 지난 오늘날에도 분명하게 이해되지 않은 일이 일어났고, 그것은 줄곧 논란의 대상이 되어왔다.

볼차노보다 2세기 앞서 살았던 갈릴레오처럼 볼차노도 요직의 한 관료와 적대관계를 맺었다. 윈 프린트 *One B. Frint*라는 사람이 교재를 한 권 집필했는데, 그는 볼차노가 이 교재로 가르치길 원했다. 그러나 새로 교수가 된 볼차노는 압력에 굴하지 않고 그 책을 교재로 채택하지 않았다. 프린트는 새 종교철학 교수를 비난하도록 사람들을 설득했다. 오랫동안 볼차노의 흠을 잡아온 프린트는 볼차노의 설교 가운데 관료들이 못마땅해할 만한 것들을 체계적으로 문서화했다. 가장 심각한 위반 행위로 지적된 것은, 볼차노가 학생들에게 평화를 설교한 것이었다. 몇 십 년이 지나면 전쟁이 국가간의 문제를 해결하는 방법으로 통용될 수 없을 거라고 그는 말했다. 오스트리아-헝가리 제국에서 결투를 하는 것이 이미 시대에 뒤떨어진 것처럼 전쟁도 인기를 잃게 될 거라고 주장했던 것이다. 그가 처음 공격을 받은 1808년에는 프라하 대주교의 도움을 받아 심각한 사태는 면할 수 있었다.

갈등은 계속 이어졌다. 10년 후인 1818년 3월 31일, 볼차노는 자신을 기소한 모든 죄목에 대한 장문의 공식 변론서를 작성했다. 프린트의 책에 대해서는, 그 책이 학생들에게 너무 비쌌고, 내용도 완벽하지 못했다고 진술했다. 5월 경, 빈 정부가 보낸 회답은 볼차노의 설교를 비난한 민원에 초점을 맞추고 있었다. 이 회답에는 전쟁에 관한 볼차노의 설교를 문책하여 면직시키라는 황제의 명령서가 첨부되어 있었다. 항소 과정을 거친 후 1821년에 내려진 황제의 최종 명령은, 볼차노의 교직과 성직을 박탈한다는 것이었다. 다시 우호적인 대주교가 중재에 나서서 3년이 더 흘러갔다. 그러나 1824년 마지막 날, 결국 면직 의식이 치러졌다. 볼차노는 귀향을 해야 했다. 하지만 그는 충분한 연금을 받아서, 43세의 나이에 새로운 삶을 시작할 수 있었다.

볼차노는 부유한 미망인의 저택에서, 그녀가 1842년에 세상을 뜰 때까지 스무 번의 여름을 보냈다. 겨울에는 그의 하나뿐인 형제와 함께 프라하에서 보냈다. 대학에서 추방된 후, 이처럼 전원의 호사스러운 저택과 프라하라는 자극적인 도시를 오가며 평화로운 나날을 보내는 동안, 볼차노는 무한의 본질을 명상하기 시작했다.

1842년에 미망인의 저택을 떠나게 된 후, 그는 거의 모든 시간을 프라하에서 보냈다. 그는 블타바 강과 엘베 강이 합류하는 곳에 위치한 멜니크에 정기적으로 찾아갔다. 그곳에서 그는 자기가 발견한 무한의 패러독스들에 대해 친구인 프리혼스키 신부 **Fr. Pribonsky**와 토론하곤 했다. 1848년 12월 18일에 볼차노가 세상을 뜬 후, 프리혼스키는 무한에 대한 볼차노의 발견들을 수집하고 편집해서 〈무한의 패러독스 *Paradoxes of Infinity*〉를 출간했다. 볼차노에게는, 신의 창조물 가운데 고귀한 존재와 저급한 존재가 따로 있지 않았다. 영원이란 두 방향으로 무한히 뻗어 가는 시간이라고 그는 믿었다. 신과 시간에 대한 명상을 통해 깨달은 무한에 대한 논의를 접한 볼차노는 그것을 수학적 무한으로 이해하게 되었고, 나아가 무한의 역설적 본질을 발견하게 되었다.

〈무한의 패러독스〉에서 볼차노는 가산무한집합에 관한 갈릴레오의 패러독스를 먼저 언급한다. 그리고 무한과 같은 속성이 연속체의 조밀한dense 수로 나타낼 수 있는지의 여부를 자문했다. 여기서 그는 실제로 그럴 수 있다는 것을 발견했다. 볼차노는 두 수 사이의 간격— 0과 1 사이의 모든 수, 그리고 0과 2 사이의 모든 수 — 를 고찰했다. 볼차노는 함수function의 개념을 독창적으로 사용함으로써, 갈릴레오가 정수들의 분리된 세계에서 그랬던 것처럼, 수들의 두 연속체를 1 대 1로 대응시킬 수 있었다.

볼차노가 한 것은 다음과 같다. 그는 아주 단순한 수학 함수, 즉 $y=2x$를 고찰했다. 그는 이 함수를 정의역domain 공간— 0과 1 사이—에 있는 모든 수에 적용시켰다. 이들 각각의 수에 대해, 함수 $y=2x$는 치역range 공간— 0과 2 사이—에 있는 단 하나의 수를 할당한다(정의역定義域이란 주어진 함수에 대입할 수 있는 독립변수 값들의 집합을 말하며, 치역値域이란 그렇게 대입해서 나온 모든 개별 값들의 집합을 말한다 : 옮긴이). 예를 들어, 0.5라는 수는 0과 1 사이의 정의역에 있는데, 이 수는 주어진 함수에 의해 치역(0과 2 사이)에 있는 하나의 값(1)을 할당받는다. 즉, $y=2x=2(0.5)=1$. 이와 같은 방식으로, 0과 1 사이에 있는 모든 실수real number는 0과 2 사이에 있는 하나의 수를 할당받는다(실수實數는 유리수와 무리수 전체를 총칭하는 말이다). 그리하여 볼차노는 이렇게 결론지었다. 즉, 0과 1 사이에는, 그보다 길이가 두 배인 0과 2 사이에 존재하는 수만큼 많은 수가 있다. 이 함수 대응 관계는 다음과 같은 그

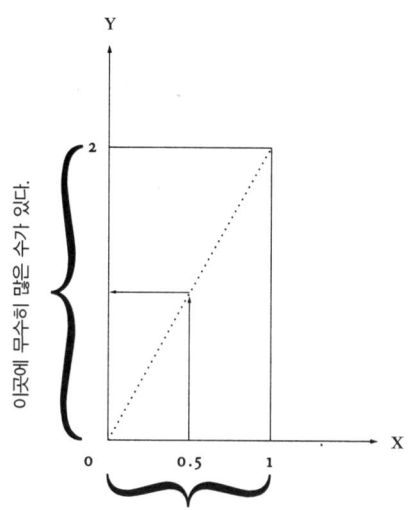

0과 1사이에 있는 수는 0과 2사이에 있는 수 만큼 많다.

림으로 나타낼 수 있다.

그리하여 여기서, 신비하고 곤혹스러운 무한의 한 속성이 다시 알몸을 드러냈다. 즉 어떤 수들의 한 폐구간 *closed interval*(양 끝점을 포함하는 구간)은, 다른 폐구간과 똑같이 많은 수를 담고 있다. 다른 폐구간이 아무리 커도 그러하다. 이렇게 말할 수 있는 것은 함수 y=2x가 임의로 선택된 것이기 때문이다. 볼차노가 함수 y=78x를 선택했다면, 0과 1 사이에는 0과 78 사이에 있는 것만큼 많은 수가 있다고 말했을 것이다. (이들 두 집합은 모두 무한한데, 한 집합에 있는 수는 다른 집합에 있는 수만큼 많다.) 이 정의역 공간이 0과 1 사이일 필요는 없지만, 폐구간일 필요는 있다.

볼차노는 이밖에도 수학상의 다른 많은 기여를 했다. 그 가운데 해석학 분야에서 아주 유명한 볼차노-바이어슈트라스 속성*Bolzano-Weierstrass property*이라는 것이 있다. 볼차노는 그 속성을 유도해내고 입증했지만, 다른 업적과 마찬가지로 이것도 그의 생전에는 인정을 받지 못했다. 독일 수학자 카를 바이어슈트라스는 사실상 볼차노의 아이디어를 재발견해서 수학계의 주목을 받았던 것이다. 어떤 공간의 부분집합에 속하는 각 무한수열이 해당 공간 내에 하나의 극한점*limit point*을 갖는다면, 그 공간은 볼차노-바이어슈트라스 속성을 갖는다고 일컬어진다. 수열과 극한에 대한 좋은 예로는 함수 $1/n$을 들 수 있다. $n=1, 2, 3, \cdots\cdots$ (무한까지)에 대한 $1/n$의 수열을 생각해보자. 이 무한수열은 극한점인 0에 수렴한다. n이 커질수록 $1/n$은 점점 더 작아지기 때문이다. $1/2, 1/3, 1/4, 1/5, 1/6, \cdots\cdots$ 로 점점 작아지는 수는 n이 무한으로 접근해감에 따라 극한 0에 접근해간다. 이 볼차노-바이어슈트라스 정리는, 유계인 공간*bounded space* 속의 무한수열은 극한점 *limit point*을 가진다는 것이다.

ℵ₄

베를린

1800년대 후반 무렵, 지난날에 연구된 무한에 관한 여러 사실이 알려졌지만, 그것을 주목한 수학자는 거의 없었다. 당시 유럽에는 수학 중심지라고 할 만한 곳이 세 군데 있었다. 파리, 밀라노, 베를린 대학이 그곳이다.

모든 독일어권 수학자들에게 베를린은 세계의 중심이었다. 베를린 대학의 수학과에는 세계적으로 유명한 수학자들이 많았다. 사실상 1860년부터 제1차 세계대전이 발발한 때까지, 베를린 대학이 세계 수학을 이끌어갔다는 데에는 논란의 여지가 없다.

19세기로 접어들며 독일 수학은 가우스의 연구와 더불어 세계적인 명성을 날리기 시작했다. 카를 프리드리히 가우스 *Carl Friedrich Gauss*(1777~1855)는 수학 신동이었다. 그는 다른 수학자들이 뒤늦게 고려하게 된 것을 수십 년 앞서서 아주 어린 나이에 벌써 다수의 중요한 결과를 유도해냈다. 가우스는 괴팅겐 대학에서 가르쳤지만, 그의 제자들은 베를린 대학에서 수학 학파를 형성했다. 그들 가운데 디리클레*Peter G. L. Dirichlet*(1805~1859)는 가우스에게 가장 헌신적인 제자였다. 디리클레는 가우스의 탁월한 수학적 아이디어들이 담긴 명저 〈정수론 연구*Disquisitiones arithmeticae*〉(1801)를 항상 지니고 다닌 것으로 유명하다. 디리클레는 가우스의 선구적인 수학적 발견들을 베를린에 전했고, 디리클레 덕분에 베를린 대학에서 현대 해석학이 탄생하게 되었다.

베를린 대학에서 베른하르트 리만*Bernhard Riemann*(1826~1866)을 비롯한 재능 있는 수학자들은 기하학 분야에서 혁신적인 연구 성과를 거두는 한편, 적분*integral* 아이디어를 더욱 엄밀하게 가다듬었다. 기하학을 연구하던 리만은 자연스럽게 무한의 문제를 생각하게 되었다. 유클리드의 두 번째 공준*postulate*에는 직선의 무한이 암시되어 있다(유클리드의 〈기하학 원론〉에 있는 공리 가운데 기하학적 내용을 지닌 다섯 공리를 공준公準이라고 한다. 두 번째 공준은, 유한한 길이를 갖는 직선을 한없이 계속 연장할 수 있다는 것이다 : 옮긴이). 리만은 유클리드의 직선이 한정되지 않지만 그렇다고 해서 무한한 것은 아니라고 해석될 수 있다고 주장했다. 구면에 그린 커다란 원은 유계는 아니지만 유한한 *unbounded but finite* 직선으로 해석될 수 있다. 리만의 수학적 선견지명은 너무나 예리해서, 영국 천문학자 아더 에딩턴 경*Sir A. Eddington*은 후일 이렇게 말했다.

"리만 같은 기하학자는 실제 세계의 특히 중요한 특징까지 거의 예견했는지도 모른다."

리만은 여섯 살의 나이에 수학 천재의 징후를 보이기 시작했다. 그 나이에 그는 그저 선생이 제시한 산수 문제를 잘 풀 수 있었던 것만이 아니었다. 선생들을 쩔쩔매게 하는 새로운 문제를 제시할 줄도 알았다. 리만은 열 살이었을 때 수학을 전공한 교사에게 가르침을 받는데, 그 교사는 리만이 자기보다 문제를 더 잘 푼다는 것을 인정하지 않을 수 없었다. 리만은 14세에 만세력을 만들어 부모에게 선물했다.

 리만은 수줍음을 많이 타는 소년이었다. 그는 대중 연설을 할 기회만 있으면 무조건 나섬으로써 수줍음을 극복하려고 했다. 사춘기에는 어떤 연구 내용도 최고가 될 때까지는 남들에게 전혀 보여주려고 하지 않는 완벽주의자가 되었다. 이러한 성향은 그의 학구적 생애에 중요한 구실을 했다.

 1846년(19세)에 리만은 괴팅겐 대학에 입학해서 신학을 공부했다. 이런 결정은 아버지를 기쁘게 해드리기 위한 것이었다. 루터교 목사인 아버지는 자기 뒤를 이어 아들이 목사가 되길 원했다. 그러나 리만은 곧 가우스의 수학 강의에 매료되었다. 아버지의 마지못한 허락이 떨어지자, 리만은 수학으로 전공을 바꾸었다. 괴팅겐에서 1년을 공부한 후 리만은 베를린 대학으로 학교를 옮겼다. 거기서 그는 훌륭한 수학 교육을 받았다 ―야코비, 슈타이너, 디리클레, 아이젠슈타인 등 저명한 수학자들의 가르침을 받았다. 1849년에 리만은 괴팅겐 대학으로 돌아가서, 가우스의 지도 아래 박사학위 논문을 준비했다. 리만은 기하학에 중요한 기여를 했고, 계속해서 정수론 *number theory*을 연구했다. 1850년에는 여러 수학 분야뿐만 아니라 물리학 분야의 문제들까지 고려한 후, 완전한 수학 이론을 세워야 한다는 깊은 철학적 신념을 갖게 되었다. 그는 점을 지배하는 기본법칙들을 취해서 이것을 변환시켜서 플레눔*plenum*의 보편원리를 얻고자 했다(plenum은 전원순

員이라는 뜻인데, 리만은 '연속적으로 채워지는 공간' 이라는 뜻으로 이 낱말을 사용했다).

리만은 또 자기가 이해해서 "사로잡을" 필요가 있었던 면*surface*의 속성이 곧 *거리distance* 개념이라는 것을 이해했다(이 거리는 메트릭 *metric*이라고도 한다. metric은 거리의 단위인 *미터meter*와 어원이 같은 말이다). "평평한*flat*" 유클리드 공간에서 두 점 사이의 최단거리는 직각 삼각형의 빗변으로 나타낼 수 있다. 즉, 직각 삼각형 ABC의 BC가 x 방향의 거리이고 AB가 y방향의 거리일 때 두 점 사이의 최단거리는 빗변 AC이다. 이것은 기원전 6세기에 2의 제곱근과 같은 수가 무리수라는 것을 발견한 피타고라스 정리로 소급되는 논법이다.

리만은 피타고라스의 거리*metric*를 더욱 복잡한 공간으로 일반화시켰다. 우리의 주제와 관련해서 리만이 기여한 것은 아주 많다. 첫째로, 리만 적분*Riemann Integral*은 계단함수*step functions* 적분들의 무한 합으로 정의된다. 이와 같은 무한 합*infinite sums*은 칸토어가 무한 연구를 하는 출발점이 되었다. 둘째로, 리만의 메트릭은 2,500년 전 피타고라스 학파가 무리수를 발견하기에 이른 피타고라스 정리를 일반화한 것이다. 마지막으로, 기하학에 관한 리만의 연구는 유클리드의 공간 이론을 다루며 무한의 개념을 직접적으로 언급했다.

리만은 볼차노의 원리를 확대해서, 0과 1 사이 구간에 있는 무한히 많은 점의 수가 0과 2 사이에 있는 무한히 많은 점의 수와 동일하다는 것을 입증했다. 리만은 우리가 오늘날 리만 구라고 부르는 것을 발견했다. 이 구는 "무한원점" 하나를 첨가함으로써, 한 평면 위에 있는 무수히 많은 점이 어떻게 *컴팩트compact* 하게 될 수 있는지를 보여준

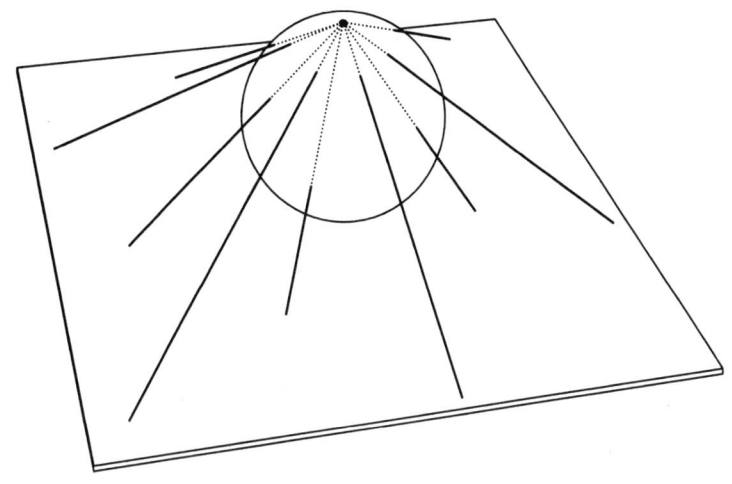

다. 그것을 나타낸 것이 다음 그림이다.

　신을 뜻하는 하나의 무한원점으로 향하는 카발라의 열 개의 동심구나, 단테의 〈신곡*Divine Comedy*〉에 나오는 구들은 모두 리만 구와 같은 것이다. 볼차노가 한 구간을 다른 구간으로 변환*transformation* 시킬 때와 마찬가지로, 리만 구는 2차원의 면을 나타낸다. 그러나 이 면에는 유익하게 덧붙여진 것이 있다. 즉, 무한원점으로 작용하는 북극이 그것이다. 이 면에서 우리가 무한히 그 어떤 방향으로 가든, 평면 상의 모든 선과 모든 점은 무한원점으로 향한다. 따라서 양의 무한과 음의 무한이라는 두 개념 대신, 1차원 실직선*real Line*의 두 "끝"에서, 무한 원점을 향해 휘어지는 하나의 평면을 얻을 수 있다(이 평면의 모델로 구를 사용한다). 다시 말하면, 실직선이 모든 방향에서 충분히 멀리 뻗어 가면 (모든 방향은 결국 "북쪽"으로 향하니까) 결국 *하나의 무한원점으로 향함으로써 평면이 휘어지게 된다.* 따라서 이 면은 컴팩트하게 된다. (이 면은 극한점을 포함한다. 이 면은 닫혀 있고 유계이다. 이 공간 안에서는 모든 점들의 수열이 수렴한다.) 무한원점을 덧붙이지 않으면 이러한 속성을 확보할 수 없을 것이다.

베를린 대학의 또 다른 중요 수학자로는 바이어슈트라스가 있었다. 리만은 베를린 대학에 단지 2년 동안만 있었고, 그후에는 계속 괴팅겐 대학에 있었지만, 바이어슈트라스는 베를린 대학에 종신 재직했다. 바이어슈트라스는 현대 해석학의 아버지로 여겨지는 사람이다. 해석학*mathematical analysis*이란 실직선이나 평면과 같은 공간의 속성, 함수, 연속성 등의 이론을 일컫는 말이다. 해석학은 연속적 실체를 다루는 수학(이산적인 실체를 다루는 추상 대수와 대조되는 수학)인 미적분학 등의 분야를 이론적으로 보강하는 것이다. 리만보다 나이가 열 살쯤 많은 바이어슈트라스는 1850년대에 무리수와 연속성을 철저히 연구하기 시작했다. 이 연구는 에우독소스가 약 2,300년 전에 연구하다가 손을 뗀 곳에서 시작해서, 제논의 이론을 초석으로 삼아 수학적 아이디어를 쌓아올린 것이었다.

카를 빌헬름 테오도르 바이어슈트라스*Karl Wilhelm Theodor Weierstrass*(1815~1897)는 워털루 전투가 일어난 해에 독일 바이에른 주의 오스텐펠데에서 태어났다. 그는 네 자녀 가운데 맏이였다. 그의 아버지는 프랑스의 녹을 받는 세관원이었다. 당시에는 프랑스가 유럽을 지배하고 있었지만, 독일 민족주의가 일어남에 따라 지배력이 약화되기 시작했다. 수학 분야에서도 독일이 명성을 날리게 되었는데, 아직까지는 프랑스의 수학자들이 크게 앞서가고 있었다. 바이어슈트라스가 열한 살이 되었을 때, 어머니가 죽고 아버지는 재혼을 했다. 계모는 바이어슈트라스와 동생들의 지적 발달에 그리 관심이 없었던 것이 분명하다. 독재적인 아버지는 장남이 어서 돈을 버는 직업을 갖기를 바랐다. 14세에 바이어슈트라스는 가톨릭계 김나지움(독일의 중등 교육기관)에 들어갔다. 19세에 졸업을 할 때 그는 독일어와 라틴어, 그리스어, 수학 과목에서 우등상을 받았다. 많은 수학자와 달리, 그는 음악에 재능이 없었고, 음악을 듣는 것에도 관심을 보이지 않았다. 성인이 되어서도 가족들이 그를 오페라나 콘서트 공연장에 데려가면 졸기 일쑤였다.

15세에 바이어슈트라스는 서점에서 점원으로 아르바이트를 했다. 이때 그는 수에 대한 비상한 능력으로 어른들을 놀라게 했다. 이것을 알게 된 아버지는 그를 정부(프로이센) 회계공무원으로 만들겠다는 결심을 하고, 19세에 본 대학으로 보내 법률과 회계학을 공부하게 했다. 그러나 회계가 아니라 추상 수학적 사고에 재능이 있었던 바이어슈트라스는 대학의 교과목에 흥미를 느끼지 못했다. 그는 줄곧 친구들과 어울려 술을 마시거나 펜싱을 하며 4년을 보냈다. 그는 덩치가 크면서도 아주 민첩해서 펜싱을 썩 잘했다. 그는 펜싱 경기에서 진 적이 없었다고 한다. 젊은 바이어슈트라스는 4년 후 학위도 없이 집에 돌아왔다.

크게 실망한 아버지와 동생들은 그가 학위보다 더 소중한 것을 얻어 왔다는 것을 알아보지 못했다. 그는 대학에서 열정과 인내심과 사교술을 얻었고, 그 덕분에 장차 또래 가운데 최고의 수학 교사가 될 수 있었다. 그러나 가족들은 그에게 어찌나 실망을 했는지, 그를 죽은 사람 취급해버렸다. 성공할 것으로 가장 촉망받은 가장 영특한 아이가 4년을 허송세월하고, 많지도 않은 아까운 재산만 날렸기 때문이다.

두 달쯤 지난 후, 집안의 한 친구가 해결책을 제시했다. 바이어슈트라스는 교사가 되는 게 좋겠다는 것이었다. 그러자면 가까운 곳에 있는 뮌스터 아카데미에 들어가서 국가 교사 자격시험을 준비하는 게 좋았다. 그는 한 번 더 기회를 달라고 간청했고, 아버지의 허락을 받아서 아카데미에 등록할 수 있었다. 나이 24세 때인 1839년에 바이어슈트라스는 아카데미의 입학 허가를 받아 국가 자격시험 공부를 시작했고, 고등학교 교사가 될 수 있었다.

바이어슈트라스는 뮌스터 아카데미에서 순수 수학을 전공하지 않았지만, 뛰어난 수학 교수였던 크리스토프 구더만*Christof Gudermann*(1798~1852)의 여러 강의를 들을 수 있었다. 이들 강의에서 바이어슈트라스는 새로운 방식으로 사고할 수 있는 심오한 수학적 아이디어를 흡수했다. 결국 구더만의 아이디어는 바이어슈트라스로 하여금 명성을 날리게 한 새로운 수학 이론으로 이어졌다.

구더만은 타원함수*elliptic functions*를 연구했다. 다른 많은 수학자들도 이 특별한 함수를 연구했지만 구더만의 연구방향은 아주 이색적이었다. 구더만의 함수론에 대한 모든 접근은 멱급수 전개*power series expansions*를 밑바탕으로 삼았다. 이 아이디어에 따르면, 주어진 함수의 근사치를 얻기 위해서는 특별한 함수들의 이론적 무한 합이 필요했다. 이런 멱급수 전개는 일찍이 브룩 테일러*Brook Taylor*(1685~1731)와 콜린 매클로린*Colin Maclaurin*(1698~1746), 제임스 스털링*James Stirling*(1692~1770) 등이 사용한 방법이었다. 그러나 구더만은 함수가 극한에서 거듭 제곱 항*power terms*의 "무한" 합과 마찬가지로 행동한다는 것을 가정했는데, 이것은 고대 그리스의 가무한 아이디어를 사용한 것이었다. 구더만은 새로운 접근방법을 사용했지만 스스로 많은 것을 성취하지는 못했다. 그러나 복잡한 함수를 연구하는 데 멱급수를 사용한다는 탁월한 그의 아이디어는 바이어슈트라스의 평생의 연구와 그의 해석학 전개에 핵심적인 구실을 했다.

구더만은 아카데미에서 처음에는 13명의 학생을 가르쳤다. 그러나 교사가 되려는 학생들은 순수 수학에 별 관심이 없었다. 1주일이 지나자 학생은 한 명밖에 남지 않았다. 바이어슈트라스만 남은 것이다. 이 강의에서 아주 많은 것을 배운 바이어슈트라스는 세계에서 가장 훌륭한 수학자 가운데 한 명이 된 후에도 기회만 있으면 구더만에게 진 빚에 대한 고마움을 표시했다.

26세가 된 1841년에 바이어슈트라스는 교사 자격시험을 치렀다. 시험을 치르는 교사 후보자들은 6개월 안에 세 개의 포괄적인 문제에 답하도록 되어 있었다. 바이어슈트라스의 요청에 따라 문제 하나는 구더만 교수가 출제했다. 전형적인 시험 문제는 출제자가 답을 알고 있고, 다만 학생이 얼마나 알고 있는지를 점검하는 것이었는데, 구더만이 출제한 문제는 그렇지 않았다. 미래의 교사에게 요구되는 질문과 답의 영역을 훨씬 뛰어넘는 난해한 수수께끼를 문제로 냈던 것이다. 구더만은 바이어슈트라스에게, 타원함수의 멱급수 전개를 유도하라고 요구했다. 이것은 그때까지 수학에서 해결되지 않은 문제였다.

구더만의 마지막 보고서에는 바이어슈트라스의 시험에 대해 이렇게 씌어 있다.

"이 문제는 일반적으로 젊은 해석학자에게 지극히 어려운 것인데, 후보자의 요청과 위원회의 동의에 따라 출제된 것이다."

구더만은 그의 수제자가 과거에 해결되지 않았던 수학 문제를 해결해서 그 분야에서 최초의 기여를 했다는 것을 입증하는 특별한 인증서를 얻도록 도와주었다. 그뿐만 아니라, 바이어슈트라스가 성취한 업적은 너무나 중요한 것이어서, 학문의 발전을 위해 그는 중등교육기관의 교사가 되어서는 안 되고, 아카데미의 교수가 되어야 한다고 주장했다. 아카데미에서는 그러한 주장을 받아들이지 않았다. 바이어슈트라스는 교사가 되었고, 40세가 될 때까지 어린 학생들에게 독일어와 지리, 습자 등을 가르쳤다.

바이어슈트라스는 15년 동안 작은 독일 마을에서 교사로 재직했다. 그곳에는 좋은 책도 없었고, 자극적인 대화를 나누거나 지적인 추구를 하는 사람들도 찾아볼 수 없었다. 이 기간에 그는 밤에 혼자 연구를 하며, 우리에게 오늘날 알려진 현대 해석학 이론을 만들어나갔다. 보수는 너무 낮아서 그가 연구한 논문을 학술저널에 보낼 우표 값도 마련할 수 없었다. 당연히 그의 논문은 출판되지 못했다. 그는 사실상 세계 수학계와 고립된 채 연구를 계속했다.

바이어슈트라스의 수학 논문이 처음 발표된 것은, 교사들의 연구 내용을 가끔 실어주는 학교 신문을 통해서였다. 그러다가 1854년에, 세계적인 수학 저널 가운데 하나인 〈크렐레 저널 *Crelle's Journal*〉(독일의 *Journal for Pure and Applied Mathematics*)이 마침내 그의 중요 논문을 실어주었다. 무명의 교사는 하룻밤 사이에 수학계의 명사가 되었다. 베를린의 수학자들은 충격을 받았다. 시골마을의 무명 교사가 기념비적인 수학적 발견을 했다는 사실뿐만 아니라, 그 발견을 예고하는 기초적인 결과조차 나온 게 없다는 사실 때문에 충격은 더욱 컸다. 바이어슈트라스는 꾸준히 연구를 계속했지만, 다른 수학자와 달리 이전 단계의 연구 결과를 발표하지 않고 느닷없이 걸작을 발표했던 것이다. 그는 자신의 연구가 완성될 때까지 기다렸다가 완벽한 논문을 발표했고, 그 결과는 신속했다 — 그는 베를린 대학의 교수직을 제의 받았다. 그리고 이 교수직을 뒷받침하기 위해, 다른 대학의 명예 박사학위가 수여되자 시골 교사 자신도 놀랐다.

바이어슈트라스는 베를린에서 함수 연구를 계속했다. 함수론에 대한 그의 강의는 워낙 인기가 있어서, 그의 강의실은 함수론을 배우고자 하는 수학자들을 위한 공간이 되었다. 바이어슈트라스는 구더만의 함수의 멱급수 전개 개념을 더욱 발전시켰다. 멱급수란 함수의 무한 합이다. 우리는 무한히 많은 항을 더할 수 없지만, 점점 더 많은 항을 더해감에 따라, 무한 합은 소정의 함수 *function of interest*에 더욱 근접하게 된다. 즉, 함수의 급수는 소정의 함수로 수렴한다. 여기서 무한의 개념은 극히 중요한 것이다. 함수의 합이 "무한에 도달"할 때에만 바라는 함수가 "된다"고 할 수 있기 때문이다. 이것은 함수론에 대한 현대적 접근의 중추를 이루는 것이다. 바이어슈트라스는 또 함수의 연속성 연구에 사용되는 근접 *closeness* 개념을 발전시켰다. 이 개념은 제논과 에우독소스의 무한 개념을 계승 발전시킨 것이었다. 그리고 함수의 수렴 논의는 무리수의 엄격한 정의로 이어졌다. 즉, 무리수를 유리수 수열의 극한으로 정의하게 된 것이다. 예를 들어, 유리수 수열인 1, 14/10, 141/100, 1414/1000, …… 은 2의 제곱근이라는 무리수로 수렴한다.

베를린 대학에서 바이어슈트라스와 적대적 관계에 있던 사람으로

레오폴트 크로네커*Leopold Kronecker*(1823~1891)가 있다. 크로네커는 사업을 하는 유족한 집안 출신이어서, 생계를 위해 수학을 할 필요가 없었다. 젊어서 수학에 재능을 보인 그는 교수직 제의를 받고서, 30세까지 걸어온 화려한 사업가의 길을 포기하고 순수 수학을 하게 되었다. 그는 음악을 가장 위대한 예술이라고 생각했는데, 수학과 시를 음악에 비유하곤 했다. 크로네커가 고안한 것 가운데 가장 유명한 것은 크로네커 델타 함수*Kronecker's delta function*이다. 이 함수는 어떤 조건이 만족되면 1, 그렇지 않으면 0이 됨으로 어떤 속성을 나타낸다. 크로네커는 주로 정수론에 관심을 두었다. 그가 1845년 베를린 대학에서 작성한 박사논문 주제도 정수론이었다. 그의 연구는 베를린 대학의 또 다른 유명 수학자 쿠머*E. E. Kummer*(1810~1893)에게 영향을 받은 것이었다.

쿠머는 정수론에 중요한 업적을 남겼고, 페르마의 마지막 정리(n이 3 이상의 정수이고, x, y, z가 양의 정수일 때 $x^n + y^n = z^n$은 해를 갖지 않는다는 것 : 옮긴이)에 대한 이해를 증진시켰다. 베를린 대학에 돌아와 교수가 된 크로네커는 쿠머와 공동 연구를 했다. 크로네커의 학위논문은 가우스가 제시한 문제에서 생겨난 대수적 수 분야를 다룬 것이었다. 가우스는 원의 둘레를 어떻게 n개의 같은 원호*arcs*로 나눌 수 있는지 알고 싶어했다. 크로네커는 이 문제를 다루는 방정식들을 연구했다. 이 문제는 대수 이론에 대한 이해를 필요로 한다. 방정식과 해법을 연구하는 대수 분야는 어느 면에서 해석학 분야와는 반대가 된다. 대수는 이산적 실체를 다룬다. 즉, 정수와 유리수(정수들의 비율) 등 셈하거나 열거할 수 있는 원소를 다룬다. 이와 달리, 해석학은 연속적 실체를 다룬다. 즉, 함수, 수의 구간, 무리수(반복되지 않고 끝없이 계속되는 소수 부분을 갖는 수)를 다룬다. 두 분야가 이처럼 다르기 때문에(그리고 오늘날에도 여전히 그러하기 때문에) 두 분야에서 연구하는 수학자들은 서로 다르게 생각하는 경향이 있다. 대수학자들이 이산적 술어로 사고하는 반면, 해석학자들은 연속체 상에서 수나 수학적 실체를 시각화하려는 경향이 있다.

두 분야가 이렇게 다르다는 것을 알게 되면, 현대 해석학의 시조인 바이어슈트라스와, 대수에 중요한 기여를 한 크로네커가 잘 어울리지 못했으리라는 것을 충분히 짐작할 수 있다. 두 사람은 겉모습부터가 달랐다. 바이어슈트라스는 위압적일 만큼 거구였던 반면, 크로네커는 몸집이 왜소했다. 두 수학자가 수학 이론과 진리의 요체에 대해 싸우는 것을 지켜본 사람들은 항상 이러한 충돌이 코믹하다는 인상을 받았다. 성 베르나르*St. Bernard*의 뒤를 졸졸 따라다니던 작은 개처럼, 자그마한 남자가 항상 거구의 남자를 쫓아다니며 공격했기 때문이다(성 베르나르는 1923년 산악인의 수호성인으로 시성된 사람. 그가 알프스 산에서 길 잃은 나그네를 구하기 위해 항상 데리고 다닌 개는 성 베르나르 견犬이라고 불렸다 : 옮긴이).

크로네커는 이렇게 믿었다. "신은 정수를 만들었고, 다른 모든 수는 인간이 만든 것이다." 그는 대수의 이산적 원소만으로 수학을 다루어야 한다고 믿었다. 그리고 바이어슈트라스와 그의 후계자들이 해석학 분야와 유사 분야(기하학과 위상수학*topology* 등의 분야)에서 이룩한 중요 진전을 무시했다.

베를린 대학의 젊고 능력 있는 수학도들은 곧 부지불식간에 대수와 해석학 사이의 혹독한 전쟁에 휘말리게 되었다. 몇 년이 지나지 않아서 크로네커는 한 신참자를 주적으로 삼아서 그에게 자신의 모든 독액을 내뿜었다. 당시 박사학위를 받은 칸토어가 베를린 대학의 교수가 되지 못하게 하려고 안간힘을 다했던 것이다.

현대 해석학은 다분히 함수의 행동과 관계가 있다. 해석학을 구성하는 중요한 분야는 연속함수 *continuous functions*의 연구이다. 연속함수란 선 위의 점을 통해 연속적으로 움직이며 어디에서도 단절 *tear*되지 않는 함수이다. 예를 들어, 5 이하인 x의 모든 값은 0과 동일하다고 정의했다가 갑자기 5보다 큰 x의 모든 값은 1과 동일하다고 정의하는 함수에서는 단절이 일어날 수 있다. 그러나 y=2x와 같은 함수에서는 그러한 불연속성(단절 혹은 예기치 않은 도약 *jump*)을 갖지 않기 때문에 이것은 연속함수이다. 연속함수는 미묘한 속성들을 지니고 있다. 좋은 예로, 다음과 같이 설명할 수 있는 부동점 정리 *fixed-point theorem*라는 게 있다.

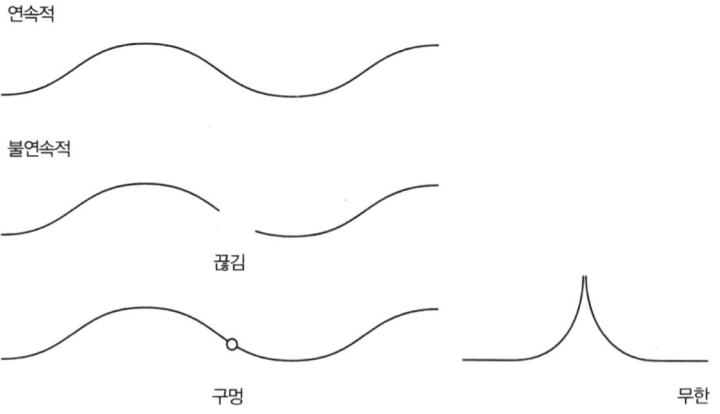

한 산악인이 높은 산에 올라가려고 한다. 그는 음식 등 필요한 것을 베낭에 담고서, 새벽에(오전 6시라고 하자), 정상을 향해 하나뿐인 등산로를 올라가기 시작한다. 그는 뜸을 들이며 이따금 멈춰 서서 쉬거나 경치를 구경한다. 덤불 속의 새를 찾아보거나 꽃향기를 맡아보기 위해 몇 걸음 뒤로 돌아가기도 한다. 일몰 때(오후 6시라고 하자), 그는 산정에 도착한다. 그는 짐을 풀어놓고, 산정에 텐트를 치고 밤을 보낸다. 다시 새벽에(오전 6시에), 산을 내려가기 시작한다. 이번에도 뜸을 들이며, 제 마음대로 멈추기도 하고, 올라갈 때와는 다른 곳에서 점심을 먹기도 한다. 역시 뒤로 돌아가서 동굴을 둘러보거나, 별난 바위의 생김새를 구경하기도 한다. 다시 일몰 때(오후 6시에), 이 산악인은 전날의 출발지점으로 돌아온다. 문제는 다음과 같다. 이 산악인이 산을 올라가던 날과 내려가던 날, 정확히 같은 시간에 도달한 한 지점이 반드시 있을까?

1800년대 말에 수학자들은 연속함수뿐만 아니라, 불연속성을 지닌 더 이해하기 어려운 함수—즉, 한 점에서 다른 점으로 매끄럽게 움직이지 않고 이따금 도약하는 함수—에도 자신들의 이론을 적용하기 시작했다. 이러한 "비정상적인" 함수는 적분법 *integration* 이론과 같은 분야에 극히 중요한 것으로 보였다(적분은 해석학의 한 분야로, 넓이와 부피, 평균 등을 연구 대상으로 한다). 여기서 불연속함수는 결정적인 적분 개념의 정의를 이끌어내는 기본 요소로 사용되었다. 적분 값을 구하기 위해, 수학자들은 수렴이라는 개념에 의지해야 할 경우도 있었다. 그래서 그들은 불연속함수의 급수가, 적분 값을 구하는 데 필요한 연속함수로 수렴되는 것에 대해 배워야 했다. 계단함수는 매끄러운 함수*smooth function*로 수렴하는 기본 원소이다.

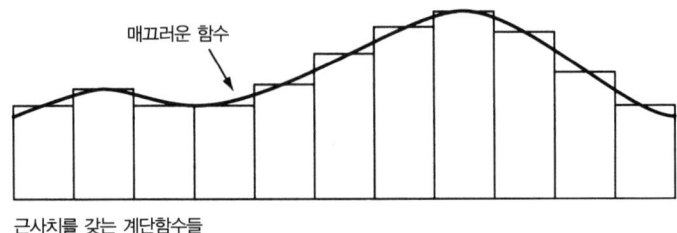

매끄러운 함수

근사치를 갖는 계단함수들

불연속 계단함수로 구한 연속곡선의 어림*approximation*(문맥에 따라 근사近似, 근사치 등의 뜻으로 쓰이는 말 : 옮긴이)은 일단 계단함수가 매끄러운 곡선으로 수렴할 때에만 완전해진다. 그럴 수 있는 것은 계단함수의 수가 무한에 접근할 때이다. 가우스 자신은 "가상假想의 **potential**" 무한만을 믿었다. 가무한이란 완전히 도달할 수 없는 어떤 것—실제로 구현시킬 수 없는 어떤 관념적인 수를 말한다. 수많은 계단으로 나눌 때, 그것들의 전체 넓이는 매끄러운 곡선이 포함하는 전체 넓이에 근접한다. 그래서 계단함수의 극한치를 계산하기 위해서는 무한에 "도달"할 필요가 없다. 어림만으로 유한한 수준에서 훌륭한 정밀도에 이를 수 있기 때문이다. 가우스와 그의 당대인들에게는 그것만으로도 충분했다. 2세기 전에 미적분이라는 분야를 고안한 뉴턴과 라이프니츠는 도달할 수 없는 무한, 곧 가무한이라는 개념만으로 만족했다. 아무도 그 이상 나아가려고 하지 않았다.

등산을 한 산악인의 문제에 대한 답 :

다음 그래프는 산을 오르내린 산악인의 등산로 상의 위치를 나타낸다. Y축(수직축)은 장소를, X축(수평축)은 오전 6시부터 오후 6시까지의 시간을 나타낸다. 이 문제를 풀기 위해서는 걷기*walking* 함수의 연속성만 요구된다(따라서 산악인은 등산로의 한 곳에서, 말하자면 높은 바위에서, 등산로의 낮은 곳으로 점프해서 등산로의 일부를 걷지 않는다거나 지름길로 가면 안 된다.)

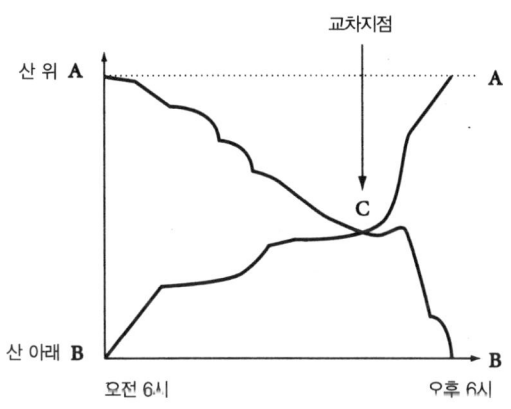

상승과 하강 그래프가 보여주듯, 두 함수의 선이 어떻게 그려지든 (산악인이 어느 지점에서 아무리 빨리 걷는다 한들, 심지어 멈추거나 뒤로 돌아간다고 한들), 산악인은 산을 오를 때와 내려갈 때, 정확히 같은 시간에 같은 지점을 반드시 한 번은 지나가게 된다.

1870년대까지만 해도 여성들은 베를린 대학에서 수학을 전공하는 것이 허용되지 않았다. 그러나 수학에 재능이 있던 여성 한 명만은 그것에 굴하지 않았다. 소피아 코발레프스카야*Sofya Kovalevskaya*(1850~1891)는 모스크바에서 태어나, 15세의 나이에 수학을 공부하기 시작했다. 그녀는 위대한 수학자 바이어슈트라스가 베를린 대학에 있고, 그가 해석학의 면모를 일신시키고 있다는 얘기를 듣고, 그에게 수학을 배우기로 결심했다. 18세에 모스크바에서 결혼을 하고, 1년도 되지 않아 남편을 뒤에 남겨두고 베를린으로 바이어슈트라스를 찾아갔다. 노대가는 시골마을 학교에서 느닷없이 세계적인 수학의 중심지로 자리를 옮긴 자신의 행운을 떠올리며 젊은 여성의 야망에 공감할 수 있었다.

그는 베를린 대학 당국을 설득했지만 소피아를 입학시킬 수 없었다. 그래서 자유시간에 개인적으로 소피아에게 수학을 가르쳐주기로 마음먹었다. 그는 4년 동안 자기 집에서 일요일마다 소피아를 가르쳤다. 그리고 또 일주일에 한 번은 그녀의 집에 찾아가서 같이 수학을 연구했다. 그러다 소피아가 어느 날 느닷없이 사라져버렸다. 갑자기 수학을 접어버리고 결혼한 명사의 삶을 살기 위해 모스크바로 돌아가버린 것이다. 바이어슈트라스는 그녀에게 편지를 띄워서, 연구를 계속하기 위해 언제 돌아올 것인지, 돌아오기는 올 것인지를 물었다. 그러나 그녀는 답장을 보내지 않았다. 그러다가 그녀는 사라질 때와 마찬가지로 느닷없이 베를린으로 돌아왔다. 그녀는 답장을 보내지 않은 것을 사과했고, 그들은 연구를 재개했다. 몇 년 지나지 않아서 소피아 코발레프스카야는 저명한 수학자가 되었고, 바이어슈트라스의 주선과 미타그-레플러의 도움을 받아 스톡홀름 대학의 교수가 되었다. 그녀는 수리 물리학 연구에 대한 공로로 프랑스 과학 아카데미로부터 수학 분야의 보로댕 상*Bordin Prize*을 받았다. 그러나 2년 후, 41세의 나이에 그녀는 감기로 세상을 뜨고 말았다. 코발레프스카야는 해석학 분야에서 중요한 업적을 남겼다. 바이어슈트라스, 리만 등과 더불어 그녀는 해석학 분야를 발전시켜 현대 수학 분야에서 해석학이 오늘날과 같은 위상을 갖는 데 큰 몫을 한 것으로 인정받고 있다.

칸토어의 생애에 대해 우리가 알고 있는 것은 상당 부분 소피아 코발레프스카야와 칸토어 사이의 편지 왕래 덕분이다. 또 그녀가 미타그-레플러와 편지를 주고받은 것도 이 책을 쓰는 데 도움이 되었다.

ℵ₅

원을 정사각형으로 만들기

해석학 분야에서 바이어슈트라스와 리만, 코발레프스카야 등 당대의 해석학자들이 이룩한 업적의 상당 부분은 무리수라는 개념을 핵심으로 삼고 있다. 대체 무리수가 뭐길래 그도록 중요하게 다루어진 것일까?

무리수는 산수의 수와 기하학의 선을 대응시켜서 선 위의 한 점을 하나의 실수로 보는 순간 마술처럼 우리 앞에 나타난다. 우리는 직선상의 점에 수를 대응시키고, 두 수 사이의 거리 개념에 의미를 부여하고, 점들의 선행*predecence* 개념—두 점 가운데 어느 것이 먼저 오고 어느 것이 다음에 오는지—에도 의미를 부여할 수 있어야 한다. 우리는 또 수를 어떤 선 위의 점으로 나타낸 것과 그냥 수로 나타낸 것 사이를 오갈 수 있어야 한다. 4보다 큰 6이라는 수가 있을 때, 두 수를 한 선분 위의 점들로 나타낸다는 것에 쓸모가 있어야 한다—우리는 4가 6의 왼쪽에 있다는 것을 볼 수 있고, 이 두 수 사이의 거리를 시각화할 수 있어야 한다.

수직선

```
0        2        4        6        8
|_____|_____|_____|_____|
```

직선 위에서 우리는 점과 분수를 관련시킬 수도 있다. 0과 1 사이에는 1/2, 1/4, 1/5 등의 수가 있다. 1과 2 사이에는 $1\frac{1}{2}$, $1\frac{1}{4}$ 등의 수가 있다. 예를 들어 358/719와 같은 모든 분수는 수직선 위에서 쉽게 찾아낼 수 있다. 그러나 실길이*real length*, 곧 실직선*real line*의 "살*meat*"은 직선 위에 압착시킨 수에서 추출해낼 수 없다. 모든 분수와 정수─모든 *유리수*─를 수직선 선분 위에 무한히 농축시켜 놓는다 하더라도, 우리가 갖게 되는 것은 속이 꽉 찬 직선이 아니라, 체질을 할 때 쓰는 체처럼 무한히 많은 구멍이 송송 뚫린 직선일 뿐이다. 실직선의 피륙*fabric*은 무리수를 필요로 한다. 무리수가 없다면, 우리는 조밀한 점들의 무한한 모듬을 얻을 수는 있어도 속이 꽉 찬*solid* 직선을 얻을 수는 없다.

수직선에서 모든 유리수를 제거해도 여전히 직선의 *전신full-length*이 남아 있다. 그러나 이 직선에는 무한히 많은 구멍이 나 있을 것이다. 실직선의 구조는 불가사의하다. 즉, 직선은 무한히 조밀하고, 무한히 농축되어 있고, 무한히 얽힌 구조를 지니고 있다. 볼차노는 연속체를 유지시키는 것이 *연결됨connectedness*이라는 속성이라고 보았다. 즉, 실직선의 어느 부분─가능한 한 작은 구간─도 둘로 끊어진 수들의 *개집합open sets*으로 나타낼 수 없다(양끝점을 포함하지 않은 수들의 구간이 개집합의 예이다). 칸토어가 지적했듯이, 실수직선 위의 수들은 훨씬 더 복잡한 구조를 지니고 있으며, 연결됨이란 여러 속성 가운데 하나일 뿐이다.

  무리수가 수직선의 피륙과 관계가 있다면, 유리수는 무리수 집합 내의 조밀도와 관계가 있다. 무리수 근방*neighborhood*에는 무한히 많은 유리수가 있다. 그 반대도 마찬가지이다. 즉, 주어진 유리수의 모든 작은 근방에는 무한히 많은 무리수가 있다. 실수직선의 구조는 상상하기도 어렵다.

  수에는 순서가 있다. 두 개의 임의의 분리된 수, a와 b가 있을 때, 이것은 $a \rangle b$이거나 $b \rangle a$이다. 그러나 여기에는 곤혹스러운 속성이 있다. 즉, 주어진 어떤 수에 대한 다음 수는 없다. b가 a보다 크다면, 둘 사이에는 어떤 거리가 있다. 그 거리를 2로 나눈 값을 a에 더하면 우리는 a와 b 사이의 새로운 수를 얻을 수 있다. 예를 들어, 5.01은 5보다 크다. 5.01과 5의 중간에는 5.005라는 수가 있다. 여기서 우리는 또 5와 5.005 사이의 새로운 수를 얻을 수 있고, 이런 일을 계속할 수 있다. 따라서 5의 "다음" 수는 존재하지 않는다. 수들은 무한히 조밀해서, 항상 다른 수보다 더 큰 수가 있지만, 어떤 수에서 더 큰 수로 넘어가는 다음 수는 없다.

  수직선의 피륙이 되는 것은 무리수이지 유리수가 아니라는 것을 증명하기 위해, 우리는 지금 있는 실내에서 결코 벗어날 수 없다는 제논의 패러독스와 비슷한 논법을 사용한다. 그 패러독스를 분석하는 데 있어서, 무한급수—항상 문까지 남아 있는 거리의 반을 취함으로써 만들어지는 급수—가 수렴한다는 속성이 사용되었다는 것을 염두에 두시기 바란다. 즉, $1+1/2+1/4+1/8+1/16+1/32+1/64+ \cdots = 2$. 이것은 기하 급수들의 합에 나타나는 중요한 수학적 속성이다.

유리수는 열거*enumeration*할 수 있다. 다시 말해서, 유리수는 무한해도 열거할 수 있다(이것은 칸토어가 증명한 속성이다). 무리수는 너무나 무한해서 열거할 수 없다(이것도 칸토어가 증명한 속성이다). 이제 0과 1 사이의 모든 수를 살펴보자. 이 구간의 길이는 온전한 상태일 때 1이다(1-0=1). 이제 여기서 모든 유리수를 제거해보자. 그래서 우리는 각각의 유리수를 작은 부분구간*sub-interval*에 넣는다. 이것은 각각의 수 위에 작은 우산을 올려놓는 거라고 하자. 각 수 위에 올려놓는 우산의 크기는 다음 유리수로 갈수록 반으로 줄어든다. ϵ(임의의 작은 수, 예컨대 0.00000001) 크기의 우산으로 시작해서, 무한히 많은 작은 우산들의 모든 길이의 합은 $(1+1/2+1/4+1/8+\cdots)\epsilon = 2\epsilon$이다. 그런데 ϵ은 임의의 작은 양수이기 때문에 0과 1 사이에 원래 구간은 의미있는 길이를 잃지 않으므로 모든 유리수가 포함되어 있을 때와 마찬가지로 길이 1을 유지하고 있다. 우리는 유리수가 수직선 안에서 측도 *0 measure zero*을 가지고 있다고 말한다. 이상의 논법은 수학적 증명의 한 예이다.

어떤 수는 유리수이거나 무리수이고, 두 그룹은 직선 상에 무한히 뒤섞여 있다. 하지만 모든 유리수가 제거된다 하더라도, 직선의 전체 길이는 동일하게 유지된다—유리수보다 무한히 더 많은 무리수가 있기 때문이다. 무리수 자체는 여러 그룹으로 나뉠 수 있다. 2의 제곱근과 같은 수는 반복되지 않고 끝없이 계속되는 소수 부분을 가진 무리수이지만, 그래도 이 수는 우리가 다룰 수 있다. 그러한 수는 대수적 *algebraic* 수라고 불린다—그런 수들은 유리계수*rational coefficients*를 갖는 다항방정식*polynomial equations*의 근이기 때문이다. 예를 들어, 2의 제곱근은 방정식 $x^2-2=0$의 근이다. 이것은 유리수인 계수 1을 갖는 다항식이기 때문에 이 근은 대수적이다($3x^2$처럼 수나 문자를 곱셈만으로 결합한 식이 단항식이고, 덧셈이나 뺄셈이 포함되면 다항식이다. $3x^2$에서 3은 x^2의 계수係數이고, $x^2-2=0$에서 x^2의 계수는 1 : 옮긴이). 칸토어는 대수적 수의 집합이 유리수 집합과 같은 크기를 갖는다는 것을 증명했다. 비대수적 무리수는 초월수 transcendental numbers 라고 불린다. π와 e처럼 유명한 무리수는 초월수이다. 초월수야말로 "진정으로 무리한" 수이다 — 이 수들은 다항방정식(혹은 다른 어떤 식)의 근으로 산출되지 않는다.

수학에서 가장 유명한 문제는 '원을 정사각형으로 만들기 squaring the circle'라는 고대의 문제였다. 본질적으로 이것은 초월수 π에 대한 문제이다. 기원전 5세기의 수학자이자 철학자인 아낙사고라스 Anaxagora(약 428 B.C.)는 아테네에 살았다. 당시 페리클레스가 지배하고 있던 아테네는 그리스 문화의 전성기를 누리고 있었다. 그래서 이 시기에 그리스 세계 각지의 수많은 지성인들은 아테네에 와서 살았다. 아낙사고라스는 페리클레스의 철학 선생이 되었다. 아낙사고라스는 태양이 신 같은 존재가 아니라, 다만 하늘에서 이글거리는 거대한 돌이고, 이 돌은 펠로폰네소스 전체보다 더 크다고 주장했다. 이러한 이단적인 발언 때문에 아낙사고라스는 체포되어 금고형을 선고받았다. 그러나 페리클레스가 중재에 나선 덕분에 이 수학자는 풀려날 수 있었다. 투옥되어 있는 동안 아낙사고라스는 수학 문제 하나에 매달렸다. 로마의 역사가 플루타르코스(영어 식으로는 플루타크 Plutarch)는 아낙사고라스가 감옥에서 풀려고 했던 문제를 기록으로 남겼는데, 이

기록이 원을 정사각형으로 만들기라는 문제에 대한 최초의 역사적 기록이다. 아낙사고라스는 직선 자와 컴퍼스를 써서, 주어진 원과 정확히 같은 넓이를 지닌 정사각형을 작도하려고 했다. 그리하여 역사상 가장 위대한 수학 문제가 탄생했고, 이것은 약 2,500년 동안 수학자들의 상상을 사로잡게 되었다.

이 문제와 더불어 거의 같은 시기에 제시된 다른 두 문제, 즉 하나의 각을 3등분하는 문제와 정육면체를 2배로 만드는 문제는, 그리스 수학이 바빌로니아나 이집트의 수학과 갈라지는 분기점이 되었다. 이러한 추상적인 문제에 대한 답을 찾으려고 한다는 것은 실제적인 쓸모가 전혀 없는 일에 노력을 기울이는 것이다. 원을 정사각형으로 만들기라는 아낙사고라스의 문제는 순전히 지적인 탐구였다.

고대시대 내내 재능 있는 수학자들은 이 세 문제를 풀려고 고심했다. 나선*spiral*에 대한 아르키메데스의 유명한 연구도 상당 부분은 그처럼 순수한 지적 탐구가 반영된 것이다. 알렉산드리아의 파푸스 *Pappus*(A.D. 약 320) 등 후대의 수학자들도 이러한 문제의 답을 찾으려고 했다. 성 빈센트의 그레고리*Gregory*(1584~1667)는 원을 정사각형으로 만들기와 원뿔 곡선론*conic sections*에 대한 책을 썼다. 그는 나눌 수 없는 불가분량*indivisibles*의 적용을 잘못하고서, 원을 사각형으로 만드는 해묵은 문제를 풀었다고 생각했다.

1761년에 독일 수학자 요한 하인리히 람베르트*J. H. Lambert* (1728~1777)는 베를린 아카데미에 π가 무리수라는 증명을 제시했다. 람베르트는 사실 더욱 일반적인 사실을 증명한 것이었다. 그는 x가 0이 아닌 유리수라면, tan x는 유리수일 수 없다는 것을 증명했다.[*7] tan $\pi/4$= 1

이고, 1은 유리수이기 때문에, π/4는 유리수일 수가 없다는 것을 곧 알 수 있다. 따라서 π 또한 유리수일 수가 없다. π가 무리수라는 이러한 증명으로는 원을 정사각형으로 만들기라는 문제를 해결할 수 없었다. 그래도 제곱근인 무리수는 고대 그리스인처럼 직선 자와 컴퍼스를 사용해서 작도하는 것이 가능하다는 것을 입증할 수 있어서, 적어도 원리적으로는 아직 원을 정사각형으로 만드는 문제의 해법이 존재할 가능성이 있어 보였다. 그 무렵 원-정사각형 연구자들이 어찌나 많아졌든지, 프랑스의 파리 아카데미는 회원들로 하여금 고대 문제의 해법이라고 칭해지는 것들을 더 이상 읽지 말도록 하는 법을 통과시킬 정도였다. 마침내 1882년, 독일 수학자 린데만 *C. L. F. Lindemann* (1852~1939)이 "π에 관하여"라는 제목의 논문을 발표했다. π는 대수적일 수 없다—π는 유리계수를 갖는 다항방정식의 해 *solution* 일 수가 없다—는 것을 린데만은 증명했다. 린데만은 대수적 수인 어떤 수 x로는 $e^{ix}+1=0$ 라는 방정식을 만족시킬 수 없다는 것을 보여줌으로써 이것을 증명해냈다—이 유명한 방정식은 스위스 수학자 레온하르트 오일러 *Leonhard Euler* (1707~1783)가 제시한 것이다. π는 이 방정식을 만족시키기 때문에 대수적 수일 수 없었다.

원을 정사각형으로 만들기 위해서는, π를 유한한 정수와 유한한 수의 연산 *operations* 으로 나타낼 수 있어야 했다. 린데만이 증명했듯이, π는 유리계수를 갖는 다항방정식의 근일 수 없기 때문에, 원을 정사각형으로 만들기는 불가능하다. 린데만은 고대 문제 하나를 무덤에 눕히게 된 자신의 결과에 고무된 나머지, 페르마의 마지막 정리를 증명하는 일에 뛰어들었다.

대수적 수가 아닌 무리수는 초월수이다. 수직선 위의 대다수 수는 초월수이다. 대수적 수와 유리수가 무한하다면, 초월수는 그보다 더 높은 무한의 단계를 갖는 수이다. 우리가 임의로 수직선 위의 한 수를 "선택"할 수 있다면, 그 수가 초월수일 확률은 100%일 것이다. 유리수 혹은 대수적 수가 무한히 많기는 하지만 그런 수를 선택한다는 건 있을 법하지 않다. 초월수가 압도적으로 많기 때문이다. 따라서 실직선에서 임의로 한 수를 선택할 때 유리수 혹은 대수적 수를 선택할 확률은 제로이다. 수의 무한한 모둠으로부터 한 수를 실제로 선택할 수 있는가의 여부는 아주 중요한 문제인데, 이 문제는 뒤에서 다루게 된다. 고대의 다른 두 문제 또한 해결 불가능한 것으로 밝혀졌다.

유리수인지 무리수인지 알아보는 흥미로운 방법이 하나 있다. 다음 그림에는 정수 0, 1, 2, 3, 4, 등이 2차원으로 배열되어 있다. 여기에 원점(0,0)에서 방사되는 광선을 그려보자. 광선이 원점에서 무한을 향해 뻗어갈 때 배열된 점들 가운데 적어도 하나를 지난다면, 이 광선의 기울기는 유리수이다. 그렇지 않으면 광선의 기울기는 무리수이다.

배열된 점들 가운데 어느 하나도 지나지 않는 선이 존재한다는 것을 우리는 어떻게 알 수 있을까? (다시 말해서, 무리수 기울기를 갖는 직선이 실재로 존재한다는 것을 우리는 어떻게 아는가?)

지름이 1인 원이 있다고 하자. 그러면 원의 둘레는 π이다. 이 원을 곧게 펴서, 그것이 그림의 수평축에 있는 점 1의 위쪽(수직축 방향)으로 뻗어가게 해보자. 원둘레로 만들어진 선의 끝점을 원점과 연결하면 기울기가 π인 직선을 얻게 된다. 이 직선($y=\pi x$)은 결코 2차원으로 배열된 점을 하나도 만나지 않을 것이다.

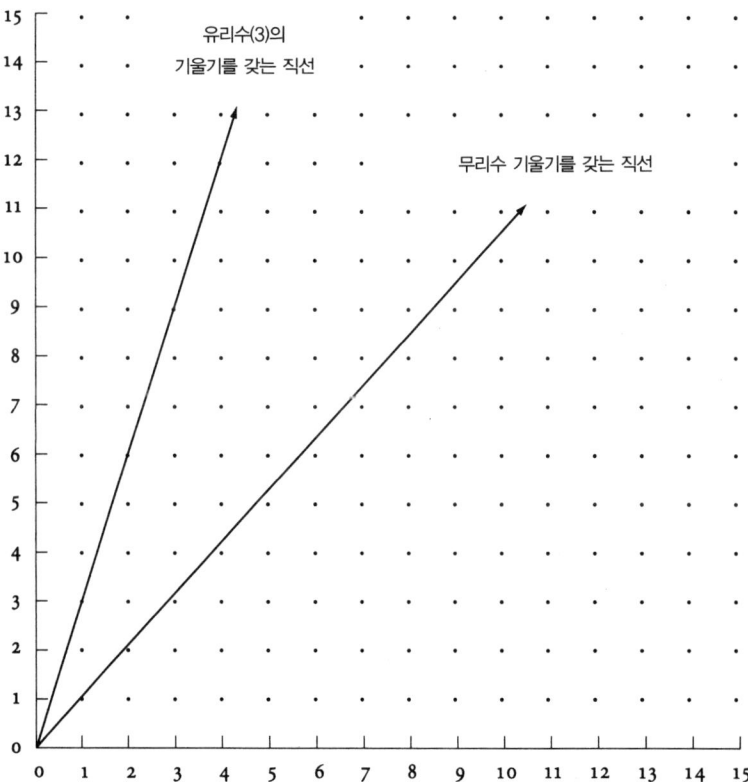

원을 정사각형으로 만들기

ℵ₆

학생시절

    게오르크 페르디난드 루드비히 필립 칸토어*Georg Ferdinand Ludwig Philipp Cantor*는 1845년 3월 3일 러시아의 상트페테르부르크에서 태어났다. 그가 어떤 인종에 속하는지는 확실치 않다. 그의 아버지, 게오르크 볼데마르 칸토어는 코펜하겐에서 태어났다. 그의 덴마크 여권에 적힌 정보에 의하면 1809년에 태어났지만, 하이델베르크의 비석에는 1814년에 태어난 것으로 되어 있다. 1807년 영국이 코펜하겐을 공격한 이후에 그의 가족들이 상트페테르부르크로 이주했다는 것은 확실하다. 그들은 영국의 공격을 받는 동안 집과 재산을 모두 잃었다. 그래서 볼데마르는 평생 영국을 증오했다.

    칸토어의 아버지는 독실한 루터교 신자였다. 어머니 마리아 봄은 로마 가톨릭 집안에서 태어났다. 그들은 1842년 상트페테르부르크에서 루터교 의식에 따라 결혼식을 치렀다. 그런데 우리는 칸토어 집안사람들이 유대 인종인 것으로 알고 있다—부모 양가가 모두 그럴 가능성이 높은데, 어쨌든 아버지 쪽은 "칸토어"라는 이름이 암시하듯 유대인인 것이 확실한 것 같다.*⁸ 말년에 한 친구에게 보낸 편지에서 칸토어는 자신의 조부모가 "유대인"이라고 쓴 적이 있다. 조부모는 덴마크 사람이었다—할아버지는 야코브 칸토어이고 할머니의 처녀 때 성은 마이어였다. 칸토어와 마이어는 흔한 유대인 성씨이다. 어머니 봄의 조부모도 유대인이었을 가능성이 아주 높다.

게오르크 칸토어는 여섯 자녀의 맏이였다. 동생 루이스는 1863년에 미국으로 이주했는데, 그 해에 그가 시카고에서 어머니에게 쓴 편지 가운데, "…우리는 유대인의 후예"라는 말이 나온다. 이 말은 수학사가인 벨 *E. T. Bell*이 칸토어 양가의 뿌리가 유대인이었다고 주장한 것을 뒷받침한다.*⁹ 게오르크 칸토어의 뿌리, 믿음, 혹은 문화적 가치관이 유대인다웠는가 아닌가에 따라 우리의 이야기는 꽤 달라질 수 있다.

1856년에 칸토어의 가족은 독일의 프랑크푸르트에 다시 자리 잡았다. 아버지의 폐질환이 발트 해의 눅눅한 날씨 때문에 더욱 악화되었기 때문이다. 그러나 몇 년 지나지 않아서 볼데마르는 폐병으로 세상을 떴다. 상트페테르부르크에 살던 시절, 볼데마르가 운영한 칸토어 상사(도매회사)는 국제적으로 번창해서, 사업 영역을 유럽은 물론 미국과 브라질까지 넓혀갔다. 볼데마르는 상당한 재산을 모았다. 은퇴해서 프랑크푸르트에서 편안히 지내는 동안 그는 게오르크에게 편지를 쓰며 소일했다. 게오르크는 이때 멀리 떨어진 곳에서 김나지움에 다니고 있었다. 아버지의 편지는 젊은 게오르크가 진로를 잡는 데 도움이 되었다.

칸토어 가문의 사람들은 상당한 음악적 재능을 지니고 있어서, 가족들은 여러 악기를 연주했고, 음악을 가르치기도 했다. 볼데마르의 사촌 요제프 그림 칸토어는 러시아 로열코트 극장의 유명한 실내음악 연주자였다. 마리아 봄의 집안 사람인 요제프 봄은 비엔나 음악학교의 설립자이자 지휘자였다. 게오르크는 음악적이고 미술적인 환경에서 자랐다. 그가 어릴 때 그린 그림 가운데 상당한 재능을 보여주는 작품이 아직도 남아 있다. 삼촌들 가운데 한 명은 카잔 대학의 법학과 교수였는데, 이 사람은 러시아 혁명 초기에 도움이 된 법률 기구를 만들기도 했다. 대문호인 레오 톨스토이가 삼촌의 제자여서, 가족들은 이 사실을 곧잘 얘깃거리로 삼곤 했다.

어린 칸토어는 프랑크푸르트에서 사립학교를 다니다가, 15세에 다름슈타트 김나지움에 입학했다. 김나지움 시절 초기에 볼데마르는 아들에게 다음과 같은 편지를 썼다.

"이렇게 편지를 미치고 싶구나. 네 아버지, 아니 너의 부모는 물론, 러시아와 독일, 덴마크에 사는 다른 모든 가족들이 맏이인 너를 한 순간도 잊지 않고 있단다. 우리는 네가 테오도르 섀퍼보다 못할 게 없다고 본다. 그래서 하나님이 허락하신다면, 후일 네가 과학의 지평 위에 찬란히 빛나는 별이 되기를 바란다."*10

테오도르 섀퍼 **T. Schaeffer**는 김나지움에서 칸토어를 가르친 선생이었다. 칸토어의 아버지는 섀퍼를 아들의 성공적인 미래상으로 보았던 것 같다. 게오르크는 아버지의 이런 말들 속에 인생의 역경을 헤쳐나갈 힘이 깃들기라도 한 듯이 편지를 소중히 간직했다.

게오르크는 사춘기 때에도 수학에 매력을 느꼈다. 15세의 나이에 그는 수학을 전공하고 싶어서 아버지의 허락을 구했다. 17세 때인 1862년 봄에 그는 아버지에게 다음과 같이 썼다.

"사랑하는 아빠!

아빠의 편지가 저를 얼마나 행복하게 했는지 몰라요. 아빠의 편지는 제 미래에 대한 결심을 굳혀주었어요… 그 동안 마음속에서 의무감과 소망이 끊임없이 서로 싸우기만 했어요."*11

이후 아버지는 게오르크가 수학은 물론이고 물리학까지 공부하도록 편지를 통해 진심으로 격려했다. 한 편지에서는 아들이 천문학까지 공부하기 바란다며, 망원경으로 하늘을 바라본 꿈을 꾸었는데 무한한 별들이 얼마나 경이로웠는지 모른다는 얘기가 적혀 있다. 아무튼 볼데마르는 아들이 학구적인 노력을 통해 성공하겠다는 강한 야심을 갖도록 독려했다. 그뿐만 아니라 종교적으로도 큰 영향을 미쳤다. 벨을 포함한 일부 사람들은 독재적인 아버지와 순종적인 아들의 관계 때문에 후일 아들에게 정신적인 문제가 생겼다고 주장하기도 했다.

1862년 8월, 게오르크 칸토어는 김나지움 졸업시험을 치렀다. 높은 점수를 받은 그는 이제 대학에서 과학을 공부할 수 있는 자격을 인정받았다. 칸토어는 지리와 역사 등의 인문학보다 정밀과학 분야에서 더 높은 점수를 받았다. 그가 과학을 전공해야 한다고 학교당국이 결정한 것도 그래서였다.

그해 말경, 칸토어는 취리히의 고등기술학교 *Polytechnical Institute*에서 수학을 배우기 시작했다. 그러나 곧 그는 더욱 권위 있는 베를린 대학으로 옮길 수 있었다. 베를린으로 옮긴 덕분에 그는 세계적인 대가들부터 수학을 배울 수 있는 황금 같은 기회를 얻게 되었다. 그는 바이어슈트라스와 쿠머, 크로네커 등의 강의를 들었다. 그는 대학에서 수강한 모든 과목에서 뛰어났지만, 특히 정수론에 매력을

훔볼트 대학의 본관 건물

느꼈다. 1867년에 칸토어는 정수론 분야에서 탁월한 박사학위 논문을 썼다.

칸토어의 학위논문은 가우스가 연구한 정수론 분야의 문제에 관한 것이었다. 이후 그는 가우스의 정수론을 계속 연구해서, 이 분야에 중요한 기여를 했다. 이들 논문은 이후 몇 년 동안 수학 저널에 계속 발표되었다.

박사학위를 받은 후 칸토어는 처음 제의 받은 할레 대학의 프리바트도첸트라는 강사직을 수락했다. 독일 대학의 이 초급 강사직은 학생들을 개인적으로 가르치는 것인데, 학생들이 내는 수강료가 수입의 전부이다. 바이어슈트라스의 아이디어에 영향을 받은 칸토어는 할레에서 해석학을 집중 연구했다. 그를 가르친 베를린 대학의 교수 크로네커와 후일 직접적인 충돌을 하게 되고, 거의 평생 동안 적대적 관계를 갖게 된 것도 바로 이 연구 때문이었다.

할레에서 칸토어는 바이어슈트라스의 방법론을 기초로 한 함수 연구를 시작해서, 수렴의 개념을 익히게 되었다. 일찍이 그리스인들이 사용했고, 후일 베를린의 해석학자들이 다듬고 현대화한 가무한의 방법론에 그는 깊이 빠져들었다.

$\aleph_7$

집합론의 탄생

할레의 2류급 대학에 정착한 칸토어는 평범한 학구적 생활을 했다. 할레 대학의 수학과 회의에서는 어떤 위대한 아이디어도 논의되지 않았다. 자극적인 연구 주제로 열띤 발언을 하는 세미나도 없었다.

이 무렵 칸토어는 누이동생의 친구인 발리 구트만과 결혼했다. 구트만은 베를린에 사는 유대인 집안의 여자였다. 두 사람은 베를린에서 만나, 1875년 할레에 같이 온 후 몇 년 만에 결혼을 했다. 그들은 칸토어의 적은 수입으로 가정을 꾸려갔다. 그의 수입은 베를린 대학에서 주는 것에 비하면 상당히 적은 편이었다. 그러나 칸토어가 온전히 혼자의 힘으로 완전한 수학 이론을 발전시킨 것은 바로 이 도시에서였다.

수학 연구는 훌륭한 수학자들이 모인 공동체에서 가장 잘 이루어진다. 연구 결과를 서로 공유할 수 있고 아이디어를 교환할 수 있어서, 새로운 이론이 더욱 잘 개발되고 발전할 수 있는 것이다. 혼자 연구를 한다는 것은 힘들기도 하지만 진전도 여간 느리지 않다. 또 동료들과 아이디어를 공유할 수 없는 곳에서는 자칫 길을 잃기도 쉽다. 그러나 칸토어는 혼자 연구를 하면서도 문명사상 가장 놀라운 이론들 가운데 하나를 만들어낼 수 있었다.

칸토어는 할레에 올 때 이미 해석학 분야의 강력하고 중요한 아이디어를 지니고 있었다. 그것은 베를린에서 바이어슈트라스에게 배운 것이었다. 함수론에 관한 바이어슈트라스의 강의는 최고의 수학 강의라고 할 수 있었는데, 칸토어는 이 강의를 들으며 독특한 개념들을 접할 수 있었다. 바이어슈트라스는 극한과 무한수열에 관한 볼차노의 아이디어를 계승 발전시켰고, 고대에 발견한 무리수에 관해 예리한 정의를 내렸는데, 그는 이러한 것들을 자세히 설명해주었다. 볼차노-바이어슈트라스의 무리수에 대한 접근은, 두 사람이 독자적으로 발견한 공간의 속성과 극한 개념을 토대로 한 것이었다—유계 공간*bounded space*에서의 무한수열은 그 공간 내에 하나의 극한점을 갖는다는 것이 그것이다.

고대 그리스의 아이디어를 기초로 한 볼차노-바이어슈트라스 틀 안에서, 우리는 무리수를 유리수의 극한으로 정의한다. 수열의 요소들로부터 무리수까지의 거리는 극한점으로 갈수록 점점 더 줄어든다. 이 메카니즘은 실내에서 벗어날 수 없는 사람에 대한 제논의 패러독스에 내재된 것과 유사하다. 제논의 패러독스에 따르면 우리는 문까지 거리의 반을 걷고, 다시 남은 거리의 반을 걷고, 이것을 무한히 계속한다. 여기서 문은 어떤 무리수를 상징하는 것으로 볼 수 있다. 이 무리수는 유리수의 무한수열의 극한이다.

베를린에 있을 때에도 칸토어의 연구는 바이어슈트라스의 영향을 받고 있었다. 할레에서 그는 계속 같은 노선의 해석학을 연구했다. 고등학교 교사로 지내며 천재성을 발휘해서 어느 날 갑자기 대학교수가 된 바이어슈트라스는 자신의 결과들을 발표하고 싶어하지 않았다. 심지어 대학에서 제자들이 수업시간에 필기를 하는 것도 달가워하지 않았다. 그의 연구 결과가 살아남게 된 것은 스웨덴 출신인 제자 때문이었는데, 후일 중요 수학자가 된 이 제자는 칸토어의 좋은 친구이기도 했다. 이 제자가 바로 괴스타 미타그-레플러 *Gösta Mittag-Leffler*(1846~1927)인데, 그는 세심하게 필기를 했고, 스톡홀름으로 돌아가서 노트를 체계적으로 정리했다.

수학자들 사이에 끈질기게 떠도는 소문이 하나 있는데, 노벨 수학상이 없는 이유가 미타그-레플러 때문이라는 것이다. 알프레드 노벨은 이 수학자를 끔찍이 싫어했다고 한다. 그래서 미타그-레플러가 노벨상을 받을지도 모른다는 가능성을 차단하기 위해, 노벨은 아예 수학상을 만들지 않기로 했다는 것이다. 이것이 사실이라면 수학자들은 단체 형벌을 잘 극복해온 셈이다. 오늘날 수학 분야의 최고상은 필즈상 *Fields Medal*이다. 수학 분야에서 현저한 업적을 인정받은 40세 이하인 사람에게 주어지는 이 상은 1936년부터 4년마다 한 차례씩 시상되고 있다.

누구의 말을 들어보아도 미타그-레플러는 탁월한 수학자였을 뿐만 아니라, 아주 후덕한 인물이었다. 칸토어가 참담한 시절을 보낼 때, 그의 무한에 대한 환상적인 아이디어를 발표해주는 것은 고사하고 아무도 귀를 기울여주지 않을 때, 미타그-레플러만은 그의 저널인 〈악타 마테마티카 *Acta Mathematica*〉에 정기적으로 칸토어의 논문을 실어주었다. 그는 대단히 부유한 여성과 결혼해서, 아내의 재산으로 수학을 지원했다. 1880년대에는 스톡홀름 근교에 웅장한 저택을 지어서, 이것을 수학 교육기관으로 쓰도록 수학자들에게 유언으로 증여했다. (노벨은 미타그-레플러가 수학자들을 위해 충분히 베풀었기 때문에 노벨 수학상이 불필요하다고 생각했는지도 모른다.) 미타그-레플러는 다른 사람이 감지하지 못한 칸토어의 천재성을 알아차리고, 일찍이 칸토어에게 접근했다. 그래서 칸토어로 하여금 초기 논문 가운데 일부를 프랑스어로 번역하게 해서 이것을 출판함으로써 칸토어에게 명성을 안겨주었다.

칸토어는 연구 활동의 배출구로 〈악타 마테마티카〉가 필요했다. 크로네커와 쿠머가 그의 연구에 반대해서 다른 문은 모두 닫혀 있었기 때문이다. 베를린에서 무한에 관한 칸토어의 새로운 연구를 지지해준 수학자는 바이어슈트라스밖에 없었다. 두 사람은 서로 존중했는데, 칸토어는 일생 동안 기회만 있으면 바이어슈트라스와 그의 해석학적 방법론에 늘 아낌없는 찬사를 보냈다.

할레에서 살던 초기에 칸토어는 또 다른 좋은 친구이자 후원자인 리하르트 데데킨트 **Richard Dedekind**(1831~1916)와 사귀었다. 1877년에 쓴 칸토어의 논문 하나는 크로네커가 편집하는 저널에 실리는 것이 거절될 뻔한 적이 있었다. 이때 데데킨트가 중재에 나섬으로써 이 논문은 빛을 볼 수 있었다. 칸토어가 데데킨트를 처음 만난 것은 1872년 스위스에서 휴가를 보내고 있을 때였다. 이때 데데킨트는 브라운슈바이크에 있는 고등기술학교의 수학교수였다. 두 사람은 곧 좋은 친구가 되었다. 데데킨트는 가우스가 태어난 브라운슈바이크에서 태어났고, 가우스의 마지막 제자이기도 했다. 청소년 시절에 데데킨트는 물리학과 화학에 관심이 많았다. 그러나 1850년 괴팅겐 대학에 입학한 후에는 수학에 심취하게 되었다. 그는 21세였던 1852년에 수학 박사 학위를 받았다. 가우스의 지도를 받으며 쓴 학위논문은 정수론에 관한 것이었다. 데데킨트는 브라운슈바이크 고등기술학교에서 50년 동안 제자를 가르쳤는데, 승진을 하거나 더 나은 학교로 옮기는 것을 바라진 않은 것 같다.

데데킨트의 가장 뛰어난 업적은 무리수 분야에서 이룬 것인데, 그는 무리수의 개념을 명확히 함으로써 해석학의 기초 수립에 큰 공헌을 했다. 그는 절단*cut*이라는 개념을 고안했다. 수직선의 절단이란, 주어진 수보다 작거나 같은 모든 유리수를, 주어진 수보다 큰 모든 유리수와 분리하는 것이다. 주어진 절단이 한 유리수를 결정하지 않으면 그 수는 무리수이다. 예를 들어 무리수인 2의 제곱근도 절단을 통해 무리수로 정의할 수 있다 즉, 제곱한 값이 2보다 작거나 같은 모든 유리수를, 제곱한 값이 2보다 큰 모든 유리수와 분리하면 된다(주어진 수가 1/2인 경우 수직선을 절단할 경우, 작거나 같은 모든 유리수 집합에는 가장 큰 유리수 원소가 존재하는데, 주어진 수 1/2이 바로 그것이다. 그런데 2의 제곱근이 주어진 수일 경우, 작거나 같은 모든 유리수 집합에는 가장 큰 유리수가 존재하지 않는다. 이 경우 주어진 수는 무리수이다 : 옮긴이). 이처럼 데데킨트도 당시에 인정을 받지 못한 무리수와 무한에 관한 연구를 한 탓에 자연스럽게 칸토어와 의기투합할 수 있었다.

데데킨트는 워낙 오래 살아서, 실제로 세상을 뜨기 전에 사망기사가 신문에 실리기도 했다. 그는 자신의 사망기사를 보고 흥겨운 나머지,

자기가 죽었다는 그 날 하루를 어떻게 보냈는지 신문사에 편지로 써 보냈다.

"세상을 뜬 날 나는 아주 건강하게 하루를 보내며, 경애하는 나의 친구 게오르크 칸토어와 아주 고무적인 대화를 즐겼답니다."

신문사에 보낸 편지에는 언급하지 않았지만, 1899년까지 17년 동안 데데킨트는 "경애하는 친구"로부터 한 마디 소식도 듣지 못했다. 두 사람의 교류가 끊어진 이유는 칸토어의 성격만큼이나 복잡하다. 두 수학자는 초기에 아주 친밀했다. 수학을 떠나 개인적으로도 감정이입이 될 정도였다. 두 수학자는 무리수와 무한을 탐구하는 선구자들이었다. 데데킨트 절단은 무리수의 문제를 다루는 하나의 해법이었고, 칸토어의 무한에 대한 다양한 방법 또한 그러했다. 할레에서 외롭게 지낸 칸토어로서는, 베를린 대학이나 다른 중요 대학의 교수가 되길 바란다는 건 아주 자연스러운 일이었다. 그게 안 될 경우에는 데데킨트와 같은 훌륭한 수학자가 할레의 교수로 와주길 바랐다.

독일 대학에서는 교수직에 결원이 생길 경우, 엄격한 행정 절차를 밟아서 교수를 충원한다. 결원이 생긴 해당 대학의 교수들은 새 교수로 초빙할 후보자 목록을 작성해야 한다. 이 목록은 순위가 매겨진 후 교육부에 제출된다. 교육부가 목록을 검토해서 후보자들의 순위를 승인하게 되면, 제1순위 후보에게 교수직을 제의한다. 그 후보가 수락하면 절차는 끝난다. 그러나 사양하면 목록의 다음 순위 후보에게 제의한다. 만일 모든 사람이 사양하면, 해당 대학의 교수회의에 새로운 목록을 작성해달라고 요청한다.

할레 대학의 수학과 정교수였던 칸토어는, 다른 정교수 자리에 결원이 생기자 후보자 목록을 작성하는 책임을 맡게 되었다. 그는 할레 대학의 다른 교수들의 동의를 받아 데데킨트를 1순위로 올려놓은 목록을 교육부에 제출했다. 데데킨트는 정중하게 제의를 사양했다. 그것은 급여 수준 때문이었다—브라운슈바이크의 교수직 급여가 더 많았다. 칸토어는 데데킨트의 그런 결정에 여간 낙심하지 않았다. 이후 17년 동안 두 수학자는 편지 한 통 주고받지 않았다. 어쩌면 이 사건이 후일 칸토어를 괴롭히게 되는 정서적 불안의 첫 징조였는지도 모른다. 그렇게 지내는 동안 칸토어는 집합에 관한 수학적 이론을 발견했다.

칸토어는 무한에 관한 새로운 아이디어를 얻었다. 이것은 수학자들이 수세기 동안 써왔던 극한이라는 가무한이 아닌 실무한에 관한 것이었다. 그리고 이 아이디어는 직접 수를 생각하며 얻은 게 아니라, 집합을 생각하다가 얻은 것이었다. 칸토어는 수, 곧 극한점으로 수렴하는 직선 상의 점들을 먼저 살펴보았다. 어떤 집합의 극한점은 그 집합의 원소에 원하는 만큼 가까운 점이다. 칸토어는 유리수 수열의 극한으로 무리수를 정의한 바이어슈트라스의 아이디어에서 이런 식의 착상을 얻게 되었다. 이어서 그는 주어진 점 집합의 극한점 집합을 살펴보기로 결심했다. 예를 들어, 어떤 구간 속의 무리수 집합은 그 구간 속에 있는 유리수의 극한점 집합이다. 이어서 그는 자문했다. "이제 모든 극한점 집합의 극한점 집합을 살펴보면 어떻게 될까?" 이런 식으로 그는 이성적 사유를 계속해나갔다. 집합 P를 정의하면서, 그는 그것의 극한점 집합을 도집합導集合*derived set*, P'이라고 불렀다. 이제 극한점 집합의 극한점 집합은 P''으로 표시된다. 여기서 그는 P''', P'''', P''''', $\cdots$, $P^{(무한)}$, $\cdots\cdots$ 을 얻었다. 이제 칸토어는 다음과 같은 질문에 관심을 갖게 되었다. "도집합이 공집합이 된다면 그것은 언제일까?" 다시 말하면, 더 이상 극한점을 추출할 수 없는 경우가 있을까? 그러나 칸토어는 도집합을 계속 만들어나가는 단순 과정—무한집합에서 시작해서 계속 더 많은 무한집합을 만들어나가는 것—에 더 마음이 끌렸다. 결국 이러한 수수께끼를 통해 그는 자기 연구—일생에 걸친 무한 자체의 본질에 관한 연구—의 핵심 쟁점에 이르게 되었다. 칸토어의 무한에 관한 기념비적 연구는 이처럼 집합의 본질을 탐구하며 시작된 것이다. 이리하여 칸토어는 실무한을 다룬 역사상 최초의 인물일 뿐만 아니라, 집합론의 아버지로 알려지게 되었다.

기초적인 집합론은 분명 칸토어 이전에도 있었다. 우리는 뭔가를 분류할 때마다 불완전하게나마 집합론을 사용한다. 폴 핼모스*Paul R. Halmos*는 자신의 고전적인 책 〈소박한 집합론*Naïve Set Theory*〉에 이렇게 썼다. "한 무리의 늑대, 한 송이의 포도, 한 떼의 비둘기는 모두 사물 집합의 예이다. 수학적 집합 개념은 수학으로 알려진 모든 것을 위한 기초로 사용될 수 있다."[*12] 그리고 사실상 우리가 오늘날 수학의 *기초*라고 부르는 것은 집합론과 논리 분야를 일컫는 것이다. 늑대나 포도와 같은 사물들—한 모듬 속의 원소들—로부터 현대 수학 전체가 구축될 수 있다. 위대한 이탈리아의 수학자 지우세페 페아노*Giuseppe Peano*(1858~1932)는 집합론을 정교하게 사용해서 수의 개념을 정의했는데, 뒤에서 이것도 살펴보게 될 것이다.

아이템이나 사람들의 모듬인 집합 개념에서 시작해서, 집합 연산*set operations*을 사용하면 다른 집합을 만들 수 있다. 이들 연산은 '그리고*and*', '또는*or*', '아니다*not*' 등과 같은 낱말과 상응한다. A와

B, 두 집합이 있을 때, 이것의 합집합은 A집합에 속하거나 '또는*or*' B집합에 속하는 요소들로 이루어진 집합이다. 교집합(공통집합)은 A집합 '그리고*and*' B집합에 동시에 속하는 요소들로 이루어진 집합이다. 그리고 여집합은 원집합에 속하지 '않는*not*' 모든 점으로 이루어진 집합이다. 또는*or*, 그리고*and*, 아니다*not* 등의 연산을 이용해서 우리는 컴퓨터 과학(조지 불 *G. Bool*의 예스-노 연산으로부터 발전했다고 할 수 있는 과학 분야)에 유용한 집합을 위한 흥미로운 규칙을 정의할 수 있다. 이 규칙은 런던 수학회를 창시한 오거스터스 드모르간*Augustus De Morgan*(1806~1871)이 만든 것이다.

Not(A or B) = (not A) and (not B)

드모르간의 법칙

이것은 아래와 같은 그림으로 나타낼 수 있다. 이 그림에서 볼 수 있듯이, A와 B의 합집합 바깥 부분은 A가 아닌 동시에 B도 아니다.

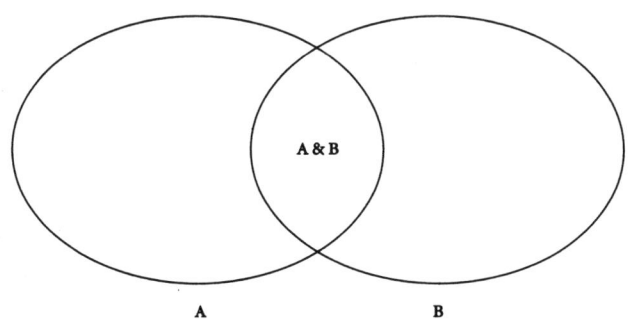

집합론의 핵심 가운데 하나는 유명한 공집합*empty set or null set*이라는 것이다. 공집합은 어떤 원소도 포함하지 않는 집합이다. 공집합은 어디에나 있다―공집합은 모든 집합의 부분집합이다. 왜? 그렇지 않으면 모순이기 때문이다. 즉, 이 진술이 옳지 않으려면, 공집합에 속하면서 주어진 집합 A에는 속하지 않는 한 점을 제시해야 한다. 공집합이란 원소가 없는 집합이기 때문에 그런 원소를 제시할 수 없고, 따라서 이 진술은 참이다(보통은 조건문의 진리표를 이용하여 증명한다. 즉, "가정이 거짓이면 결론의 참 거짓에 관계없이 조건문 전체는 참"이라는 것을 이용한다 : 옮긴이)

집합론은 여러 가지 훌륭한 패러독스를 낳았다. 수학의 기초는 수학적 논리와 더불어 집합론으로 이루어져 있기 때문에, 집합론의 패러독스는 수학의 전체 기초를 문제로 삼는다. 우리는 우아하고 일견 아주 단순해 보이는 수 체계와, 더하기나 곱하기 같은 연산―아이들이 학교에서 배우는 아주 직관적인 수학의 원소들―에도 허점과 논리적 장애가 많이 있으리라고 믿기 어려울 것이다. 그러나 수학은 약점이 많다. 무한이 여기에 가세하면 약점은 배가된다.

칸토어가 집합론을 만들기 시작했을 때, 그는 그 결과들을 무한집합까지 확대했다. 오늘날 모든 집합론은 무한집합을 다룬다. 칸토어는 자신의 이론을 전개하며 암암리에 일단의 공리를 사용했다.

공리 *axioms* 는 없어서는 안 되는 것이다. 공리는 수학의 출발점이 되기 때문이다(유클리드 기하학에서는 '증명을 요하지 않는 자명한 명제'를 공리라고 했는데, 비유클리드 기하학이 등장하면서 이 뜻은 약화되고, '이론의 기초로서 가정한 명제'를 그 이론의 공리라고 하게 되었다. 따라서 다음 본문에 나오는 것처럼, 어떤 이론을 전개하기 위해서는 '공리적 틀 *axiom scheme*'을 세울 필요가 있다 : 옮긴이). 어떤 종류가 되었든 공리적 틀이 없다면, 논리를 가진 일관된 이론을 세워 그것을 전개하고 결과를 이끌어낸다는 것은 불가능할 것이다. 공리적 틀을 앞세운 수학자로는 에른스트 체르멜로 *Ernst Zermelo*(1871~1956)를 꼽을 수 있다. 1904년에 체르멜로는 집합론을 위한 대안*alternative* 공리 체계를 세웠다. 이 체계는 후일 논리학자 아브라함 프랜켈*Abraham Fraenkel*(1891~ 1965)의 이름을 덧붙여 체르멜로-프랜켈 집합론(ZF)으로 알려지게 되었다. 그러나 ZF공리 체계는 이전의 공리 체계와 마찬가지로 패러독스로부터 자유로운 것이 아니었다.

칸토어가 끔찍한 위력을 가진 실무한을 거론하기 전부터 ZF 공리 체계는 이미 모순에 시달리고 있었다. 집합은 너무나 거대하고, 인간의 제한된 정신력으로는 너무나 이해하기 어려워서, 공리화를 통해 순종적으로 길들여진 수가 없는 것으로 여겨졌다.

그런데도 수학자들은 포기하지 않았다. 집합론의 심각한 여러 패러독스는 지금 이 시대까지도 계속 우리를 곤혹스럽게 만들고 있지만, 그래도 집합론은 페아노가 찬란하게 해냈던 것처럼, 수의 개념을 정의하는 데 크게 쓸모가 있었다. 1880년대에 페아노는 오직 집합 연산만을 사용해서 집합 개념으로부터 어떻게 수를 정의할 수 있을 것인지 연구하기 시작했다. 그는 그가 토리노 대학에 설립한 수학연구모임의 도움을 받았다. 그 모임에는 부랄리-포르티*Cesare Burali-Forti* 등 재능 있는 수학자가 많았다.

페아노의 기초는 모든 수학 분야의 바탕이 된다. 그 기초 위에서 우리는 자연수뿐만 아니라 유리수와 실수를 비롯해, 무리수, 복소수 *complex numbers*, 그리고 산수의 모든 것까지도 정의할 수 있다.

페아노가 집합에서 우아한 수 체계를 유도해낸 것을 예시하면 다음과 같다.

페아노는 0을 공집합으로 정의했다. 그리고 1은 공집합을 포함하는 집합으로 정의했다. 2는 공집합과, 공집합을 포함하는 집합을 포함하는 집합이 된다. 이런 가정이 무한히 계속되어, 모든 정수가 정의된다. 집합 기호를 사용한 페아노의 수 체계는 다음과 같다.

$$\emptyset \quad \{\emptyset\} \quad \{\emptyset, \{\emptyset\}\} \quad \{\emptyset, \{\emptyset\}, \{\emptyset, \{\emptyset\}\}\}$$

(이것은 0, 1, 2, 3 네 개의 수를 나타낸 것이다.
나머지 수도 이와 같은 원리로 정의할 수 있다)

집합론은 여러 패러독스에 계속 시달리면서도 꿋꿋하게 살아남아서, 수학의 전 분야를 위한 토대를 계속 형성해나갔다. 칸토어의 천재성은, 그가 집합론에서 출발해서 실무한에 도달할 수 있었을 뿐만 아니라, 실무한에 대한 중요한 사실들을 알아냈다는 데 있다. 그가 처음 정의한 집합은 멱*power* 이었다. 즉, 그는 한 집합으로 시작해서 그것의 극한점 집합을 유도해냄으로써 멱 집합을 얻은 것이다. 여기서 한 집합은 반드시 무한해야 한다. 볼차노와 바이어슈트라스가 우리에게 가르쳐준 대로, 유계인 공간 속의 무한수열은 하나의 극한점을 갖는다. 수많은 점으로 수렴되는 수많은 수열이 있을 때, 우리는 원래 집합의 극한점들의 집합을 정의할 수 있다. 이어서 칸토어는 이 새 집합의 극한점들을 고려하고 이와 같은 작업을 계속해나갔다. 곧이어 그는 무수히 많은 점을 가진 무한한 집합들의 무한한 모듬을 얻게 되었다.

칸토어는 바야흐로 페아노를 앞지르기 직전에 이르렀다. 다음 단계 연구에서 칸토어는 전적으로 새로운 수의 세계를 정의했다. 이것은 페아노가 정의한 보통의 수*ordinary numbers*의 세계가 아니었다. 칸토어의 모든 수는 유한한 세계 너머에 있었다. 그 수는 초한수 *transfinite numbers*라고 불렸다. 이것은 불가사의한 미지의 세계인 실무한까지 수의 개념을 확대한 것이었다. 그러나 비밀 정원으로 가는 그의 길에 잠복해 있던 여러 위험 가운데, 칸토어는 기괴하고 곤혹스러운 귀결에 이르는 소름끼치는 원리 하나를 만나게 된다. 선택공리를….

ℵ₈

최초의 원

유명한 프랑스 수학자 앙리 푸앵카레*Henri Poincaré*(1854~1912)는 말했다. 칸토어의 집합론이 언젠가는 치유되어야 할 수학자들의 고질병이라고. 그러니 이 말에 대해, 저명한 독일 수학자 다비드 힐베르트는 이렇게 말했다.

"게오르크 칸토어가 우리에게 열어준 낙원에서 아무도 우리를 쫓아내지 못할 것이다."

칸토어가 무한이라는 에덴동산에 들어간 것은 실제로 수학의 새 시대를 연 것이었다. 실무한이라는 불가사의한 세계는, 단테가 여러 원 안에 깃든 원들을 상상하며 묘사했던 것처럼 시각화될 수가 있다. 각 원은 더 높은 수준, 더 높은 무한의 단계를 의미한다. 이들 모든 무한 가운데, 자연수 1, 2, 3, ······ 이 차지하고 있는 무한은 수준이 가장 낮다.

자연수가 아무리 무한해도 셀 수 있다. 중요한 것은 세는 과정이지, 실제로 세는 것이 아니다. 자연수를 실제로 세려면 끝이 없을 것이기 때문이다. 그러나 자연수는 1, 2, 3, 4, …… 와 같이 하나씩 차례로 불러내는 것이 가능하기 때문에 세는 것이 가능하다고 말한다. 따라서 무한하기는 해도 자연수는 셀 수 있다(수학 용어로 가산적countable이라고 한다: 옮긴이). 젊었을 때 칸토어는 정교한 논법을 사용해서 유리수 또한 가산적이라는 것을 증명했다. 갈릴레오가 일찍이 정수만큼 많은 정수의 제곱수가 있다는 것을 증명했듯이, 칸토어는 정수만큼 많은 유리수가 있다는 것을 증명했다. 그 논법은 유리수의 가부번성 *Denumerability*에 대한 칸토어의 대각화 증명*Diagonalization Proof*이라고 불린다.

    칸토어는 1874년에 처음 이 증명을 사용했다. 그러나 훗날 1891년에 이 증명을 개선시켰다. 1874년 당시 그에게 분명치 않았던 여러 가지 기술적인 문제가 마음에 걸렸기 때문이다. 1891년에 개선시킨 증

$$
\begin{array}{cccccccccccc}
1/1 \to & 2/1 & 3/1 \to & 4/1 & 5/1 \to & 6/1 & 7/1 \to & 8/1 & 9/1 \to & 10/1 & 11/1 \to & 12/1 \cdots \\
1/2 & 2/2 & 3/2 & 4/2 & 5/2 & 6/2 & 7/2 & 8/2 & 9/2 & 10/2 & 11/2 & 12/2 \cdots \\
1/3 & 2/3 & 3/3 & 4/3 & 5/3 & 6/3 & 7/3 & 8/3 & 9/3 & 10/3 & 11/3 & 12/3 \cdots \\
1/4 & 2/4 & 3/4 & 4/4 & 5/4 & 6/4 & 7/4 & 8/4 & 9/4 & 10/4 & 11/4 & 12/4 \cdots \\
1/5 & 2/5 & 3/5 & 4/5 & 5/5 & 6/5 & 7/5 & 8/5 & 9/5 & 10/5 & 11/5 & 12/5 \cdots \\
1/6 & 2/6 & 3/6 & 4/6 & 5/6 & 6/6 & 7/6 & 8/6 & 9/6 & 10/6 & 11/6 & 12/6 \cdots \\
1/7 & 2/7 & 3/7 & 4/7 & 5/7 & 6/7 & 7/7 & 8/7 & 9/7 & 10/7 & 11/7 & 12/7 \cdots \\
1/8 & 2/8 & 3/8 & 4/8 & 5/8 & 6/8 & 7/8 & 8/8 & 9/8 & 10/8 & 11/8 & 12/8 \cdots \\
1/9 & 2/9 & 3/9 & 4/9 & 5/9 & 6/9 & 7/9 & 8/9 & 9/9 & 10/9 & 11/9 & 12/9 \cdots \\
\vdots & \vdots & \vdots & \vdots & \vdots & \vdots & \vdots & \vdots & \vdots & \vdots & \vdots & \vdots
\end{array}
$$

명은 전체 초한수 단계의 분류체계*hierarchy*를 세울 수 있을 만큼 강력하다고 그는 생각했다. 칸토어는 130페이지 아래와 같이 2차원으로 모든 유리수를 배열함으로써 증명을 시작했다.

한 수에서 다른 수로 화살표를 계속 이어나가면 모든 자연수와 유리수가 1 대 1 대응을 하게 된다. 여기서 1/1은 1과 짝이 되고, 2/1은 2와 짝이 되고, 1/2은 3과 짝이 되고, 1/3은 4와 짝이 되고, 이렇게 계속된다.

이렇게 하면 모든 유리수가 자연수와 대응하게 된다(중복된 자연수가 있기는 하다. 예를 들어 1이라는 수는 2/2, 3/3 등으로 모습을 바꾸어 무한히 여러 번 나타난다).

이 과정은 아주 놀라운 결과를 낳는다. 자연수 혹은 정수(이제 0과 모든 음의 정수를 포함한 수)는 1단위*one unit*만큼 서로 떨어져 있는 반면, 유리수는 정수보다 더 밀도가 높다는 것을 우리기 알고 있기 때문에 그 수도 훨씬 더 많은 것처럼 보인다. 유리수는 실수 집합에서 수학적 밀도가 높다—이것은 우리가 실수직선 상에서 무한소로 작은 수의 근방에서 유리수를 발견할 수 있다는 것을 의미한다. 그러나 칸토어의 증명은 견고하고 그 속성 — 정수만큼 많은 유리수가 있다 — 에는 잘못이 없다. 정수의 무한의 단계*order*는 유리수의 무한의 단계와 동일하다. 이것은 무한의 비밀 정원을 둘러싼 최초의 원이다.

이제 우리는 모든 무한집합이 정수와 대응하여 열거될 수 있는지 궁금해진다. 이 궁금증을 풀기 위해서는 수를 원소로 갖는 무한집합의 원소를 정수와 짝지어 보기만 하면 된다. 정수와 1 대 1 대응이 된다면, 그 집합에는 정수만큼 많은(무한히 많은) 수가 있다는 것이 증명될 것이다. 그러나 1874년에 칸토어는 최초의 원 너머에 무한의 여러 원이 있다는 것을 증명했다. 그리고 무리수의 집합은 열거될 수 없다는 것을 증명했다. 즉, 직선 상의 모든 실수(무리수와 유리수를 합한 수)와 정수 사이에서는 1 대 1 대응 관계를 발견할 수 없다. 칸토어는 이처럼 놀라운 결과를 흥미로운 방법으로 증명했다.

칸토어와 그의 친구 데데킨트는 하나의 가정에 기초한 실수 이론을 주창해왔다. 그 가정은, 무한히 많은 수를 단순히 한 줄로 늘어놓은 것에 비해, 연속체에는 훨씬 더 심오한 뭔가가 있다는 것이다. 정말이지 무리수는 유리수나 대수적 수(유리 계수를 갖는 방정식의 근이어서 유리수처럼 가산적인 무리수)보다 무한히 더 풍부하다. 이처럼 무한히 더 풍부한 구조를 가진 초월적 무리수 — π 나 e (자연로그의 밑*base*)와 같은 무리수—는 모든 유리수나 대수적인 수로도 채워지지 않는 빈 곳을 채우며, 실직선에 연속성을 제공한다. 칸토어는 1872년의 한 편지에서 데데킨트에게 초월수에 대한 질문을 던진 적이 있었는데, 이듬해에는 줄곧 그 문제를 연구했다. 1873년의 크리스마스 직전, 칸토어는 초월수(더 넓게 말하면 초월수를 포함하는 실수)가 셀(가산적 일) 수 없을 만큼 높은 무한의 단계를 지니고 있다는 것을 정교하게 증명해냈다.

칸토어는 다음과 같은 가정에서 시작했다. 즉, 대각화 증명에서 유리수를 다루며 해냈던 것과 마찬가지로, 실직선 상의 모든 수를 열거하는 어떤 방법이 분명 있다고 가정했다. 칸토어는 일단 자신의 해석을 0과 1 사이의 수에만 국한시켰다. 이어서 그는 0과 1 사이의 실수를 순서대로 열거할 수 있다고 가정했다. 그래서 그는 이들 실수를 각각 하나의 정수와 짝지으려고 했다. 열거되는 최초의 수는 1과, 다음 수는 2와 짝지을 수 있고, 이런 식으로 계속해나가면 그는 0과 1 사이의 모든 수를 열거할 수 있다고 가정했다(특별한 순서 없이 예시하면 다음과 같다).

0.1242156743789543 . . .
0.2341176299829547 . . .
0.7763982396546611 . . .
0.4829534479012375 . . .
0.0348109432162984 . . .
. . . .
. . . .

칸토어는 위와 같은 것을 0과 1 사이의 무한히 많은 수의 무한한 목록으로 간주했다. 그러나 바로 그 순간, 칸토어는 놀라운 깨달음을 얻었다. 하나의 대각선 수*diagonal number*를 정의할 수 있음을 알았던 것이다. 목록상의 무한히 많은 각각의 수에서 하나의 숫자*digit*를 취해서— 즉, 목록 상의 첫 수에서 첫 번째 소수 부분을, 둘째 수에서 두 번째 소수 부분을, 이렇게 무한히 계속되는 부분을 사용해서—그는 하나의 대각선 수를 만들었다. 이 수는 0.13691……이다.

이제 칸토어는 현명한 방법을 사용했다. 그는 대각선 수의 각 숫자를 바꾸었다. 예를 들어 각 숫자에 1을 더해서 변환시키면, 0.24702…라는 새 수를 얻을 수 있다. 이 새로운 수는 위의 목록에 있는 모든(무한히 많은) 수와 다르다. 목록에 있는 모든 각각의 수에서 취한 특별한 숫자에 1을 더했기 때문에, 적어도 1을 더한 만큼은 다른 것이다. 칸토어가 창조한 새로운 수는 목록 상의 모든 수와 달랐기 때문에, 0과 1 사이의 모든 수를 열거한다는 것은 불가능하다. 이것은 모든 실수의 크기가 모든 정수와 모든 유리수의 합집합의 (무한한) 크기보다 더 크다는 것을 증명한 것이다.*[13] 그러나 모든 실수의 집합이 모든 정수의 집합보다 얼마나 더 큰지는 칸토어도 말할 수 없었다.

모든 실수의 열거가 불가능하다는 것은 직관적인 사실임에 틀림없다. 우리는 직선 상의 어떤 수에 대해 "다음" 수가 없다는 것을 알고 있다. 직선 상의 수들은 무한히 조밀하다.

칸토어는 위와 같은 증명을 통해, 무한에는 서로 다른 여러 단계 *orders*가 있다는 것을 보여주었다. 유리수의 무한의 단계가 있고, 수직선 상의 모든 실수의 특성을 나타내는 또 다른 무한의 단계가 있다. 그러나 칸토어는 실수의 단계가 유리수의 단계보다 더 높다는 것을 알았지만, 그것이 유리수의 단계 "다음으로 더 높은" 무한 단계인지, 무한의 어떤 중간 단계인지 말할 수가 없었다. 이러한 증명 이후, 칸토어는 차원*dimension*에 대한 질문을 제기하게 된다.

그러기 전에, 칸토어는 먼저 자신의 중요한 결과를 발표하기로 결심했다. 베를린에서는 무리수와 집합의 크기에 대한 그의 연구를 맹렬히 반대하고 있다는 것을 그는 잘 알고 있었다. 그래서 그는 논란을 일으킬 내용은 암시하지 않는 제목을 단 논문 속에 자신의 결과를 슬쩍 끼워 넣어서 발표하기로 결심했다. 저널에 논문이 실리기 전에 다수의 수학자들이 이의를 제기할 만한 사항이 있는지의 여부를 알아보기 위해 논문 제목을 살펴본다는 것을 그는 잘 알고 있었다. 이의가 있으면 수학자들은 저널 편집자에게 게재하지 말도록 권고할 것이다. 특히 칸토어는 크로네커를 경계했다. 크로네커는 칸토어가 하는 연구의 타당성 검토를 자기가 하겠다고 이미 예약해두고 있었다.

칸토어는 자기 논문의 제목을 "모든 실 대수적 수의 모듬의 한 속성에 관하여 *On a Property of the Collection of All Real Algebraic Numbers*"라고 붙였다. 물론 이 논문은, 유리수와 대수적 수의 가산적 모듬을 제거해도 실직선 상에 여전히 남아 있는 수들의 특성에 관한 것이었다. 이 논문의 중요 결과는 이들 남아 있는 수, 곧 초월적 무리수가 열거될 *enumerable* 수 없다는 것이었다—즉, 초월적 무리수의 무한 단계는 유리수와 대수적 수의 무한 단계보다 더 높다. 이 계략은 주효했다. 그래서 그의 논문은 그해 말 경, 〈크렐레 저널 *Crelle's Journal*〉에 발표되었다.

$\aleph_9$

"나는 그것을 안다, 그러나 그것을 믿지 않는다"

1877년 6월 29일, 칸토어는 데데킨트에게 편지를 띄웠다. 그는 몹시 흥분했고, 당황해하고 있었다. 그가 발견한 무한의 속성을 마침내 수학적으로 증명했는데, 그 결과가 너무나 이상했던 것이다. 그는 편지에 이렇게 썼다 — 평소와 달리 프랑스어로: "Je le vois, mais je ne le crois pas(나는 그것을 안다, 그러나 그것을 믿지 않는다)." 그가 발견한 무한의 속성이 너무나 충격적이었기 때문이다.

차원의 개념은 모든 수학에 필수적인 것이다. 유클리드의 정의에 따르면, 점은 길이를 갖지 않는다. 선은 넓이를 갖지 않고, 면은 깊이를 갖지 않는다. 선은 길이를 가지고 있고, 면은 넓이를 가지고 있고, 3차원 입체는 부피를 가지고 있다. 더 높은 차원으로 계속 나아가는

점 (0차원)   선 (1차원)   면 (2차원)

것은 수학에서 아주 자연스러운 것이다. 하지만 우리의 직관은 3차원 너머로 나아가지 못한다.

칸토어는 이렇게 자문했다. 차원이 다른 여러 대상의 무한의 순서는 어떻게 되는가? 이 질문에 답하기 위해 칸토어는 프랑스의 위대한 수학자이자 철학자인 르네 데카르트*René. Descartes*(1596~1650)의 논법을 끌어왔다. 데카르트는 파스칼과 페르마, 갈릴레오와 같은 위대한 수학자가 다수 출현했던 시대에 가장 널리 알려진 수학자였다.

데카르트는 1596년 3월 31일 프랑스의 투렌라에서 태어났다. 그의 가문은 귀족이었지만 부유하지는 않았다. 그는 셋째로 태어났는데, 태어난 지 1년 만에 어머니가 세상을 떴다. 아버지는 재혼을 했고, 세 자녀는 여자 가정교사가 길렀다. 데카르트는 어렸을 때부터 어린 철학자로 알려졌다. 호기심이 너무 많아서 항상 세상의 온갖 이치를 알고 싶어했기 때문이다. 열 살이 된 데카르트는 라 플레슈에 있는 예수회 칼리지에 입학했다.

데카르트는 연약했고 건강이 좋지 않았다. 대학의 학장은 그의 건강을 염려해서 잠을 충분히 자도록 해주었다. 아침 수업을 들을 수 있을 만큼 건강해졌다고 스스로 판단할 때까지 늦잠을 자도록 해준 것이다. 이런 특권 때문에 데카르트는 평생 동안 아침 늦게까지 편안히 침대에 누워서 수학과 철학 문제를 생각하는 버릇을 갖게 되었다. 훗날 그는 예수회 칼리지의 침대에 누워 천장을 쳐다보며 공상하면서 수학과 철학의 기초를 세웠다고 말할 정도였다. 이 칼리지에서 라틴어와 그리스어, 수사학 등을 배웠지만, 그는 항상 철학적 질문과 수학 문제에 심취했다.

1614년에 이 대학을 졸업한 후, 법률을 공부하기 위해 푸아티에 대학교에 입학했다. 곧바로 그는 법률에 관심이 없다는 것을 자각하게 되었다. 그는 다만 세상의 이치를 알고 싶었다. 어쨌든 1616년에 법학 학위를 받은 후 파리로 가서 도박을 하며 시간을 보냈는데, 도박으로 꽤 큰돈을 벌었다. 1618년에는 네덜란드로 가서 군사 훈련을 받았다. 그는 네덜란드에서 다수의 군사 작전에 참여한 후, 바이에른 군대에 들어가서 보헤미아 군과 싸웠다(1618년부터 시작된 유럽 여러 나라 사이의 30년 전쟁에 참전했다 : 옮긴이). 바이에른 군이 다뉴브 강변에서 겨울을 날 때, 데카르트는 침대에서 시간을 보냈다. 1619년 11월 10일 밤, 데카르트는 아주 생생한 세 가지 꿈을 꾸었다.

  첫 번째 꿈에서 그는 교회의 안전한 은신처에 있다가 다른 곳으로 바람에 날려갔다. 그곳에서는 더 이상 바람을 맞지 않았다. 두 번째 꿈에서는 험악한 폭풍을 목격했는데, 그는 과학자의 눈으로 폭풍을 바라보았다. 꿈속에서 그는 폭풍의 본질을 이해하고 폭풍을 잠재울 수도 있어서, 전혀 피해를 입지 않을 수 있었다. 세 번째 꿈에서 그는 4세기 로마의 시인 아우소니우스*Ausonius*의 시를 암송하고 있었다. 그 시는 이렇게 시작된다.

  "나는 어떤 인생의 행로를 밟을 것인가?"

  잠자리에서 일어난 데카르트는 새로운 열정과 신비감에 휩싸였다. 그는 세 가지 꿈을 통해, 자연의 비밀을 풀고 자연의 위력을 길들일 수 있는 마법의 열쇠를 얻었다고 생각했다.

  자연의 비밀을 풀 열쇠를 얻은 것으로 해몽된 데카르트의 꿈은, 그가 해석기하학의 분야를 연구하면서 현실화되었다. 데카르트는 대수를 기하학에 적용해서, 기하학적 도형의 기본 요소들에 수를 부여하는 방법을 발견할 수 있었다. 데카르트는 오늘날 그의 이름을 따서 *데카르트 좌표계Cartesian coordinate system*라고 부르는 것을 발견했다. 그러나 이 철학자 군인은 이후 18년 동안 획기적인 아이디어를 책으로 펴내면서 동시에 유럽의 온갖 갈등에 맞선 군사작전 여행을 계속했다.

1620년 봄에 데카르트는 격렬한 프라하 전투를 지켜보다가 하마터면 죽을 뻔했다. 이 시기에 그는 내적으로도 갈등에 휩싸여 있었다. 종교적 감정과 과학의 부름 사이에서 어디로 가야할지 몰랐던 것이다. 그는 두 분야가 서로 모순될 수 있다는 것을 알고 있었다. 사보이 왕가를 위해서 마지못해 한 차례 전투를 치른 후, 데카르트는 파리에 정착해 3년 동안 깊은 사색을 하게 되었다. 갈릴레오가 그랬듯이, 그는 평화로운 시기에 망원경으로 별을 보며 많은 시간을 보냈다. 그러나 그는 천문학적 발견을 하지는 못했다. 아마도 그는 그저 명상적인 이유에서 별을 바라보았던 것 같다.

이때 한 신부가 데카르트에게, 과학적이고 철학적인 발견들을 책으로 펴내는 것이 신에 대한 의무라고 설득했다. 그래서 32세의 나이에 데카르트는 저술을 종교적 의무로 여기게 되었다. 책을 펴내자면 네덜란드로 가야 했다. 당시 네덜란드만큼 출판이 왕성하게 이루어지는 곳은 없었다(프로테스탄트 국가였던 네덜란드는 당시 종교적 관용의 안식처로 여겨졌다 : 옮긴이). 이후 데카르트는 네덜란드 각지를 돌아다니며 20년을 보냈다. 이때 그는 유럽의 지성인들과 활발하게 편지 교환을 했다. 가장 가까운 친구는 교부 마랭 메르센*Father Marin Mersenne*(1588~1648)

이었는데, 이 사람은 라 플레슈 칼리지를 다닐 때부터 알았던 사람이다. 수학자인 메르센은 오늘날 유명한 메르센 소수 Mersenne prime numbers를 발견한 사람이다(자연수 p에 대하여, 2^p-1 꼴의 소수를 메르센 소수라고 한다. 이 경우 p는 필연적으로 소수이어야 한다 : 옮긴이). 두 사람은 수학과 철학 문제를 논의했다.

데카르트는 1637년에 간행된 〈방법서설〉 덕분에 오늘날 "근대 철학의 아버지"로 알려져 있다. 해석기하학에 대한 데카르트의 아이디어는 그의 중요한 책 〈기하학 La Géométrie〉에 잘 나타나 있다. 또 다른 책 〈우주론 Le Monde〉은 친구인 메르센에게 헌정되었다. 이 책은 천지 창조에 대해 과학적으로 묘사하고자 한 것이다—창세기를 새롭게 바라봄으로써 과학과 종교적 신념을 화해시키고자 했다. 이 책이 출판되기 전에, 데카르트는 갈릴레오가 종교재판을 받았다는 소식을 들었다. 갈릴레오의 책은 데카르트의 〈우주론〉에 비하면 훨씬 더 온건한 주장을 담고 있었다. 그래서 갈릴레오처럼 곤욕을 치르게 될 것이 두려워서 출판을 미루다가 사후에야 출판되었다.

아이러니하게도, 프랑스의 추기경 리슐리외 Richelieu는 프랑스에서든 국외에서든 데카르트가 원한다면 무엇이든 출판해도 좋다고 유례없는 특권을 베풀어주었다. 그러나 네덜란드의 프로테스탄트 신학자들은 그의 저술이 무신론을 주장한다고 비난했다. 결국 그의 책들은 교회의 금서 목록에 포함되었다.

1646년에 스웨덴 여왕 크리스티나 Christina는 데카르트를 왕실 철학자로 초대했다. 데카르트는 네덜란드에서의 평화로운 삶이 좋아서 스웨덴으로 가는 것을 원치 않았다. 그러나 여왕은 데카르트가 왕실을 무시하지 못할 거라고 믿고 끈질기게 요구했다. 마침내, 1646년 봄, 여왕은 스웨덴 왕실 함대의 제독 플레밍*Fleming*을 보내서 그 철학자를 스웨덴으로 데려오게 했다.

스웨덴의 프랑스 대사는 스톡홀름의 대사관저 안에 있는 집을 데카르트에게 내주었다. 데카르트는 이것을 받아들여, 대사의 특별 손님으로 그곳에서 지내게 되었다. 이른 아침이면 왕실 마차가 와서, 이때까지도 늦잠 자는 버릇이 있는 철학자를 데려갔다. 여왕은 난방을 하지 않은 궁전 도서관에서 날마다 아침 5시부터 데카르트에게 철학을 배웠다. 당시 54세였던 데카르트는 느닷없이 스파르타식 생활을 하게 되자 이내 탈이 나서, 1650년 초에 병이 들었고, 그해 2월 11일 세상을 떴다. 20년 후, 프랑스 정부는 그의 유해를 프랑스로 가져가, 프랑스에서 가장 존경받는 사람들이 묻혀 있는 파리 팡테옹 사원에 안치했다.

데카르트가 해석기하학을 발견한 것은 고대 그리스의 연구를 확장한 것이다. 그리스인들은 직선(또는 평면 또는 고차원의 면) 위의 점과 수 사이에는 관련이 있다는 것을 알고 있었다. 그러나 그 관계를 탐구하지는 못했다. 데카르트는 천부적인 재능으로 이 지식을 확장할 수 있었다. 그가 발견한 데카르트 좌표계 덕분에 우리는 주어진 공간에서 곡선과 함수의 수치적 특성을 연구할 수 있는 방법을 얻게 되었다. (좌표계는 기하학적인 도형을 대수적인 방정식으로, 대수적인 방정식을 기하학적인 도형으로 표현을 바꾸는 것이 가능해 수학 발전의 획기적 발판이 되었다 : 옮긴이)데카르트는 평면을 네 개의 사분면*four quadrants*으로 나누었다. 이 사분면은 좌표계 원점이라고 불리는 한 점에서 만난다. 이러한

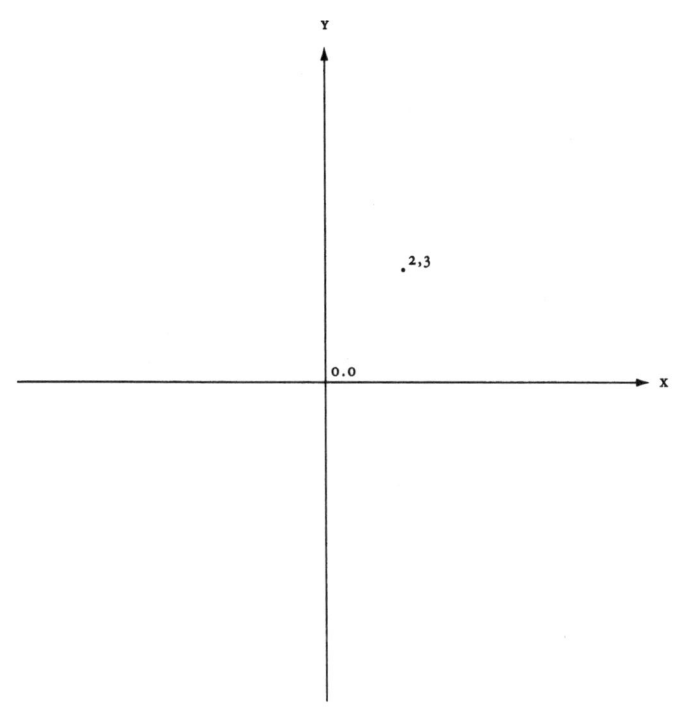

구획을 통해 우리는 오늘날 잘 알려진 X-Y평면을 얻게 된다. 원점에서 X와 Y의 값은 0이다. 오른쪽으로 움직이면 X의 값이 증가하고, 왼쪽으로 움직이면 감소한다. 위로 움직이면 Y의 값이 증가하고, 아래로 움직이면 감소한다. 이 (무한히 큰) 평면 위의 모든 점은 하나의 X좌표와 하나의 Y좌표를 갖는다. 평면 위의 모든 점을 수량화한다는 이것이야말로 데카르트가 수학과 응용과학에 가장 크게 기여한 점이다.

데카르트 좌표계는 과학에서 늘 응용되고 있는데, 너무나 생활화되어 있어서 그 중요성을 자각하지 못할 정도이다. 컴퓨터나 텔레비전의 화면의 화소*pixels*는 모두 데카르트 좌표계에 따라 수치화되어 있다. 전선을 따라 끊임없이 전자가 흐르며 2차원 화면에 투영되는데,

이때 모든 전자가 특별히 정해진 X-Y좌표에 정확히 투영된다. 지도도 마찬가지로, X와 Y로 나누어진 동서남북의 좌표를 갖는다. 다른 수많은 기계공학 제품도 마찬가지이다. 예를 들어 자동차를 설계하는 컴퓨터 프로그램은 3차원 좌표계를 사용한다. 그러나 여기에는 X와 Y좌표에 Z좌표를 추가한다. Z좌표는 우리의 일상적인 3차원 공간에 있는 한 점의 깊이를 나타낸다. 3차원 너머로의 확대도 역시 가능한데, 우리 인간의 직관으로 더 높은 차원을 시각화할 수가 없을 뿐이다.

수학에서, 그리고 수학을 응용하는 통계학 같은 분야에서, 우리는 흔히 3차원보다 더 높은 차원을 사용한다. 예를 들어, 다섯 가지 질문에 대한 한 응답자의 답변을 5차원으로 분석할 수 있다—한 질문을 하나의 차원과 동일시해서 각 답변을 5차원 공간에 있는 점으로 간주함으로써, 각 점이 다른 응답자의 점과 얼마나 가까이 있는지 분석한다. 이러한 분석은 차원이 높아서 쉽게 시각화할 수 없지만, 수학적으로는 지극히 타당해서 의미 있는 결과를 도출할 수 있다.

무한의 속성을 연구하며 칸토어는 데카르트 좌표계를 사용했다. 그는 지난 연구 결과의 연장선상에 있는 의문점을 파고들었다. 직선보다 평면에 더 많은 점이 있을까? 그리고 보편적으로, 수학적 실체의 차원이 다름에 따라 내포된 점들의 수는 어떻게 달라지는가? 지난 연구에서 그랬던 것처럼, 칸토어는 다시 0과 1 사이의 수를 살펴보기로 했다. 그렇게 하면 보편성을 잃지 않고 그 결과들을 전체 수직선에 적용할 수 있었다. 어떤 수들의 구간이든 다른 직선 선분과 동일한 수의 점을 갖는다는 것은 이미 볼차노가 증명했고, 칸토어는 그런 사실을 알고 있었다. 그래서 0과 1 사이의 구간을 살펴본다면, 결론의 보편성을 잃지 않고 해석을 단순화할 수 있었다. 먼저 칸토어는 0과 1 사이의 수로 이루어진 폐구간 옆에 한 변의 길이가 1인 정사각형을 그렸다.

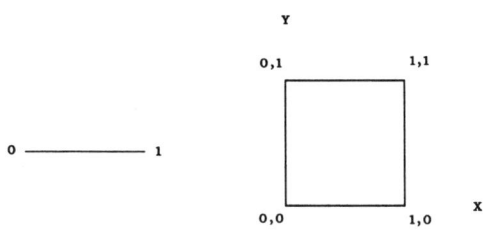

데카르트의 아이디어에 따라, 칸토어는 한 변이 1인 정사각형(내부 포함) 상의 모든 점을 두 개의 수 ─ X좌표와 Y좌표 ─ 로 나타낼 수 있다는 것을 알고 있었다. X축의 0과 1 사이 구간에 있는 모든 점은 단 하나의 수로 나타낼 수 있다. 그렇게 직선 상의 한 점을 나타내는 단 하나의 수이든, 정사각형 안의 한 점을 한 쌍의 좌표로 나타낸 수이든, 모든 수는 한 가지 형태를 지니고 있었다. 예를 들면, $0.23416573498451\cdots\cdots$ 과 같은데, 이것을 일반적으로 $0.a_1b_1a_2b_2a_3b_3\cdots\cdots$ 와 같이 나타낸다. 이렇게 나타낼 수 있는 것은 모든 수가 0과 1사이에 있는 수이기 때문이다. 칸토어는 어떻게든 정사각형 상의 점들을 직선 상의 점들과 1대 1 대응시키는 것이 가능한가를 알고 싶어했다. 그것은 가능했다! 직선보다 정사각형 상에 더 많은 점이 있다고 믿었던 그로서는 너무나 놀라운 일이 아닐 수 없었다.

정사각형 상의 모든 점은 0과 1 사이에 있는 데카르트 쌍(해당 점의 X와 Y좌표)의 두 수로 다음과 같이 표시된다. $0.a_1a_2a_3\cdots\cdots$, $0.b_1b_2b_3\cdots\cdots$. 이제 칸토어는 정사각형이 선분으로 대응되도록 다음과 같이 정의했다—이 대응은 두 좌표의 소수 부분을 교대로 전개해서 하나의 수로 만들어나가는 것이다. 즉, $0.a_1b_1a_2b_2a_3b_3\cdots\cdots$ 으로. 이렇게 하면 0과 1사이에 하나뿐인 수가 만들어진다. 따라서 정사각형 상의 모든 점(한 쌍의 수로 주어진 점)은 각각 선분 상에 있는 한 점(정사각형 상에 있는 그 점의 X좌표에서 한 숫자를, Y좌표에서 다른 한 숫자를 번갈아 가며 취해서 소수 부분을 나타낸 점)과 대응을 이룬다. 따라서 직선에는 평면만큼 많은 점이 있다고 칸토어는 결론지었다. 칸토어는 또 이와 비슷한 사실을 증명했다. 즉, 직선 상에 있는 점의 수는 3차원과 4차원은 물론, 그보다 더 높은 차원의 공간에 있는 점의 수와 동일하다. 이것은 전혀 예상치 못한 당혹스러운 발견이었다. 무한에 관한 한, 차원은 관계가 없다. 어떤 차원의 연속적인 공간이든 연속체만큼의 점을 갖고 있다. 그것이 선이든 면이든 그 어떤 차원의 공간이든 그러하다. 칸토어가 일찍이 증명했듯이, 이 모든 공간은 가산적이지 않다.

이런 차원의 곤혹스러움은, 1874년 1월 5일 칸토어가 데데킨트에게 쓴 편지에 처음으로 표현되어 있다. 그는 다음과 같이 물었다.

"하나의 면(예컨대 경계를 포함하는 정사각형)을 하나의 선(예컨대 양끝점을 포함하는 직선)으로 사상*mapping*시켜서, 면의 한 점을 직선의 한 점과 대응시키는 것이 가능할까?"[14]

칸토어는 계속해서 편지에 썼다. 그 답은 "아니다"여야 한다고, 면은 선보다 차원이 더 높기 때문이다. 그러나 그처럼 대응을 시켜보려는 노력은 가치가 있다. 그런 변환이 불가능하다는 것을 증명하기 위해서라도 그렇다. 그해 늦봄에 칸토어는 베를린을 방문해서, 여러 지인들에게 그러한 연구를 어떻게 생각하느냐고 물었다. 그러한 대응을 발견하려고 애쓰는 것은 쓸데없는 짓이라고 모두가 대답했다. 여러 변수*variables*를 하나의 변수로 축소시키는 것은 분명 불가능하기 때문이다.

쓸데없는 짓으로 생각되었던, 직선과 면 사이의 대응을 성공시킨 지 3년이 지났을 때, 칸토어는 다시 데데킨트에게 자신의 성공을 알리는 편지를 띄웠다. n차원의 연속적 공간은 직선과 같은 수의 점을 갖는다는 것을 그는 발견했다—수학자들은 집합들 사이에 1 대 1 대응이 존재할 때, 같은 "파워*power*(기수)"를 갖는다고 말한다("대등하다 *equipotent*"라고도 한다 : 옮긴이). 이 발견이 도무지 믿기지가 않을 테니까 꽤나 논란이 많을 거라는 점을 잘 알고 있지만, 이 발견은 기하학의 수많은 개념을 전복시킬 거라고 그는 썼다. 또 그는 그것을 알 수는 있지만, 믿을 수가 없다고 썼다.

데데킨트는 아주 조심스러운 답장을 보냈다. 현실을 잘 알고 있었던 그는 그러한 혁명적인 아이디어에 대한 반대가 즉각적으로 사납게 터져 나오리라고 생각했다. 데데킨트는 칸토어에게 그 증명을 축하해주었다. 그러나 자기에게 보낸 편지에 쓴 것처럼 강력하게, 전통 수학적 사고에 도전하지는 말라고 주의를 주었다. 그는 이렇게 썼다.

"내 생각이 충분히 잘 전달되었기를 바라네. 이 편지의 요지는, 차원 이론에 대한 일반의 신념에 공개적으로 반대하는 논쟁을 하지 말라고 권하는 것인데, 논쟁을 하고 싶거든 내 권고를 철저히 숙고한 후에 그렇게 하게나."

ℵ10

악의적인 반대

1871년까지 크로네커는 베를린 대학의 영특한 학생이었던 칸토어의 연구에 호감을 지니고 있었다. 그래서 할레 대학에 교수직을 얻는 데 도움을 주기도 했다. 크로네커는 칸토어로 하여금 첫 논문으로 삼각급수*trigonometric series*를 다루도록 제안했다. 이것은 훗날 칸토어-르베그 정리*Cantor-Lebesgue theorem*로 불리게 된다.*[15] 칸토어는 크로네커가 제안한 기법이 현명한 것에 감명을 받아서, 자기를 도와준 것에 대해 진심으로 고마워했다.

그러나 일단 칸토어가 자신의 결과를 확장해서 무리수와 무한으로 관심을 돌리게 되자, 크로네커는 점점 마음이 편치 않게 되었다. 두 사람 사이의 문제는 순전히 철학적 관점 차이에서 비롯한 것이었다. 크로네커는 항상 해석학의 아이디어에 반대해왔고, 해석학의 시조인 바이어슈트라스와 끊임없이 논쟁을 했다. 전해오는 이야기에 따르면, 크로네커는 무리수가 실재로 존재한다는 것을 무조건 믿으려 하지 않았다. 그리고 그는 원에서 불가피하게 π수가 도출된다는 사실도 안중에 두지 않았다. 크로네커에게는 정수만이 실재하는 것이었다. 다른 모든 수는 순전히 허구일 뿐이었다.

오늘날에는 어린이라도 계산기에 있는 제곱근 키를 눌러서 2의 제곱근(계산기 자릿수가 부족해서 끝을 잘라버리기는 하지만 아무튼 이 무리수의 끝없는 소수 부분)을 얻을 수 있다. 그래서 우리는 그런 수들의 존재를 믿지 않았던 크로네커가 아주 형편없는 수학자였다고 생각할 수도 있다. 그러나 크로네커는 사실 훌륭한 수학자였고, 수학 상의 수많은 중요 결과를 얻은 사람으로 오늘날 잘 알려져 있다. 그가 훌륭한 수학자였다는 사실 때문에 칸토어와 크로네커의 갈등이 훨씬 더 극적일 수 있는 것이다. 그들의 차이점은 아주 컸는데, 그건 주로 신념의 차이였다. 크로네커는 정수 이외의 다른 모든 수가 자연법칙에 반한다는 강한 신념을 지니고 있었다. 그래서 무리수를 다룬다는 것은 자연에 반하는 행위였다. 크로네커가 칸토어를 "타락한 젊은이"라고 매도한 것도, 그가 칸토어에게 그런 개념들을 가르쳤기 때문이다.[*16] 무리수를 경멸한 것과 더불어, 크로네커는 무한의 개념과 막연하게라도 관계를 갖는 것에 대해 깊은 혐오감을 품고 있었다.

한편, 칸토어는 무한은 하나님이 주신 것이라고 굳게 믿었다. 칸토어에게 무한은 신의 영역이었고, 무한은 여러 수준의 초한수로 이루어져 있었다. 초한수 너머에는 도달할 수 없는 궁극적인 무한의 수준, 곧 절대가 있었다. 절대는 곧 신 자체였다.[*17] 가장 낮은 초한의 수준은 정수와 유리수와 대수적 수로 된 무한이었다. 초월수와 연속적 실직선은 그보다 더 높은 수준의 무한에 속했다. 칸토어가 무한과 연속체에 대한 탐구를 계속함에 따라, 크로네커와의 전쟁은 갈수록 더 격렬해졌고, 더욱 인신 공격적이 되었다.

두 사람—베를린 대학의 교수와 이제 할레 대학의 교수가 된 제자—는 서로의 차이점을 좁혀 보려는 시도를 하긴 했다. 칸토어는 독일의 하르츠 산(할레에서 서쪽으로 한 시간 거리에 있는 작은 산맥)에서 휴가를 보내는 걸 좋아했다. 이 산맥에서 가장 높은 봉우리는 높이가 약 900미터였는데, 널따란 삼림지대와 초원지역, 그리고 시원한 물줄기가 있었다. 칸토어는 이따금 하르츠 산의 휴양지나 주변의 작은 마을에서 다른 수학자들을 만나, 그윽한 숲에서 수학적 아이디어를 논하며 시간을 보내곤 했다. 이렇게 휴양지에 있는 동안 한번은 용기를 내서 크로네커에게 공손한 편지를 띄웠다. 휴양지로 자기를 만나러 와 줄 수 없겠느냐고 청한 것이었다. 놀랍게도 크로네커는 청을 받아들였다.

두 사람은 하르츠 산에서 만나 수학을 논의했다. 칸토어는 무한 이론과 자신이 새로 발견한 것을 크로네커에게 설명하려고 했다. 그러나 결국 두 수학자는 같은 견해에 이르는 데 실패했다. 이들 두 철학자 사이의 심연은 다리를 놓을 수 없을 만큼 크게 벌어져 있었던 것이다. 크로네커는 무리수가 존재한다는 생각을 받아들일 수 없었고, 연속체의 해석학적 속성의 진실성을 인정할 수 없었다. 두 사람은 겉으로 웃으면서 헤어졌지만, 이때부터 그들의 적대감은 더욱 깊어졌다.

차원은 아무런 관계가 없으며, 모든 연속적 공간, 선, 평면, 혹은 더 고차원의 표면은 똑같은 무한의 단계를 갖는다는 것을 증명한 논문을 칸토어가 발표하려는 순간, 크로네커는 논문이 발표되는 것을 막으려고 안간힘을 다했다. 크로네커는 볼차노-바이어슈트라스 정리를 비롯한 해석학 분야의 다수 결과에 반대해왔고, 다른 수학자들이 이들 정리를 사용한 결과 혹은 무리수와 무한을 다룬 결과를 발표하지 말도록 설득해왔다.

칸토어는 1877년 7월 12일 차원의 무관성에 대한 논문을 〈크렐레 저널*Crelle's Journal*〉에 보냈다. 편집자는 이 논문을 싣겠다고 약속했다. 베를린의 바이어슈트라스는 이 저널에 논문이 실리도록 후원하겠다고 약속했다. 그러나 칸토어는 논문 원고를 돌려 받지 못했고, 곧 발표될 거라는 소식도 듣지 못했다. 칸토어는 크로네커가 배후에서 발표를 방해하고 있다고 즉각 의심했다. 화가 난 그는 데데킨트에게 불평을 털어놓으며, 어떻게 하면 좋을지 물었다. 논문을 모두 회수해서 다른 지면에 발표할 것인가?

데데킨트는 기다려 보라면서, 크로네커에게 너무 화를 내지 말라고 충고했다. 그러나 알고 보니 크로네커가 방해한 것은 사실이었다. 크로네커는 모든 수단을 동원해서 논문의 발표를 미루고 있었다. 그는 칸토어가 순전히 허구적인 개념을 다루고 있다고 편집자들에게 주장했다. 초월수란 존재하지 않는 것이므로, 의미 없는 논문을 싣는 것은 지면 낭비라고 그는 주장했다. 그러나 편집자는 이듬해에 칸토어의 논문을 게재했다. 칸토어는 결국 승리했지만, 적들이 그를 방해하기 위해 그의 노력을 얼마나 깎아 내리고 헐뜯었는지 알고는 충격을 받지 않을 수 없었다. 칸토어는 신망이 높았던 〈크렐레 저널〉에 다시는 논문을 보내지 않았다. 그래서 훗날의 논문은 크로네커의 적대적 손길이 미치지 않는 다른 저널에 발표하게 되었다.

칸토어는 새로운 개념과 아이디어를 열린 마음으로 탐구해야 한다는 신념에 따라 행동했고, 그것을 주창했다. 그는 수학과 철학의 자유를 믿었고, 아이디어가 어디로 뻗어가든 그 아이디어를 추구하는 것이 허용되어야 한다고 믿었다. 한편, 크로네커와 같은 수학자들은 안전하긴 했지만 뒤떨어져 있었다. 보수적인 사고를 한 그들은 정수와 유한한 영역의 개념 위에 모든 수학의 기초를 놓으려고 했다. 그들은 새로운 아이디어를 제한하려고 했다. 새로운 개념은 그들의 수학적 관점을 위태롭게 했기 때문이다. 칸토어는 그들의 자의적 제한이 수학의 발전을 가로막는다고 생각했다. 다른 수학자들에게 보낸 편지에서 그는 현재 자기가 맞닥뜨린 것과 같은 반대에 부닥쳤다면 결코 성공하거나 진화하지 못했을 수많은 수학적 아이디어에 대한 예를 들곤 했다.

그러나 베를린에 있는 크로네커와 그의 지지자들은 요지부동이었다. 바이어슈트라스는 대단히 존경을 받는 고참 교수였다. 크로네커가 해석학에 대해 어떤 생각을 지녔든, 바이어슈트라스와 같은 거인과 싸워서는 이길 수 없었다. 그러나 칸토어는 처지가 달랐다. 불과 몇 년 전까지 학생이었고, 크로네커와 그의 동료들은 칸토어의 선생이었다. 선생들의 관점에서 칸토어는 자기들이 가르친 대로 따라야 했고, 선생들의 철학에 도전할 자격이 없었다.

칸토어는 또 스스로 상황을 쉽게 풀어가지도 못했다. 그는 어찌 보면 뻔뻔스러울 정도로, 수학계가 자신의 무한 아이디어를 덥석 받아들여 주기를 기대했을 뿐만 아니라, 자기가 베를린의 일류 수학자 그룹에 속한다고 믿었다. 그는 이류 대학의 교수가 된 것이 당혹스러웠고, 이 시대에 수학의 모든 것을 진정으로 이해하고 있는 사람은 자기

밖에 없다고 믿었다. 그러면서 그는 언젠가는 베를린 대학의 교수로 초빙될 거라고 믿었다. 그러나 크로네커는 칸토어의 결점을 잘 알고 있었다. 강력한 반대를 거듭하면—인신 공격을 가하면—결국 칸토어가 무너질 수밖에 없다는 것을 그는 감지했다.

1883년 9월, 칸토어는 미타그-레플러와 프랑스 수학자 샤를 에르미트*Charles Hermite*(1822~1901)에게 편지를 띄웠다. 크로네커의 반대 공작 때문에 악전 고투를 하고 있는데, 이 공작은 이제 인신 공격으로 바뀌었다고 그는 하소연했다. 크로네커는 칸토어가 허풍선이며 "타락한 젊은이"라고 비방했고, 그의 연구를 "허튼 소리"로 매도했다. 칸토어는 포위공격을 당했고, 외로웠고, 화가 났고, 좌절했다. 수학적 활동의 중심지에서 멀리 떨어진 할레라는 후미진 곳에서는 효과적으로 맞서 싸울 수도 없었다. 연구 논문에 대해 더욱 심한 공격을 받은 후인 12월에 칸토어는 더욱 울분이 치밀었다. 그는 크로네커에게 앙갚음을 하기로 마음먹고, 필사적으로 묘안을 짜냈다. 그는 이제 베를린 대학의 교수직을 얻기는 틀렸다는 것을 확신하고 있었다. 철옹성처럼 막강한 크로네커가 길을 가로막고 있었기 때문이다. 그래서 칸토어는 그런 사실을 모르는 척하고 베를린 대학의 교수직에 지원하기로 결심했다—다만 크로네커의 심기를 건드릴 목적으로.

그해 말, 칸토어는 미타그-레플러에게 자신의 계략과 결과를 편지로 써보냈다.

"나는 그게 즉각 주효할 거라는 사실을 꿰뚫고 있었지. 예상한 대로 크로네커는 전갈 독침에 찔리기라도 한 것처럼 펄펄 뛰었고, 자신의 예비군 부대와 함께 베를린 대학이 마치 사자와 호랑이와 하이에나가

득실거리는 아프리카의 모래 사막으로 유배되기라도 한 듯이 아우성을 질러댔다지 뭔가. 내가 노린 대로 된 거야!"*18

그러나 이제 크로네커가 반격을 가할 차례였다. 크로네커는 미타그-레플러가 발간하는 저널인 〈악타 마테마티카〉에 자기 논문을 싣고 싶다고 편지를 띄웠다. 몇 해 전 크로네커는 칸토어를 〈크렐레 저널〉에서 떼어놓는 데 성공했다. 이제는 칸토어의 연구에 유일하게 관심을 갖고 있는 미타그-레플러의 수학 저널에서 칸토어를 떼어놓으려고 기민하게 움직였다. 칸토어는 크로네커의 논문이 〈악타 마테마티카〉에 발표된 자기 논문을 공격하는 내용으로 이루어졌을 거라고 생각했다. 자신의 유일한 터전이라고 생각한 이 저널에서 그런 일이 생기면 그는 상당한 타격을 받게 될 것이다. 낭패감과 두려움을 느낀 칸토어는 친구인 미타그-레플러에게 편지를 띄워서, 결코 그런 일이 일어나지 않기를 바란다고 은근히 위협했다. 사실 크로네커는 〈악타 마테마티카〉에 보낼 논문이 없었다. 크로네커는 단지 그 저널에 논문을 발표하고 싶어하는 척해서 칸토어의 속을 뒤집어놓으려고 했던 것이다. 이 계략은 주효했다. 칸토어의 반응 때문에 몇 되지 않는 친구 가운데 하나인 미타그-레플러와의 우정에 금이 가고 말았던 것이다.

칸토어는 결코 이길 가망이 없었던 이런 싸움을 계속하며 스트레스를 받은 나머지 건강에 경종이 울렸다. 1884년 5월, 처음으로 정신쇠약이 나타났고, 이것은 한 달 이상 지속되었다. 정신쇠약으로 쓰러지기 직전에 칸토어는 불가능한 수학 문제에 몰두하고 있었다. 그가 쓰러진 것은, 그 문제를 해결하는 것이 불가능하다고 느낀 좌절감에 스트레스가 겹쳤기 때문인 것이 거의 분명하다.

ℵ11

초한수

〈신기하고 재미있는 수에 관한 펭귄 사전 The Penguin Dictionary of Curious and Interesting Numbers〉에 의하면, 구골googol은 한 어린이가 유치원의 칠판에 썼던 수라고 한다: 10000000000000000000000000000000000000000000000000000000000000000000000000000000000000000000000000000. 이것은 1 뒤에 0이 100개가 있는데, 그 어린이가 우주에서 가장 크다고 생각한 수이다. 구골을 생각해낸 어린이의 삼촌이었던 미국 수학자 에드워드 캐스너 **Edward Kastner**(1878~1955)는 이보다 훨씬 더 큰 수, 즉 1 뒤에 0이 구골(10^{100}) 개가 있는 수를 구골플렉스googolplex로 부르자고 제안했다. 따라서 구골플렉스는 $10^{구골}$인데, 이건 정말 큰 수가 아닐 수 없다.*19

더욱 큰 수를 만들어서 이름을 붙여보는 즐거운 게임은 영원히 계속될 수 있다. 우리는 $10^{구골플렉스}$, 혹은 $10000^{구골플렉스}$, 혹은 1조에 $100000000000^{구골}$을 제곱한 수, 즉 구골플렉스^{구골플렉스} 같은 수도 제안할 수 있다. 그러나 그렇게 해도 우리는 "가장 큰 수"에는 결코 이르지 못할 것이다. 그 이유는 단지 가장 큰 수라는 게 없기 때문이다. 우리는 주어진 어떤 수에 1만 더하면 더 큰 수를 얻을 수 있다. 따라서 가장 큰 수는 존재하지 않는다. 수는 영원히 계속 이어진다. 이것을 상상해보기 위해, 두 눈을 감고 우리가 우주 공간을 날아가고 있는 모습을 그려보자. 우리 앞에는 고속도로를 나누고 있는 점선처럼 수들이 우리를 향해 날아온다고 생각해보자. 1138, 1139, 1140, ……, 2567, 2568, 2569, 2570, …… 항상 훨씬 더 큰 수가 있다, 영원토록.

게오르크 칸토어의 천재성은 끝없음이라는 개념을 포기하지 않고 상상력을 한없이 풀어놓은 최초의 수학자들(볼차노, 그리고 너그럽게 갈릴레오까지 포함한 수학자들) 가운데 한 명이었다는 데 있다. 카발라와 기독교 신학을 연구한 종교 학자들은 끝없이 큰 신성을 상상하려고 했다는 점에서 마찬가지로 용기가 있었다고 할 수 있다. 칸토어의 절대와 초한수는 아우구스티누스가 〈신시〉에서 묘사한 신의 이미지와 닮은 데가 있다. 아우구스티누스는 다음과 같이 썼다.

"신은 모든 수를 알고 있고, 신의 앎은 헤아릴 수 없다. 한없이 이어지는 수도 헤아릴 수 없는 것이긴 하지만, 그러한 무한이라도 신의 앎 안에 있다. 우리가 말로 나타낼 수 없는 어떤 방식으로, 모든 무한이 신에게는 분명 유한하게 여겨질 것이다."[*20]

우리가 파악할 수 없는 어떤 것, 이를테면 끝없음 같은 것을 상상하려고 할 때 대부분의 사람들은 거북해한다. 그러나 칸토어는 수들이 무한히 계속된다는 사실을 자연스럽게 받아들일 수 있었다. 우리는 무한한 수를 눈으로 보거나 느낄 수 있기를 바란다. 그러나 칸토어는 그럴 수 없다 해도 무한이 존재한다는 것을 받아들였다. 고대 그리스인들이나 칸토어 시대의 사람들이 지니고 있던 *가무한 potential infinity*이라는 안전한 개념에 안주하지 않고 그는 *실무한 actual infinity*을 받아들일 수 있었다. 나아가서 그는 종류가 다른 무한— 어떤 무한보다 더 큰 무한 — 이 있을 수 있다는 개념에 대해서도 거북해하지 않았다. 우리 가운데 대부분은 그런 개념이 믿기지 않아서 아예 생각하고 싶어하지도 않는다. 심리적인 장벽을 극복한 칸토어는 이제 이들 무한을 묘사하는 언어를 필요로 했다. 그는 여러 무한에 이름을 붙이고 싶어했던 것이다.

칸토어는 자신이 발견한 여러 무한을 초한수 *transfinite numbers*라고 불렀다. 이 초한수는 그가 묘사할 수 없다고 본 절대를 제외한 것이다. 이제까지 우리는 두 종류의 무한만을 살펴보았다. 정수, 유리수, 대수적 수의 무한, 그리고 그보다 더 큰 초월수(나아가서 초월수를 포함하는 전체 실직선까지)의 무한이 그것이다. 칸토어는 이 두 가지 무한보다 더 큰 다른 단계의 무한을 알고 있었다. 모든 함수—실직선 상에 정의된 연속함수와 불연속함수—의 무한이 그것이다.[21] 칸토어는 자신이 발견한 여러 무한의 단계들을 나타내는 하나의 상징기호*symbol*를 찾아낼 필요가 있었다. 이 기호를 통해 각 무한을 서로 구별하고, 훗날 발견하게 될 새로운 무한과도 구별할 수 있도록 하기 위해서였다.

먼저 칸토어는 자신의 초한수에 대한 하나의 가정을 세웠다. 모든 유한한 수보다는 더 크지만 무한한 수 가운데서는 가장 작은 하나의 수가 존재한다고 그는 가정했다. 그는 다음과 같이 추론했다. 우리는 수 1을 더함으로써 연속적으로 자연수를 만들어낼 수 있다. 2에 1을 더하면 3, 3에 1을 더하면 4, 4에 1을 더하면 5, 이런 식으로 어떤 수에 1만 더하면 항상 더 큰 수를 만들 수 있다. 그래서 가장 큰 수란 없다. 그러나 모든 유한한 수보다 더 큰 하나의 수가 존재할 가능성은 아직 있다. 칸토어는 자신의 첫 초한수를 ω(그리스 문자 중 마지막 글자인 오메가)라고 명명했다. 첫 수인 1을 "알파"라고 한다면, 모든 유한수보다 더 큰 최소의 무한수는 "오메가"이다. 이어서 칸토어는 수 생성 원리를 자연스럽게 초한수에까지 확대 적용해서, $\omega+1$, $\omega+2$, … 2ω, … ω^2, …… ω^ω, …… 등의 새로운 초한수를 정의할 수 있었다. 그는 이제 무한한 수들로 이루어진 무한을 하나 갖게 되었다.*22

이어서 칸토어는 더욱 앞으로 나아갔다. 자신의 무한 이론을 전개하기 위해서는 여러 가지 새로운 정의와, 새로운 기호가 필요할 거라는 사실을 깨달았던 것이다. 칸토어는 이제 집합론의 아이디어를 사용해서 수의 개념을 확장한다는 입장을 취하게 되었다.

어떤 집합에 속한 원소들의 개수의 척도는 그 집합의 농도 *cardinality*라고 한다. 하나의 유한집합에서의 농도는 단지 그 집합에 속하는 원소들의 개수를 가리킨다. 세 마리의 강아지를 포함하는 집합은 3이라는 농도 *cardinal number*를 갖는다 (cardinal number는 '기수基數'로 번역되는 말이지만 '농도*cardinality*', 또는 '溶度 *power*'와 동의어이다. '집합수' 또는 '계수計數'를 동의어로 쓰는 사람도 있다 : 옮긴이). 한 극장 안에 있는 사람들 106명의 집합은 106이라는 기수를 갖는다. 그렇다면 모든 정수의 집합은 어떨까? 모든 유리수 집합의 기수는? 무한집합의 기수는? 칸토어는 무한집합의 기수를 정의하고 싶어했다. 먼저 그는 자신의 ω를 사용해서, 모든 정수 집합과 같은 가산집합의 기수를 나타냈다. 그는 또 우리가 흔히 무한을 나타내기 위해 사용하는 기호인 ∞를 쓰기도 했다. 그러나 곧 그는 새로운 상징기호를 써서 기수를 나타내기로 결정했다. 칸토어는 헤브라이어 알파벳 첫 문자인 $\aleph$(알레프)를 사용해서, 그의 여러 무한―그의 여러 초한기수―를 명명하기로 결정했다. 왜 그는 알레프를 선택했을까?

칸토어의 첫 결과가 발표된 1880년대에는, 그의 아이디어가 수학자들로부터 강한 저항을 받았다. 크로네커는 반-칸토어 진영의 리더였는데, 다른 수학자들도 실무한의 개념을 거북해하기는 마찬가지였다. 칸토어가 발표한 논문에서 이 개념은 더욱 발전해서, 실무한이 여러 단계까지 갖게 되기에 이르자, 이들 보수주의자들은 더욱 신경이 날카로워졌고, 수많은 수학자들이 칸토어의 이상한 이론을 맹렬히 비난하기 시작했다. 그러나 칸토어의 논문은 전혀 뜻밖의 지지를 받게 되었다. 다름 아닌 교황이 지지를 보냈던 것이다.

교황 레오 13세는 재위 기간 중, 과학을 이해해서 과학적 발견과 가톨릭 교리 사이의 현저한 간극을 메우려는 시도를 강력하게 추진했다. 그가 교황으로 선출된 1878년부터 레오 13세는 더욱 계몽적인 분위기가 확산될 수 있도록 교회를 탈바꿈시키고자 했다. 그래서 이제 교황청은 자연법칙에 대한 탐구를 격려하고 지원했다. 수학, 그리고 특히 아우구스티누스의 저술들에 언급되어 있는 무한의 역할은, 이 시기에 신을 이해하는 방법으로써 중요성을 갖게 되었다.

독일 신학자 콘스탄틴 구트베를레트 *C. Gutberlet*는 무한에 대해 독특한 관점을 지니고 있었다. 칸토어처럼 그는 실무한이 인간의 정신력으로 묵상될 수 있으며, 그러한 묵상이 신성에 가까이 다가가는 데 도움이 된다고 믿었다.

구트베를레트는 다른 신학자들의 공격을 받게 되었는데, 자기 변호를 하기 위해 라이벌 신학자들에게 보낸 편지에서 무한에 관한 칸토어의 논문을 인용했다. 칸토어와 구트베를레트는 무한과 신의 의미에 대해 오랫동안 편지를 주고받았다. 그러나 칸토어는 1870년대 후반에 신학자들과 편지 교환을 하기 전에도 무한과 신 사이의 강력한 관계를 믿고 있었다. 칸토어는 종교적인 집안에서 성장했고 항상 신을 믿었다. 그리고 후년에 수학자들의 공격을 받을 때 그는 신이 몸소 초한수라는 존재로 자기에게 현현했다고 말하곤 했다. 그는 초한수가 실재한다는 것을 알고 있었다. 그 이유는 "신이 나한테 그렇게 말했기 때문이다." 따라서 그에게는 별도의 증명이 필요치 않았다. 그러나 대체 초한수에 대해 그에게 말한 게 어느 신이었는가?

영국 수학사가인 아이버 그래턴-기네스 *I. Grattan-Guiness*는 자신의 논문인 〈게오르크 칸토어의 전기 초고〉에서, 칸토어는 분명 유대인이 아니라고 주장했다.*[23] 보이어나 벨과 같은 다른 전기작가들은 칸토어가 유대인이라고 썼고, 칸토어의 남동생이 쓴 편지에는 부계와 모계가 모두 유대인이라는 언급이 있다. 그래턴-기네스는 유대인 혈통에서 칸토어를 떼어놓고 싶었던 것 같다. 그러면서도 그는 칸토어 가문이 여러 세대를 거슬러 올라가면 스페인이나 포르투갈 출신의 후예이며, 칸토어의 아내인 발리가 베를린의 유대계 집안 출신이라는 언급을 하고 있다.

우리는 스페인과 포르투갈에서 개종한 유대인들이 은밀히 자신들의 종교를 유지해왔다는 사실을 알고 있다. 강제로 개종 당한 유대인들이 겉으로는 기독교인이 되었지만, 집에서는 은밀히 유대주의를 실천하거나, 적어도 유대 관습만큼은 굳게 지켰던 것이다. 그들 가운데 대다수는 헤브라이어를 알았고, 모두가 자신들의 전통을 잘 알고 있었다. 칸토어의 동생이 쓴 편지와 같은 사적인 글에서, 그들은 서로에게 허심탄회하게 말할 수 있었고, 자기 가문의 전통과 뿌리에 대해서도 자유롭게 얘기할 수 있었다.

그래턴-기네스는 칸토어라는 이름이 유대계 이름이 아니라고 주장했다. 다만 가수 *singer*라는 뜻의 라틴어에서 유래한 이름이라는 것이다. **cantor**라는 말의 뿌리가 노래하다 *sing*라는 동사에서 유래했다는 것은 사실이다. 그러나 **chanteur**이나 **cantante**라는 형태가 아닌 **cantor**라는 특별한 형태를 가질 때 이것은 오직 유대교 회당에서 노래하는 사람만을 뜻한다.

스페인과 포르투갈에서 개종 당한 유대인들은 15세기와 16세기에 이베리아 반도를 떠나 북쪽으로 이주했다. 먼저 암스테르담을 거쳐 독일 동부를 지나 발트 해 연안의 러시아로 들어갔다. 칸토어의 선조가 상트페테르부르크와 덴마크, 독일 등지에 이르게 된 것도 이런 경로를 통해서일 것이다. 그들은 유대계 이름과 전통을 지켰고, 칸토어가 그랬듯이 다른 유대인과 결혼하는 전통도 고수했다. 겉으로는 기독교인 행세를 하면서도 유대주의에 정통했는데, 칸토어가 헤브라이어 알파벳을 배울 수 있었던 것도 그러한 전통 덕분이었다. 유럽의 다른 민족들은 헤브라이어를 배우지 않았다. 당연히 배우고 싶은 마음도 이유도 없었을 것이다.

이베리아 반도의 유대인들은 또 카발라를 잘 알고 있었다. 유대 신비주의가 스페인에서 태어났기 때문이다. 카발라의 핵심 랍비들 대다수가 거주하며 카발라를 연구했던 곳도 스페인이었다. 스페인과 포르투갈의 유대인들은 북유럽 각지로 흩어지면서도 유대 신비주의 전통을 버리지 않았다. 무한한 신을 뜻하는 엔 소프 *Ein Sof* 라는 개념은 그들 공동체의 은밀한 전통에서 큰 부분을 차지하고 있었다. 게오르크 칸토어는 신의 상징이자 신의 무한성의 상징인 알레프라는 문자의 역할을 잘 알고 있었음에 틀림없다. 그는 초한수를 나타내는 말로 알레프를 선택한 것이 여간 뿌듯하지 않다고 동료와 친구들에게 말하곤 했다. 알레프가 헤브라이어 알파벳의 첫 문자인 것처럼, 그는 초한수를 수학의 새로운 시작, 실무한의 시작으로 보았다.

그러나 칸토어가 유대 전통 안에 내재된 무한의 개념과 그것의 상징 기호인 알레프를 접하기 위해 카발라를 속속들이 알아야 할 필요는 없었다. 유대인의 가장 초보적인 기도문인 아돈 올람 *Adon Olam*(우주의 주인)만 알고 있으면 충분했다. 유대인이 하루에도 몇 번씩 암송하는 이 기도문은 신이 우주를 시작도 없고 끝도 없이 다스린다는 내용으로 되어 있다. 따라서 무한의 개념은, 이베리아의 유대인을 비롯한 모든 유대인에게 익숙한 것이었다.

칸토어는 일련의 알레프가 존재한다는 가설을 세웠다. 그는 가장 낮은 단계의 무한—정수와 유리수와 대수적 수의 무한—을 알레프 제로라고 명명했다. 이것은 $\aleph_0$로 표기된다. 칸토어는 알레프가 계속 이어진다고 믿었다. 그는 무리수, 특히 초월수인 무리수가 유리수보다 더 수가 많다는 것을 알고 있었다 — 유리수와 1 대 1 대응을 시킬 수 없으니까. 그러니 그것을 묘사하는 더 높은 단계의 알레프가 있어야 했다. 실직선 상의 모든 함수의 집합은 또 그보다 더 높은 무한의 단계를 가지고 있으므로, 그것을 묘사하는 더 높은 단계의 알레프가 또 필요했다. 그러나 칸토어는 유리수의 알레프와 무리수의 알레프 사이에, 그리고 무리수의 알레프와 함수의 알레프 사이에 또 다른 무한의 단계 즉 다른 알레프가 존재하는지는 알지 못했다. 그는 남은 생애의 대부분을 이 질문과 씨름하며 보내게 된다.

아무튼 칸토어는 더 높은 무한의 단계들을 묘사하기 위해 알레프 급수가 존재한다는 가설을 세웠다. 알레프 급수는 다음과 같이 표기된다. $\aleph_0, \aleph_1, \aleph_2, \aleph_3, \aleph_4, \aleph_5, \aleph_6, \aleph_7, \cdots\cdots$

그는 더 큰 알레프들이 존재한다고 믿었지만 알레프들의 정확한 위치는 알지 못했다. 그러나 알레프들 사이의 싱호작용에 내해서는 어느 정도 알고 있었다. 칸토어는 초한산수 *transfinite arithmetic*를 발견했다. 칸토어가 베일을 벗긴 무한의 새로운 수학 규칙을 일부 제시하면 다음과 같다.

$$\aleph_0 + 1 = \aleph_0.$$

무한히 많은 정수를 나타내는 수에 1을 더한다 해도, 우리는 여전히 무한히 많은 정수(또는 유리수 또는 대수적 수)를 나타내는 그 수를 얻게 된다. 가장 낮은 단계의 무한에 1을 더해도 여전히 똑같은 무한으로 남아 있게 된다—더 높은 단계에 이를 수 없다. 마찬가지로, 첫 단계의 무한에 어떤 유한한 수를 더해도 똑같은 무한이 유지된다.

$$\aleph_0 + n = \aleph_0.$$

제곱수의 수가 정수의 수만큼 많다(두 집합 사이에 1 대 1 대응이 존재한다)는 것을 입증한 갈릴레오의 연구를 통해 이제 우리는 다음과 같은 사실을 알 수 있다. 즉, 두 개의 $\aleph_0$를 서로 더해도 그 값은 $\aleph_0$이다(농도가 $\aleph_0$인 짝수의 무한집합에 역시 농도가 $\aleph_0$인 홀수의 무한집합을 더하면 모든 정수의 집합을 얻을 수 있지만, 그 농도는 여전히 $\aleph_0$이다). 비슷한 논법으로 이렇게 말할 수 있다. $\aleph_0$인 모든 분수에 역시 $\aleph_0$인 모든 정수를 더하면 여전히 $\aleph_0$인 모든 유리수를 얻는다. 따라서 우리는 다음과 같은 식을 얻을 수 있다.

$$\aleph_0 + \aleph_0 = \aleph_0.$$

이와 비슷하게,

$$\aleph_0 \times n = \aleph_0.$$

어떤 수 n에서 더 나아가면,

$$\aleph_0 \times \aleph_0 = \aleph_0.$$

그러나 다음 장에서 살펴보겠지만, 지수*exponentiation* 연산은 집합의 농도를 높인다. 칸토어는 초한산수의 놀라운 법칙들을 발견하고 한껏 가슴이 부풀었다. 그는 이제 자체 논리와 자체 산수 법칙에 따르는 초한수열을 갖게 되었다. 다른 수학자들에게 자신의 신성한 이론의 참됨과 아름다움을 보여줄 수만 있다면 더없이 행복할 것이다. 그러나 아직까지는 그의 연구를 이해하는 사람은 몇 명의 신학자뿐이었다. 그들은 칸토어가 신의 무한성을 이해할 수 있는 우아한 기틀을 마련해주었다고 이해했다. 칸토어는 신성한 사원을 하나 세웠다. 알레프라는 이름의 이 사원은 층층의 무한한 수들로 이루어져 있었다. 각 단계의 알레프가 이전 단계의 알레프를 토대로 하고 있는 칸토어의 알레프 구조와, 과거 카발라의 시각적 이미지 사이에는 신비한 유사성이 있다는 것도 간과할 수 없다. 다음 그림은 엔 소프의 겹겹의 원을 나타내는 그림이자, 알레프로 표현되는 무한들의 그림이기도 하다.

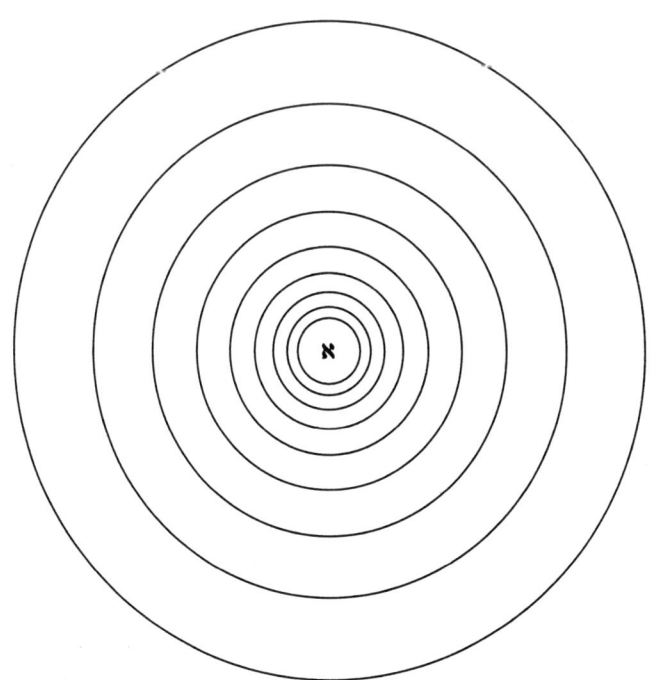

ℵ12

연속체 가설

이제 칸토어는 알레프들 사이의 관계를 알아내기 위한 연구에 몰두했다. 그는 이제 막 초한수의 황홀한 정원으로 향한 문을 열어 젖혔나—이제 그가 알고 싶은 것은 그것들의 관계에 대한 것이었다. 칸토어는 가장 낮은 단계의 무한, 곧 가장 작은 초한수가 알레프 제로라는 것을 알고 있었다. 그는 또 1870년대에 증명한 놀라운 정리에 따라, 어떤 집합이든 항상 그 집합보다 더 큰 집합(원집합의 부분집합들 전체의 집합)이 있다는 것도 알고 있었다. 예를 들어, 세 수로 된 {1, 2, 3}이라는 집합을 살펴보자. 이처럼 세 원소로 된 집합의 모든 부분집합들의 집합이란 무엇일까? 그것은 이 집합의 세 원소로 만들 수 있는 모든 부분집합으로 이루어진 집합이다(이런 집합을 원집합의 멱집합*power set*이라고 한다). 멱집합은 다음과 같다. 첫째, 공집합인 { }. 둘째, 각각 하나의 원소로 된 세 집합인 {1}, {2}, {3}. 셋째, 두 원소로 이루어진 집합인 {1, 2}, {1, 3}, {2, 3}. 마지막으로 원집합의 세 원소 모두로 이루어진 집합인 {1, 2, 3}. 따라서 세 원소로 된 집합의 멱집합, 곧 원집합의 모

연속체 가설 ● 169

든 부분집합들의 집합은 여덟 개의 원소를 갖는다. 이 수는 $2^3=8$이라는 등식으로 간단히 얻을 수 있다. 일반적으로 이 논리에서 원집합의 모든 원소는 두 가지 가능성을 갖는다. 부분집합에 포함되거나 포함되지 않는 것이 그것인데, 이런 가능성으로 인해 3개의 원소로 된 집합의 모든 부분집합의 수는 $2^3=8$개가 된다(세 원소 1, 2, 3에 가능한 경우는 두 가지씩이며, 독립적이다. 따라서 모든 경우의 수는 $2\times2\times2 = 8$이며, 이것이 집합 {1, 2, 3}의 부분집합의 총 개수이다 : 옮긴이).

칸토어는 모든 실수 집합, 곧 실직선 연속체가 모든 정수 집합의 모든 부분집합을 구성한다는 사실을 알고 있었다. 이 사실을 다음과 같이 쉽게 알 수 있다.

실수 연속체 상의 모든 수는 십진법으로 전개할 수 있다(무한하긴 하더라도). 직선 상에 조밀하게 전개된 모든 수는 0부터 9까지의 수로 이루어진 무한히 많은(그러나 가산적인) 정수로 표현된다. 가산적 무한 자릿수를 갖는 수라 해도 각각의 자리는 하나이며 오직 하나의 숫자로 되어 있다— 0, 1, 2, 3 등의 한 숫자로. 그런데 우리는 어떠한 진법체계도 다른 진법과 호환될 수 있다는 것을 알고 있다. 그래서 실직선 상의 모든 수는 0과 1의 가산적 무한 수열로 나타낼 수 있다(쉽게 말하면, 모든 수를 2진법으로 표현할 수 있다). 따라서 주어진 어떤 수에 있어서 각 자리의 숫자는 0이 아니면 1이라고 할 수 있다. 모든 수의 자릿수는 알레프 제로만큼 있다. 그러므로 실직선 상의 모든 수 집합의 농도(연속체의 기수)는 다음과 같다. $c = 2^{\aleph_0}$.

멱집합(모든 부분집합들의 집합)을 만든다는 것은 곧 원집합보다 더 큰 집합(더 큰 기수의 집합)을 만든다는 것이다. 칸토어는 그의 기수들이 끝이 없다는 것을 이미 알고 있었다. 그가 만들 수 있는 어떤 집합에 대해서도 멱집합을 만들 수 있었기 때문이다. 이 멱집합은 원집합보다 더 큰 기수를 가지고 있었다. 멱집합의 멱집합, 멱집합의 멱집합의 멱집합 등을 만들면 기수가 계속 더 커졌다. 보통의 수들의 집합과 마찬가지로 멱집합의 집합도 끝이 없는 것 같았다―가장 큰 기수는 없는 것 같았다. 가장 큰 기수의 존재에 대한 문제는 집합론에 내재된 패러독스 때문에 훗날 다시 부각된다.

정수의 모든 부분집합들의 집합을 만듦으로써 c(연속체의 기수)를 만드는 것과 비슷하게, 연속체 상의 수들의 모든 부분집합들의 집합을 만듦으로써 더 높은 농도의 집합을 얻을 수 있었는데, 이 농도는 다음과 같다. $d=2^c$. 이런 과정은 끝없이 계속해나갈 수 있었다. 그래서 칸토어는 자신이 만든 초한산수의 또 다른 속성을 깨닫게 되었다. 즉, 지수 연산을 하면 알레프의 값이 변한다. 다음 연산을 되짚어보자.

$$\aleph_0 \times \aleph_0 = \aleph_0,$$

이것은 한 가산무한집합 *countably infinite set*의 기수에 다른 가산무한집합의 기수를 곱해도 여전히 같은 기수를 얻게 된다는 뜻이다. 예를 들어 모든 유리수의 집합에 모든 정수의 집합을 곱(데카르트 곱을 뜻함: 옮긴이)해서 얻은 집합은 그 농도가 여전히 알레프 제로이다―새로 얻은 집합은 당초의 모든 유리수의 집합과 동일한 "원소 수"를 갖는다. 칸토어의 "알면서도 믿기지가 않는" 발견이 바로 이것인데, 연속체의 기수 c에 c를 곱해도 여전히 c이다. 그러나 지수 연산은 집합의 농도를 변화시킨다. 그래서 칸토어의 초한산수는 새로운 규칙을 얻게 되었다.

$$2^{\aleph_0} = c$$

이것을 일반화하면 다음과 같다.

$$n^{\aleph_0} = c$$

여기서 n은 임의의 유한한 수이다(이 규칙이 적용되는 가장 작은 수가 2이다).

그러나 칸토어는 무한에 관한 전혀 새로운 수학을 발견했으면서도 기쁘지가 않았다. 초한기수의 단계를 아직 몰랐기 때문이다. 그는 다음과 같이 일련번호를 붙여서 명명하고 싶었다.

$$\aleph_0, \aleph_1, \aleph_2, \aleph_3, \aleph_4, \aleph_5, \cdots\cdots$$

특히 칸토어가 자문한 문제는 이렇다. 알레프 제로와 연속체의 기수 사이에는 또 다른 기수, 또 다른 알레프가 존재하는가? 만일 대답이 "노"라면, 칸토어는 연속체의 무한 단계인 c를, 간단히 $\aleph_1$이라고 명명할 수 있었다. 답을 모른다면, 초한기수의 단계를 정할 수가 없었다. $\aleph_0$ 다음의 기수가 어떤 기수인지를 말할 수 없기 때문이다. 칸토어는 $\aleph_1$은 물론이고, $\aleph_0$보다 더 높은 단계의 어떠한 알레프도 명명할 수 없었다.

칸토어는 수학에서 무엇이 중요한지를 알아내는 예리한 감각을 지니고 있었다. 그는 알레프의 단계에 대한 질문, 그리고 $\aleph_0$(가장 낮은 단계의 무한)와 c(연속체의 무한의 단계) 사이에 어떤 다른 기수(다른 무한의 단계)가 있는지의 여부가 무엇보다도 중요하며, 그 답에 따라 판이하게 다른 결과가 초래될 거라는 사실을 직감했다.

직관적으로는 연속체의 무한 단계, 곧 기수 c가 $\aleph_0$의 다음 단계 알레프여야 할 것 같다. 알레프들의 곱으로는 단계가 높아지지 않지만 지수화한 연산은 단계를 높이기 때문에, 칸토어가 보기에 $\aleph_0$와 c 사이에 다른 알레프가 없어야 할 것 같았다. 그러나 그는 그런 주장을 증명해야 했다. 수학상의 직관이란 틀리는 경우가 많다. 실제로 어떤 수학자들은 $\aleph_0$와 c 사이에 다른 알레프가 있다고 생각했고, 지금도 그렇게 생각하는 수학자가 있다. 그러나 칸토어는 c기 $\aleph_0$ 다음의 알레프라고 믿었다. 즉, c = $\aleph_1$이라고 믿었다. c는 $2^{\aleph_0}$과 동일하다는 것을 알고 있었기 때문에, 칸토어는 다음 진술 또한 옳다고 믿었고, 그것이 증명될 수 있기를 바랐다.

$$2^{\aleph_0} = \aleph_1$$

그래서 이 진술은 연속체 가설이라고 알려지게 되었다. 무한의 단계들에 대한 이 가설은 수학상의 가장 중요한 진술 가운데 하나이다. 1908년에 펠릭스 하우스도르프 *Felix Hausdorff*(1868~1942)는 이 진술을 일반화시켜서, 일반 연속체 가설 *generalized continuum hypothesis*의 형태로 모든 알레프에 적용했다. 지수화한 연산을 통해 모든 알레프를 앞 단계의 알레프와 연결시킨 것이다.

$$2^{\aleph_\alpha} = \aleph_{\alpha+1}$$

아무튼 연속체 가설을 세운 후 칸토어는 그것을 증명하기 위한 연구에 들어갔다.

칸토어는 이미 집합에 관한 전체 이론을 하나 유도해냈다. 그의 집합론은 필요한 증명을 세우기 위한 훌륭한 토대를 마련하게 할 것이라고 생각한 것도 당연한 일이었다. 그는 알레프들이 단계를 갖는다는 사실을 알고 있었는데, 그 단계가 자기가 생각하는 논리대로 되지 않는 이유를 알 수가 없었다. 칸토어는 연속체 가설을 증명하기 위해 여러 해를 보냈다. 그의 가설은 너무나 당연한 것으로 보였기 때문에, 머지 않아 그것을 증명할 수도 있을 거라고 그는 확신했다.

1884년 8월 26일, 수년 동안 그 문제에 매달려왔던 칸토어는 친구이자 편집자인 미타그-레플러에게 편지를 보냈다. 이 편지에서 그는 자기가 얼마나 들떠 있는지 모른다며, "연속체의 기수는 두 번째 클래스 *class*의 기수와 동일하다"는 것에 대해 지극히 단순한 증명을 마침내 발견했다고 썼다(큰따옴표 속의 말은 연속체 가설, 즉 $2^{\aleph_0} = \aleph_1$을 칸토어 식의 독특한 어법으로 표현한 것이다.) 칸토어는 자신의 발견에 열광해서, 곧 자세한 증명을 보내주겠다고 썼다.

그러나 두 달 후인 10월 20일, 그는 자기가 해냈다고 생각한 증명이 완전히 잘못되었다는 내용의 편지를 미타그-레플러에게 보냈다. 오로지 증명을 발견하겠다는 일념으로 연구에 몰두해온 것이 모두 무가

치했다는 것을 느끼며 그는 깊은 우울증에 빠졌다. 이런 패배감에서 곧 회복된 후 그는 다시 새로운 방법을 연구하기 시작했다.

11월 14일에 칸토어는 다시 미타그-레플러에게 편지를 띄웠다. 이 편지에서 그는 아주 놀라운 소식을 전했다. 연속체 가설이 거짓이라는 것을 입증했다는 것이다. 칸토어는 이제 연속체의 기수 곧 $\aleph_1$이 두 번째 기수가 아니라고 생각했다. 그는 이제 연속체의 기수가 어떤 알레프보다 더 상위에 있다— $\aleph_0$와 c 사이에 무한히 많은 알레프가 있다—는 증명을 얻었다고 확신했다.

이런 식의 편지가 계속되었다. 칸토어는 계속 자기 생각을 바꾸었다. 연속체 가설을 증명했다고 생각했다가, 다음 순간 그 반대를 증명했다고 생각한 것이다. 그가 유일하게 의지하고 있던 저널 출판인인 친구에게 계속 보낸 편지에서 자신의 발견을 철회하고 정리를 뒤집는 것은 곤혹스러운 일이었을 것이다. 그가 일찍이 미타그-레플러에게 보낸 논문을 철회한 것은 아마도 이런 곤혹감과 빈번한 우울증 발작 때문이었을 것이다. 결과적으로 칸토어는 이후 〈악타 마테마티카〉에 다시는 논문을 싣지 못했다.

이후 몇 년 동안 칸토어는 연속체 가설 위에서 위험한 줄타기를 계속했다. 몇 주 동안 집중 연구를 한 후 갑자기 그 정리에 대한 증명을 발견했다고 확신했다. 그랬다가 다시 그 증명에 치명적인 결함이 있다는 것을 발견했다. 몇 주 후 다시 갑자기 반대 결과에 대한 증명을 발견했다고 확신했다. 이처럼 호된 시련을 겪으며, 동시에 크로네커의 계속적인 공격에 시달리는 동안 칸토어는 서서히 미쳐갔다.

수학자가 자신의 결과를 확신할 수 없다면 — 한 순간 어떤 정리에 대한 증명을 발견했다고 생각했다가 다음 순간 반대 증명을 발견했다고 생각한다면 —그러면 수학자에게 무슨 문제가 있거나, 적어도 그의 논리에 무슨 문제가 있는 것이다. 그러나 오늘날 우리는 칸토어의 곤경이 결코 그릇된 추론에서 비롯한 것이 전혀 아니라는 것을 알고 있다. 칸토어가 몰랐던 것 — 알 수가 없었던 것 — 이 있는데, 그것은 그가 해결 불가능한 문제를 풀고 있었다는 것이다. 우리는 연속체 가설이 우리의 수학 체계로는 해법을 찾을 수가 없다는 것을 알고 있다. 칸토어는 연속체 가설이 참이라고 확신했다가 다음 순간 그 역이 참이라고 확신하는 일을 되풀이했는데, 그럴 수밖에 없는 것이 그 문제에는 올바른 답이라는 게 없기 때문이다. 연속체 가설과 그 부정은 모두 참일 수 있고, 모두 참이 아닐 수 있다. 우리 수학의 영역 내에서는 연속체 가설의 진위를 결정할 수 없다. 1918년에 칸토어가 사망한 후 오래 지나서야 비로소, $2^{\aleph_0} = \aleph_1$의 진위를 우리가 결정할 수 없고 알 수도 없다는 사실이 발견되었다는 것은 안타까운 노릇이 아닐 수 없다.

자신의 연속체 문제에 대한 답을 얻으려는 노력이 절정에 이른 순간, 칸토어는 처음으로 심각한 정신쇠약 증세를 보였다. 신의 비밀 정원에 들어가려고 했다가 목숨을 잃지 않으면 정신을 잃어버렸던 2세기 랍비들의 운명과 칸토어의 운명은 과연 얼마나 다른 것이었을까?(연속체 가설에 관한 비교적 자세한 내용은 다음 웹사이트를 방문하면 얻을 수 있다 http://ii.best.vwh.net/math/ch/ : 옮긴이)

ℵ13

셰익스피어와 정신병

칸토어의 병은 양극성 장애 곧 조울증이었을 거라고 추측되어 왔다. 일부 심리학자들은 그의 행동에서 박해 콤플렉스의 징후를 찾아내기도 했다. 벨*Bell*은 1937년 저술에서, 프로이트 심리학을 이용해 칸토어의 소년시절 아버지와의 관계를 추적했다. 부모를 즐겁게 해주고 싶어하는 민감한 소년과, 아들이 해야 할 일을 사사건건 지시하는 독재적인 아버지 사이의 관계는 정신적 문제의 원인이 되지 않을 수 없다고 벨은 주장했다. 그래서 벨은 칸토어의 우울증이 아버지와의 잘못된 관계에서 비롯한 것이라고 결론지었다.

이후의 학자들은 칸토어의 우울증 발작 등의 징후가 연속체 가설을 증명하려다가 실패한 좌절감에, 크로네커의 무자비한 공격이 가세해서 초래된 것이라고 주장한다. 그들은 칸토어의 아버지에게는 전혀 책임을 두지 않는다—이 문제를 연구한 수학자이자 심리학자인 나탈리 샤로드만큼은 벨의 주장을 어느 정도 인정한다.

오늘날 우리는 양극성 장애가 단지 어떤 사건 때문에 발병하는 것은 아니라는 사실을 알고 있다. 이 병에는 유전적 요인들이 작용한다. 환경 요인은 그리 단순하지가 않아서 뭐라고 단정하기 어렵다. 환자가 눈앞에 있다고 해도 정신병의 이유를 알아낸다는 것은 아주 어려운 일이다. 한 세기 전쯤에 사망한 사람의 경우에는 두말할 나위가 없다. 더구나 입원과 치료에 대한 완전한 기록도 없으니 더욱 어려울 수밖에 없다.

그러나 현대 심리학에서는 우울증이 극복할 수 없는 어려움에 직면했을 때 발발할 수 있다는 것을 밝혀냈다. 칸토어가 어떤 유형의 정신병을 가졌든 간에, 연속체 가설을 증명하려다가 실패했고, 크로네커의 악의적인 공격에 화가 났고 낙담했다는 것, 그것이 그의 정서 상태를 좌우한 커다란 요인이었던 것은 분명하다. 그가 처음 정신쇠약을 나타낸 시기, 그리고 당시 그가 친구와 동료들에게 자신의 정서 상태를 표현한 말들로 미루어볼 때 그것은 분명한 사실이다.

칸토어가 처음 쓰러진 것은 그가 〈악타 마테마티카〉에 자기 논문이 실리는 것을 철회한 직후였다. 그때 그는 연속체 문제를 해결하려다가 실패해서 좌절감이 절정에 이르러 있었다. 우울증은 느닷없이 발작해서, 1884년 5월부터 6월까지 두 달 동안 지속되었다. 6월 21일, 칸토어는 다시 미타그-레플러에게 편지를 띄웠다. 그는 정신쇠약으로 앓다가 회복되었다고 썼다. 또 그는 다시 수학 연구로 돌아갈 수 있을지 모르겠다는 말도 했다. 병 때문에 자신이 어리석어 보여서, 과연 수학자로서의 능력이 있는지 의심하게 된 것이다.

이후 몇 년 동안 우울증은 더욱 잦아졌고 지속 기간도 길어졌다. 그러자 칸토어는 입원이 필요하게 되었다. 우울증은 흔히 느닷없이 시작되었는데, 대부분 가을에 그러했다. 우울증은 발작과 더불어 시작되었다. 그는 누가 되었든 순간적으로 자신을 격분시키는 사람에게 격렬하게 폭언을 퍼부었다. 다른 수학자들, 교수들, 다른 분야의 학자들이 주된 대상이었다. 그러고는 우울증이 시작되었다. 당시에는 정신병을 조절할 만한 의약품이 거의 없어서, 징후가 나타나면 그때그때 치료를 받았다. 치료라는 것도 그저 뜨거운 물 속에 몸을 담고 있거나, 육체 활동에 참여하고 휴식을 취하는 정도였다. 징후가 완화되면 의사는 그를 집에 돌려보냈다.

1884년 늦봄에 시작된 칸토어의 첫 정신쇠약은 나중의 경우와 달랐다. 지속 기간이 더 짧았고, 가을이 아니라 봄에 시작되었다. 칸토어의 장녀인 엘스는 이때 아홉 살이었다. 엘스는 이때 얼마나 깊은 충격을 받았는지 커서까지 생생하게 기억하고 있다가, 칸토어의 생애를 처음 기록한 전기작가 쇼엔플라이스 *A. Schoenflies*에게 상세히 얘기해줄 수 있을 정도였다.

엘스와 다른 가족들은 칸토어의 행동이 느닷없이 변하는 것에 충격을 받았다. 칸토어는 분명 심각한 신경증 증세를 드러냈다. 그는 크게 위축되어서 일을 하거나 남들과 어울릴 수가 없었다. 발작 후에 정서적 안정과 힘을 되찾기 위해서는 여러 달 동안 쉬어야 했다.

칸토어는 자신이 탐구해온 무한의 본질이 접근 불가능하다는 것을 이해했는지도 모른다. 다시 회복된 후 수학적 탐구와 수학 일반에 대한 그의 생각이 달라진 것을 볼 때 그러하다. 정신쇠약에서 회복된 후 칸토어는 탈바꿈을 시도했다. 셰익스피어 학자가 된 것이다.

칸토어는 영문학과 역사를 연구하기 시작했다. 영어 실력이 충분치 않았는데도 그랬다. 그는 독일어에 유창했고, 덴마크어와 러시아어에도 조예가 깊었다. 영어는 그가 네 번째로 공부하게 된 언어였다. 일단 1884년의 첫 발작에서 회복되자, 그는 오로지 셰익스피어에만 매달렸다. 그는 프란시스 베이컨이 셰익스피어 희곡작품의 진짜 저자라는 가설을 입증하기로 결심했다. 영어와 영문학에 대해 잘 알지도 못했던 천재 수학자가 왜 그런 목표를 갖게 되었는지는 분명치 않다. 그러나 칸토어는 그 가설을 입증하기 위해 계속 몰두했다.

아마도 칸토어는 심오한 수학 문제에서 도피하고 싶었는지도 모른다. 그게 사실이라면, 그의 정신적 문제가 연속체 수수께끼의 해결 불가능성에서 비롯했다는 가정이 더 힘을 얻게 될 것이다. 그러나 칸토어는 연속체 가설에서 오래 떠나 있을 수 없었다. 그는 이후 몇 년 동안 거듭 그 문제에 달려들곤 했다. 그럴 때마다 여지없이 다시 발병했고, 여러 달 동안 네르벤클리닉에 입원해야 했다. 다시 회복된 후에는 베이컨-셰익스피어 가설을 증명하기 위해 또 애를 쓰곤 했다.

연속체라는 악몽에서 풀려난 칸토어는 수학 교수직을 그만두려고 했다. 그는 할레 대학의 철학 교수로 바꿔달라고 대학 본부에 요청했다. 그의 요청은 받아들여지지 않았다. 첫 발작을 일으킨 39세의 나이에 그는 마침내 베를린 대학의 수학 교수직을 얻겠다는 희망을 완전히 포기했다. 철학 교수가 되려고 했던 것도 불행에서 도피하기 위한 나름의 방법이었을 것이다.

해가 갈수록 칸토어는 점점 더 강의에서 멀어졌다. 발병이 잦아지고 지속 기간도 길어졌기 때문이다. 할레 대학과 베를린의 감독 당국은 칸토어에게 관대해서 그의 병을 문제삼지 않았다. 그들은 입원해 있는 동안 장기 병가를 허락해주었다.

이제 칸토어는 꾸준히 셰익스피어의 작품을 수집했고, 셰익스피어와 베이컨에 대한 온갖 정보를 모아들였다. 지인들에게 보낸 편지에서 그는 베이컨을 대단히 존경한다는 말을 하곤 했다. 셰익스피어의 희곡작품을 쓴 것이 베이컨이라는 다소 낯선 이론을 입증하려고 애를 쓴 것도 베이컨에 대한 존경심 때문이었는지도 모른다. 칸토어는 여러 영문학 모임에 참석하려고 했고, 모임에서 자기 견해를 밝힐 기회를 얻기도 했다. 나탈리 샤로드는 연속체 가설을 증명하려는 시도가 좌절된 후 정신병이 발병했다고 주장한다. 샤로드는 그렇게 처음 발병한 후 칸토어가 완전히 달라졌다고 믿는다. 어느 면에서 칸토어는 스스로 셰익스피어의 비극 속의 주인공이 되었다고 생각했다는 것이다.[*24]

샤로드는 칸토어가 어떻게 그처럼 묘한 관심을 갖게 되었는지에 대해 재미있는 얘기를 들려준다. 칸토어는 라이프치히 인근의 도시에 있는 한 골동품상에서 우연히 베이컨에 대한 고서를 발견했다. 칸토어는 그 책이 학자들에게 알려지지 않은 것이라고 생각했다. 그 책은 베이컨을 과학자라기보다 위대한 시인으로 칭송했다. 칸토어는 그 책을 베이컨이 위대한 시인이었다는 증거로 받아들여서, 베이컨이 셰익스피어의 희곡을 쓴 게 틀림없다고 결론을 내렸다. 크로네커에게 오랫동안 시달려온 칸토어는 제 마음대로 만들어낸 베이컨의 이미지에 감정 이입을 했다. 그래서 왜곡된 이미지가 베이컨의 실체라고 믿고, 셰익스피어의 희곡작품을 썼다고 믿어지는 그 과학자에게 영예와 갈채를 돌려주기 위해 십자군 원정을 떠나게 되었다.

1896년과 그 이듬해에 칸토어는 이 주제를 다룬 두 가지 팸플릿을 자비로 출판했다. 한 팸플릿에 그는 이렇게 썼다.

"셰익스피어는 불멸의 작가가 아니다. 불멸의 작가는 바로 베이컨이다."

샤로드는 한 발 더 나아가서, "셰익스피어의 실체를 세상에 알리려는" 욕망과, 동료들에게 "크로네커의 실체를 세상에 알리려는" 소망이 닮은꼴이라고 유추한다.

셰익스피어와 베이컨에 대한 강박증이 더욱 심해지자, 칸토어의 저술은 더욱 이상하고 더욱 불합리해졌다. 1899년에 연속체 문제를 풀려다가 다시 좌절한 직후, 칸토어는 즉각 새로운 발작을 일으켰다. 그것은 마치 무한의 참된 단계를 이해하려고 한 죄에 대해 신이 직접 또다시 벌을 내리기라도 한 것 같았다. 칸토어는 장기간 할레 네르벤클리닉에 입원해야 했다. 그는 그 학기에 병가를 신청했고, 교육부는 그의 요청을 승인했다. 가을에 퇴원을 한 칸토어는 대학에 휴가를 요청했고, 그의 요청은 수락되었다. 이후 그는 교육부에 이상한 편지를 보냈다. 대학의 교수직을 모두 포기하고 싶다는 편지였다. 그리고 자신의 급여가 줄어들지만 않는다면, 황제에게 봉사할 수 있는 곳이면 어디에서든 도서관에서 사서로 일하고 싶다고 썼다. 그는 교수직에서 은퇴하겠다면서, 독일 대학이라는 울타리에서 벗어날 수만 있다면 무슨 일이든 하겠다는 것이었다.

같은 편지에서, 그는 역사와 문학에 대한 엄청난 지식을 갖게 되었을 뿐만 아니라, 베이컨-셰익스피어 문제에 대한 팸플릿을 출판한 것을 자랑스러워했다. 그는 편지에 팸플릿 세 부와 자기 명함 아홉 장을 동봉했는데, 명함에는 자신의 가족사를 써놓았고, "경애하는 러시아 황제 니콜라스 2세"를 언급해 놓았다. 칸토어는 또 잉글랜드 첫 왕의 진짜 신분에 관한 새로운 증거를 얻었다고 썼다. "이것을 보면 영국 정부가 경악할 것"이라고 그는 덧붙였다. 그는 교육부가 그에게 이틀 내에 답장을 보내주기를 요청하며, 요청이 기각될 경우, 그는 러시아 태생이기 때문에 러시아 외교단에 들어가서 니콜라스 2세를 위해 일하겠다고 썼다.

교육부는 칸토어가 정신병원에서 퇴원한 직후에 쓴 이 편지를 무시해버린 것 같다. 칸토어는 사서 자리를 제의 받지 못했고, 베를린의 러시아 외교단에도 들어가지 못했다. 그는 할레 대학의 교수로 남았지만, 오래 되지 않아 다시 입원하게 됨으로써 강의 의무는 면제되었다. 대학과 교육부의 기록을 보면, 당국에서는 칸토어를 치료하기 위해 최선을 다했고, 가능하면 언제든 그의 요청을 수락했다는 것을 알 수 있다. 그는 걸핏하면 병가를 얻었고, 감독관들을 무시한 채 베를린의 당국으로 직접 이상한 편지를 써보내도 감독관들은 적대감을 보이지 않았다. 또 다시 퇴원을 한 칸토어는 라이프치히에서 베이컨-셰익스피어 문제에 대한 강의를 했다. 이날 오후에 그는 막내아들인 루돌프가 사망했다는 소식을 들었다. 루돌프의 13번째 생일을 며칠 앞 둔 날이었다.

루돌프는 어려서부터 항상 병약했다. 그러나 바이올린 연주에 재능이 있어서, 훗날 훌륭한 음악가가 될 거라는 기대를 한 몸에 받았다. 그런 루돌프가 죽자 칸토어는 친구들에게 슬픔에 찬 편지를 띄웠다. 그는 수학자가 되기 위해 음악을 멀리했다는 것을 고백하며 그것을 후회했다. 자신이 수학을 선택한 것을 회의하기도 했다. 칸토어는 자신의 선택에 크게 실망한 것이 분명하다―연속체 문제를 풀려다가 수차 좌절을 맛본 데다가, 그로 인해 발병까지 하게 되어 자신이 초라해 보였고 불행했던 것이다. 그는 공허하고 성취감도 없는 학문을 선택했다고 생각했다. 그런데 이제 그와 가족들이 아들에게 품었던 희망조차 산산조각이 났다.

칸토어는 같은 해에 어머니의 죽음까지 겹치는 불운을 겪었다. 그런데 놀랍게도 칸토어는 이후 여러 해 동안 정신병원에 입원하지 않았다. 다음에 그의 정신병이 발병한 것은 1902년이었다. 이때 교육부는 또 다시 즉각 병가를 내주었다. 칸토어는 1년 중 태반은 입원해 있었다. 그는 몇 달 동안 아팠다 나았다 했지만, 1904년 하이델베르크에서 열린 제3차 국제수학자회의에 참석할 수 있었다. 이 회의에서 헝가리 수학자인 율레스 쾨니히*Jules C. König*는 연속체에 대한 논문을 낭독했다. 쾨니히는 연속체의 기수가 칸토어의 알레프 가운데 어떤 것도 아니라고 주장했다.

칸토어는 최근의 발작에서 회복되어 두 딸 엘스와 안나-마리를 데리고 회의에 참석해 있었다. 쾨니히의 논문을 들은 칸토어는 격분했다. 그는 자기 이론이 공개적으로 매도되는 것에 모멸감을 느끼지 않을 수 없었다. 그러자 즉시 박해 당한다는 느낌이 표면화되었다. 그는 쾨니히의 발표가 이와 같은 회의에서 오가게 마련인 학자들의 정상적인 아이디어 교환이라고 생각할 수가 없었다. 또 다시 칸토어는 자기가 음험한 세력의 공격을 받고 있는 외로운 진리의 수호자라고 생각했다.

쇼엔플라이스의 말에 따르면, 1904년 무렵 칸토어는 연속체 가설을 도그마(종교 교리)의 문제로 만들었다.*25 그는 오랜 세월 그를 괴롭혀 온 증명을 더 이상 필요로 하지 않았다. 그에게는 $2^{\aleph_0} = \aleph_1$이라는 가정이 더 이상 증명되어야 할 진술이 아니었다. 그것은 신의 말씀이었다. 칸토어는 정확히 그런 말로 연속체 가설을 동료들에게 설명했다. 그리고 그는 신이 공격자들로부터 연속체 가설을 수호해줄 거라고 믿었다.

쾨니히의 증명이 낭독될 때, 회의에 참석한 수많은 수학자들은 칸토어의 가설이—그때까지 수많은 주목을 받았고 수많은 연구를 불러일으킨 가설이— 이제 바야흐로 붕괴될지도 모른다고 생각하는 것 같았다. 칸토어는 낙담했다. 그는 신이 자기에게 등을 돌렸다고 생각했다—신은 그가 공공연히 이런 굴욕을 당하도록 방치하지 말았어야 했다. 엎친 데 덮친 격으로, 지방지는 쾨니히의 발견이 수학계에 획기적으로 새로운 발견인양 보도했다. 최근의 또 다른 칸토어 전기작가인 요제프 다우벤*Joseph Dauben*의 말에 따르면, 연속체 가설에 대한 여러 논박에 이어, 칸토어의 연구에 대해 또 다시 부정적인 쾨니히의 논문이 발표되자, 그 의미가 너무나 중요한 듯이 보여서, 바덴의 대공이 수학자를 고용해서 새로운 결과를 자기에게 설명하게까지 했다고 한다.

칸토어는 쾨니히의 증명을 믿지 않았다. 칸토어에게 연속체 가설은 진리였다. 그는 쾨니히의 증명에 분명 결함이 있을 거라고 확신했다. 자신의 연구에 대한 공격을 받아 너무나 괴로운 나머지, 그는 결함을 찾는 일에 착수했다. 쾨니히는 훌륭한 능력을 지닌 수학자로 존경을 받고 있는 사람이어서, 결함을 찾는다는 것은 쉽지 않은 일이었을 것이다. 그러나 칸토어는 보조정리*lemmas*—쾨니히가 자기 논법을 세우는 데 사용한 초기의 결과—가운데 하나에 잘못이 있을 거라는 점을 즉각 알아차렸다. 그리고 사실, 쾨니히의 논문이 회의장에서 낭독된 후 하루도 지나지 않아서, 독일 수학자 에른스트 체르멜로*Ernst Zermelo*(1871~1953)가 쾨니히의 보조정리에 잘못이 있다는 것을 증명했다. 같은 해인 1904년에 체르멜로는 칸토어의 아이디어를 토대로 삼아 현대 집합론의 기초를 세웠다. 체르멜로 이론의 핵심 가설은 수수께끼같은 진술인 선택공리라는 것이다.

연속체 가설은 쾨니히의 논박에 의해 새로 세워지지도 않았고, $2^{\aleph_0} = \aleph_1$에 대해 칸토어든 다른 누구든 증명을 해내지도 못했다. 그러나 체르멜로가 쾨니히의 잘못을 입증한 덕분에 칸토어의 핵심 가정 —연속체의 기수는 알레프들 가운데 하나라는 것—은 계속 살아남을 수 있었다. 아무튼 자신의 이론이 쾨니히의 논문 때문에 폐기되는 일은 없어졌으니 칸토어는 구원을 받은 셈이었다. 그러나 칸토어는 여전히 화가 나 있었다. 병이 들고 지친 그는 쾨니히의 논문에 강박증을 보였다. 칸토어는 쾨니히가 잘못된 부분을 어떻게든 고쳐서 자기를 완전히 파멸시키기 전에 연속체 가설을 증명해야 했다.

아이러니하게도, 칸토어가 점점 더 망상에 사로잡히고 현실감을 잃어 가는 동안 그의 주변에서는 그를 지지하는 수학자들의 그룹이 형성되고 있었다. 그들은 칸토어의 연구가 보여준 우아함과 위력에 사로잡혀서, 칸토어의 집합론을 구해내기 위한 연구에 몰두했다. 체르멜로는 이 그룹에서 핵심 인물 가운데 한 명이었다. 유명한 독일 수학자 다비드 힐베르트*David Hilbert*(1862~1943)도 그중 한 명이었다.

칸토어는 마침내 자신의 연구에 대해 악의적인 공격을 퍼부었던 크로네커에게 승리를 거두고 있었다. 또한 받아 마땅한 주목을 받고 있었다. 그러나 칸토어는 정서적으로 안정되어 있지 않았다. 그를 지지하는 서클을 만든 수학자들은 그 회의가 끝난 후 베켄에 있는 리조트 호텔로 그를 초대했다. 어느 날 칸토어는 아침 일찍 일어나, 아침 식탁에서 친구들을 기다리고 있었다. 그들이 도착했을 때 그는 인사말로 그들에게―커다란 식당에 있던 다른 모든 사람들에게까지―큰 소리로 외쳤다. 쾨니히를 타도하자고.

칸토어의 연구에 대한 관심은 과거 두 차례의 국제수학자회의를 거치며 이미 심화되었다. 칸토어는 1897년 취리히에서 열린 제1차 회의에, 두 딸 엘스와 거투르드를 데리고 참석했다. 거기서 그는 다수의 선구적인 수학자들이 집합론의 미덕을 찬양하는 말을 들었다. 안타깝게도 1900년 파리에서 열린 제2차 회의에는 참석하지 못했다. 그 회의에서 다비드 힐베르트는 오늘날 유명해진 "10가지 문제*Ten Problems*"를 제시했다(훗날 23가지 문제로 확대되었다). 그것은 미해결된 수학적 추측에 관한 목록이었는데, 힐베르트는 그것이 20세기에는 해결되기를 희망했다. 힐베르트의 "10가지 문제" 가운데 (23가지 문제로 확대된 것 가운데서도) 첫 번째로 언급된 것이 바로 연속체 가설이다.

무한에 관한 칸토어의 비정통적인 연구가 마침내 그처럼 명성을 날리게 된 시점에, 안타깝게도 칸토어는 정신병으로 고통을 받고 있었다. 그는 발병할 때마다, 그게 언제가 되었든 간에 불규칙하게 셰익스피어-베이컨 문제에 매달려 긴 시간을 보냈다. 1900년대 초에는 셰익스피어의 작품과 베이컨의 생애와 사상에 관한 모든 책과 논문을 수

집했다. 비교적 건강한 나날을 즐기고 있던 1911년에는 칸토어의 필생의 꿈이 실현되었다—베이컨과 셰익스피어의 고국인 영국을 방문하게 된 것이다. 1908년으로 거슬러 올라가서, 칸토어는 한 영국 수학자에게 〈런던 수학회 저널 *Journal of the London Mathematical Society*〉에 수학 논문 한 편을 보내겠다고 약속했다. 그는 논문을 쓰지 못했다. 그러나 영국으로 와달라는 초대는 계속 유효해서, 1911년 9월에, 초대받은 유명 외국인 학자 자격으로 스코틀랜드의 성 앤드류 대학에 갔다. 그 대학 수학과에서 초대한 것으로, 칸토어가 무한에 관한 자신의 연구와 집합론을 강의해줄 것을 기대했다. 마침내 도착한 그는 엉뚱하게 행동했다. 칸토어가 수학 대신 베이컨-셰익스피어 문제를 강의하자 초대한 사람들은 놀라서 어안이 벙벙할 따름이었다. 그러고서 칸토어는 말도 없이 런던으로 떠나버렸다.

런던에서 칸토어는 위대한 영국 수학자이자 철학자인 버트런드 러셀 *Bertrand Russell*(1872~1970)에게 편지를 띄웠다. 러셀은 그때 막 알프레드 화이트헤드 *A. N. Whitehead*와 공저한 〈수학 원리 *Principia Mathematica*〉를 탈고한 상태였다. 〈수학 원리〉는 집합론을 토대로 삼아 수학의 전 분야에 대한 기초를 놓으려는 시도였기 때문에, 칸토어는 러셀을 몹시 만나고 싶어했다. 칸토어는 러셀에게 당혹스러운 편지를 보냈다. 그 편지는 왼쪽에서 오른쪽으로 그어진 선들을 가로질러 위에서 아래로 선을 긋고 테두리를 친 안쪽에 빽빽하게 글을 써넣은 것이었다. 칸토어는 그런 편지를 두 번 보냈지만, 두 사람은 만나지 못했다.*[26]

러셀 경은 자기 자서전에 그 편지를 싣기로 결심했다. 그는 칸토어를 19세기의 가장 위대한 수학자 가운데 한 명으로 꼽았다. 그러나 그런 다음 그는 별 생각 없이 이렇게 덧붙였다.

"다음 편지를 본 사람이라면 누구라도 칸토어가 인생의 상당 부분을 정신병동에서 보냈다는 것을 알게 되어도 놀라지 않을 것이다."[*27]

우리는 러셀이 1911년에 실제로 칸토어를 만났다면 무슨 일이 일어났을지 궁금하지 않을 수 없다. 러셀의 유명한 패러독스를 비롯해서, 수학의 기초에 관한 그의 연구는 훗날 칸토어의 집합론과 무한의 개념이 발전하는 데 중요한 구실을 했다.

ℵ14

선택공리

연속체 가설을 증명하고 싶다면, 초한기수들을 비교하는 방법을 먼저 확립해야 한다는 것을 칸토어는 깨달았다. 그렇게 하면 모든 초한기수가 알레프 체계의 요소라는 것이 입증될 것이다. 그리하여 $\aleph_0$, $\aleph_1, \aleph_2, \aleph_3, \aleph_4, \aleph_5, \cdots\cdots$ 로 이어지는 단계들의 바깥에는 어떤 기수도 없다는 것이 입증될 것이다. 칸토어는 알레프 수열을 타프*taf*라고 명명했다. 타프(ת)는 헤브라이어 알파벳의 마지막 문자이다. 그 문자를 선택한 것은 궁극을 암시하기 위한 것이었다. 모든 무한기수는 하나의 알레프여야 했다—모든 알레프를 포함하는 ת체계에 속해야 했다. 이 체계는 영원히 계속 이어지지만(항상 더 큰 알레프가 있지만), 이 체계 밖에는 다른 무한기수가 없어야 했다.

그러나 모든 무한기수가 ת체계 안에 자리를 잡고 있다는 것을 입증할 수 있으려면, 먼저 모든 기수를 비교하는 방법을 찾아야 했다. 무한기수는 직선 상의 실수와 같은 원칙에 따라 순서가 매겨져야 했다. 즉, 임의의 두 수에 대해, 두 수가 같거나(a=b), 어느 한 수가 다른 수보다 크다(a⟨b 또는 a⟩b)고 말할 수 있어야 했다. 초한기수에 대한 이러한 속성을 얻기 위해, 칸토어는 집합의 특별한 속성 하나를 정의해야 했다. 우리는 이 속성을 정렬원리 *well-ordering principle*라고 부른다.

정렬원리란 모든 집합을 정렬할 수 있다는 것이다. 공집합이 아닌 모든 부분집합이 각각 가장 작은 원소 하나를 가지고 있다면 이 집합은 정렬되었다고 말한다. 예를 하나 들어보자. {1, 2, 3}이라는 집합이 있다고 할 때, 이것의 모든 부분집합들의 집합은 원소가 8개라는 것을 우리는 알고 있다(앞에서 살펴보았듯이, 부분 집합의 개수는 $2^3=8$ 개이다). 부분집합 가운데 하나는 공집합이고, 7개는 다음과 같다 : {1}, {2}, {3}, {1, 2}, {1, 3}, {2, 3}, {1, 2, 3}. 이처럼 공집합이 아닌 모든 부분집합이 각각 가장 작은 원소 하나를 갖고 있기 때문에, 원집합 {1, 2, 3}은 정렬집합 *well-ordered set*이다. 이들 부분집합들의 가장 작은 원소를 차례로 나열하면 다음과 같다 : 1, 2, 3, 1, 1, 2, 1. 칸토어는 정렬원리를 증명할 필요가 있었다. 즉, 모든 집합(특히 무한집합)이 위와 같이 정렬될 수 있다는 것을 증명해야 했다.

그가 이 과제를 달성할 수 있다면, 모든 초한기수가 알레프들 가운데 하나일 수밖에 없다는 것을 증명할 수 있었다. 이 과제를 달성하지 못하면 연속체 가설을 증명할 가망이 없었다. 연속체의 기수 c가 알레프와는 다른 것일 가능성이 생기기 때문이다. c가 $\aleph_0$, $\aleph_1$, $\aleph_2$, $\aleph_3$ 등과는 다른 것이라면, 기수들의 순서집합 *ordered set* 안에 c를 자리 매김할 길이 없게 된다. 이 자리 매김 이야말로 c가 정말 ℵ체계 안에 있는 두 *번째* 초한기수, 곧 $\aleph_1$이라는 것을 증명하기 위한 선결 과제였다.

칸토어는 연속체 가설에서 중요한 진전을 이루기 위한 전제 조건인 정렬원리를 증명할 수 없었다. 그러다가 1904년에, 쾨니히가 c는 알레프 가운데 하나가 아니라는 것을 짐짓 증명한 듯한 발표를 함으로써 칸토어에게 일격을 가했다. 그 이튿날 쾨니히의 증명에 결함이 있다는 것을 밝힘으로써 체르멜로가 칸토어를 구해주긴 했지만, 칸토어의 연구는 이제 더 심한 비난을 받게 될 위험에 처했다. 위험을 느낀 칸토어는 이제 그 어느 때보다 더 정렬원리의 증명이 필요하다는 것을 깨달았다. 칸토어를 구해준 체르멜로는 연구를 계속해서 칸토어를 도우려고 했다. 그리하여 체르멜로는 칸토어가 실패한 곳에서 성공을 거두었다. 같은 해인 1904년에 체르멜로는 칸토어의 정렬원리를 증명해냈다.

에른스트 체르멜로는 독일에서 태어나 베를린 대학을 다녔다. 1894년에 변분법(또는 변분학)*calculus of variations*에 관한 논문으로 수학박사 학위를 받았다. 그는 취리히 대학의 교수가 되었지만, 건강이 좋지 않아 몇 년 후 사직해야 했다. 1926년에 체르멜로는 독일 프라이부르크 대학의 명예 수학교수로 임명되었다. 나치가 독일을 지배하고 있을 때, 체르멜로는 정권에 대항해서 교수직을 사임한 소수의 학자 가운데 한 명이었다.

1904년에 체르멜로는 필생의 연구—칸토어 집합론의 형식화—를 하기 시작했다. 그는 먼저 칸토어의 정렬원리를 증명하고자 했다. 체르멜로는 모든 무한기수가 칸토어의 알레프들 가운데 하나일 경우에만 연속체 가설이 성립될 수 있다는 것을 깨달았다. 그리고 이 필요조건을 증명하기 위해서는 모든 집합이 정렬될 수 있다는 것을 증명해야 한다는 것도 깨달았다. 문제의 증명에 매달린 그는, 같은 해 9월 24

일 마침내 증명을 완료했다. 그는 모든 집합을 정렬시킬 수 있는 실제적인 방법까지 얻을 수 있었다.

그 증명은 주어진 집합의 공집합이 아닌 모든 부분집합을 하나의 *대표점representative point*과 관련시킴으로써 시작된다. 그러한 점을 그는 부분집합의 "식별원소*distinguished element*"라고 불렀다. 각 부분집합의 대표점은 부분집합의 모든 점들 가운데서 간단히 선택된다. 모든 부분집합에서 단 하나의 원소를 선택하기 위해 체르멜로는 선택원리에 의존했는데, 그는 이것을 "선택공리*axiom of choice*"라고 불렀다. 그의 정렬원리 증명은 단순하면서도 우아해서, 그는 그 점을 자랑스러워했다.

그러나 체르멜로의 증명이 발표되기 며칠 전에, 다수의 수학자가 그 증명에 심각한 이의를 제기했다. 문제가 된 것은 바로 체르멜로가 덧붙인 공리―선택공리―였다. 어떤 유한한 세계에서 선택을 한다는 것은 간단한 일이다. 그러나 일단 무한의 영역에 들어서면 그렇지 못하다. 가장 단순한 경우, 즉 모든 부분집합이 단지 두 개의 원소만으로 이루어져 있는 경우를 가정해보아도 그렇다. 그런 부분집합이 무한히 많이 있다면, 우리가 무한히 선택을 할 수 있다는 것을 어떻게 보장할 수 있는가? 여기서 수학자들이 문제로 지적한 것은, 체르멜로가 무한히 여러 번 선택을 하는 *방법*을 꼭 집어 말하지 못했다는 것이다. 그런 선택을 할 수 있다고만 말하는 것으로는 충분치 않다. 이들 수학자들은 정작 *어떻게* 그처럼 무한히 선택을 할 수 있는가를 진술하는 정확한 규칙을 원했다. 그리하여 선택공리는(그리고 그것에 기초한 체르멜로의 정렬원리 증명은) 즉각 의심을 받게 되었다.

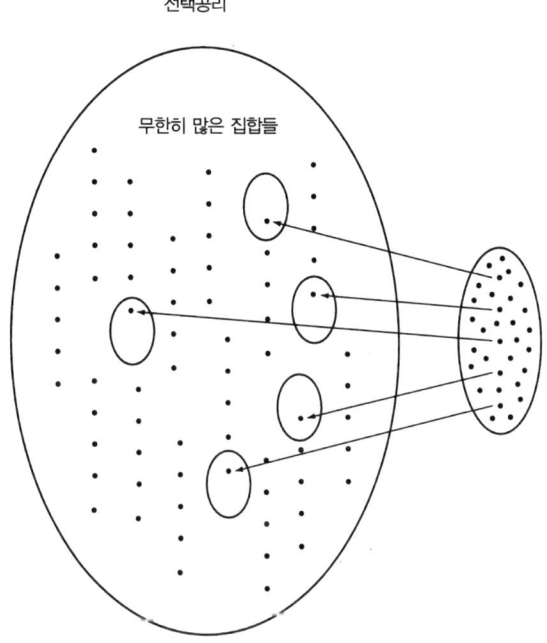

더 큰 집합의 부분집합들 각각으로부터
단 하나의 점이 선택된다

 선택공리에 대한 논란은 결코 잦아들지 않았다. 여러 해가 지난 후, 수학자들은 다수의 수학적 원리가 선택공리와 동치*equivalent*라는 사실을 발견했다('p는 q가 되기 위한 필요충분조건'이라고 할 때, '두 명제 p와 q는 동치同值'이다라고 한다 : 옮긴이). 많은 수학자들은 선택공리만이 아니라 이들 모든 동치 명제를 멀리한다. 선택공리를 사용할 필요가 있는 증명은 의심스러운 것으로 간주되는 것이다. 그래서 흔히 수학자들은 무한히 여러 번 선택을 하는 원리에 의존하지 않고, 대안 증명 *alternative proofs*을 구한다. 체르멜로가 증명하고자 했던 정리— 정렬원리—는 선택공리와 동치인 것으로 밝혀졌다. 따라서 그의 결과 자체도 의심스러웠다. 그 증명을 믿는다는 것은, 한 집합에서 하나의 원소를 택하는 것을 무한히 할 수 있다는 것을 믿는 것과 같았다.

수학은 일단의 공리를 기초로 삼고 있다. 이들 공리는 자명한 진술인 것으로 여겨지며, 후속 전개는 이 진술을 기초로 삼는다. 논리 규칙과 더불어 공리를 기초로 한 엄격한 증명에 의해 명제나 정리가 확립되고, 각 명제나 정리는 다른 명제나 정리를 뒷받침한다. 수학자들이 사용하고자 결정한 증명 방법은 유한한 수의 단계를 거쳐 결과를 얻을 수 있는 것이어야 한다. 우리가 만일 A가 B를 함의한다*imply*는 것을 증명하고자 한다면, 우리는 반드시 유한한 수의 논리적 조작을 사용해서 그것을 증명해야 한다. 우리의 증명은 한 페이지로 기술될 수도 있고, 20페이지, 300페이지로 기술될 수도 있겠지만, 그 페이지는 무한하지 않다. 하나의 수학적 증명을 구성하는 것에 대한 수학자들의 이러한 생각은 선택공리의 수용을 가로막는 걸림돌이었다. 만일 우리의 논법이 무한한 수의 선택에 의지하는 것으로 단정되면, 수학자들은 우리의 논법에 문제가 있다고 볼 것이다—무한한 수의 단계를 거치며 언제 어떻게 증명을 완료할 수 있겠는가?

선택공리의 문제점은 그것이 수학의 기초를 이루고 있는 다른 공리와 성격이 다르다는 것이다. 바로 그 점에 있어서 선택공리는 비구성적이다. 거기에는 어떻게 무한히 선택을 할 수 있는지에 대한 처방이 없다. 그래서 선택공리를 수학의 기초로 수용해야 하는지의 여부는 가장 뜨거운 쟁점이 되었다.

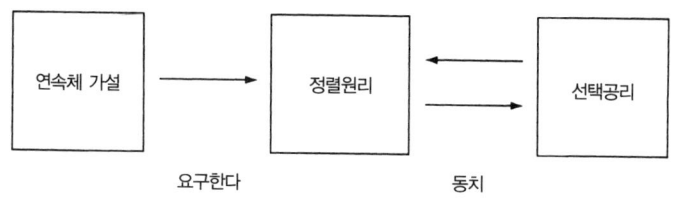

　(위 그림의 첫번째 화살표는 오해의 소지가 있다. 칸토어는 연속체 가설을 증명하기 위해 정렬 원리가 필요하다고 생각한 것을 그림으로 나타낸 것이지 필요 조건이나 충분조건을 나타내는 것은 아니다. 그러나 훗날 코언은 일반화된 연속체 가설은 선택공리를 유도함을 보였다 : 옮긴이) 연속체 가설의 증명은 정렬원리를 요구한다. 실직선 상의 수들의 연속체를 고려할 때면 항상, 이 수들이 작은 것에서 큰 것으로 정렬된다는 사실을 외면할 수 없다. 따라서, 이러한 정렬의 속성을 고려하지 않고는 이 수들을 살펴볼 이론적 방법이 존재하지 않는다. 바꿔 말하면, 수들을 뒤죽박죽으로 만들려고 하거나, 정렬되지 않은 집합으로 수들을 고려하는 것은 의미가 없다. 연속체 안의 수들은 불가피하게 정렬에 의존하고 있기 때문에, 연속체에 대한 어떤 해석이 의미를 가지려면 반드시 정렬원리의 도움을 받아야 한다. 그런데 이 필수적인 정렬원리라는 게 선택공리와 동치이다. 그리하여, 정렬원리에 도움을 청하는 순간부터, 칸토어의 아리송한 연속체 가설과 체르멜로의 선택공리는 영원히 한데 엮이고 말았다. 그리고 20년쯤 지난 후, 쿠르트 괴델이 수학계에 충격을 주게 된다. 선택공리와 연속체 가설에 대한 인상적인 속성 하나를 증명했던 것이다. 그러나 그 전까지는 여러 패러독스가 계속 공격을 가해왔다.

　체르멜로가 칸토어의 전체 집합론을 형식화해서 연속체 가설을 확립하기 위한 선구적인 연구를 시작했을 무렵, 칸토어 자신은 엄격한 수학세계에서 발을 빼고 있었다. 수학적 증명은 그에게 점점 중요치 않게 되었다. 이제 그의 역할은 신의 비서로서 충실히 사는 것이라고 그는 생각했다.*[28] 자신은 신의 말씀을 이 세상에 기록하는 임무를 맡았다고 믿었다. 연속체 가설은 신의 영역인 무한에 관한 진술이었고, 그는 이 결과들을 세상에 전달하는 임무를 맡은 신의 사자였다. 해가 갈수록 정신병이 심해지자, 칸토어는 더욱 많은 시간을 혼자 보냈다―집이나 병원에서 앉은 자세로 빈 벽을 응시하며 명상을 했다. 이러한 명상은 본질적으로 카발라의 명상과 다를 게 없었다. 칸토어도, 카발라 수행자도, 신의 무한함에 대해 명상을 했다. 둘 다 어떤 심오한 진리를 신에게서 위임받았다고 생각했다. 둘 다 어떤 증명도 필요치 않다고 생각했다.

א15

러셀의 패러독스

기원전 6세기 크레타의 철학자 에피메니데스가 제시했다는 고대 패러독스가 하나 있다. 크레타인이 말한다. "나는 거짓말쟁이다." 우리는 이 말을 믿어야 할까? 그의 진술이 참이라면, 그는 거짓말쟁이므로 그의 진술은 거짓이다. 그의 진술이 거짓이라면, 그는 거짓말쟁이가 아니므로 그의 진술은 참이다. 티투스(성서에서는 디도라고 되어 있다:옮긴이)에게 보낸 편지에서, 사도 바울은 다음과 같이 말하며 이 고대의 패러독스를 언급한다. "그레데인(크레타인) 중에 어떤 선지자가 말하되, 그레데인들은 항상 거짓말쟁이며 악한 짐승이며…(디도서 1:12)"

고대의 또 다른 패러독스로 악어 딜레마라는 게 있다. 어떤 악어가 아이를 훔친 후 그 아이의 아버지에게 말한다. "내가 아이를 돌려줄 것인지 말 것인지 네가 정확히 알아맞히면 아이를 돌려주겠다." 그 아버지는 대답한다. "너는 아이를 돌려주지 않을 것이다." 악어는 어째야 할까?*[29]

1897년에 이탈리아 수학자 케사르 부랄리-포르티 *Cesare Burali-*

Forti(1861~1931)는 칸토어의 집합론에 내재된 패러독스 하나를 발견했다. 부랄리-포르티는 순서수*ordinal numbers*(첫째, 둘째, 셋째 등과 같은 수) 전체를 고려해보았다. 그는 이 집합에 모든 순서수보다 더 큰 하나의 순서수가 포함되지 않을 수 없다는 것에 주목했다. 정의에 따라 순서수들의 집합에는 모든 순서수가 포함되어야 하는데, 그러한 모든 수에는 1을 더할 수 있다. 그러므로 모든 순서수를 포함한 집합은 있을 수 없다. 부랄리-포르티의 아이디어를 확대하면, 가장 큰 알레프는 존재하지 않는다는 것을 입증할 수 있다. 칸토어는 1897년에 부랄리-포리티의 패러독스를 알고 있었다―다른 수학자에게 보낸 편지에 그것을 언급하고 있다. 칸토어의 연구를 토대로 한 체르멜로의 집합론 기초에는, 부랄리-포르티가 제기한 문제가 해결되어 있다. 그저 모든 순서수의 집합이 존재하지 않는다고 가정하면 되는 것이다. 더 잘 알려진 패러독스 가운데, 칸토어의 아이디어가 나아갈 길을 복잡하게 만든 패러독스가 있는데, 유명한 러셀의 패러독스가 바로 그것이다.

러셀은 20세기의 가장 유명한 철학자 가운데 한 명이다. 그는 정치적 자유에 관한 여러 저술로 1950년에 노벨 문학상을 받았다. 러셀은 유명한 평화주의자였고, 형이상학과 인식론, 윤리학 등의 분야에 큰 기여를 했다. 그는 또 유명한 저술인 〈수학 원리〉를 화이트헤드와 공저하여 수학에도 큰 기여를 했다. 세 권으로 된 이 저술은 첫 권이 1910년에, 마지막 권이 1913년에 발간되었다. 이 방대한 책은 수학의 모든 분야를 위한 완벽한 논리적 기초를 확립하기 위해 집필된 것이었다. 논리적이고 완벽한 수학 이론을 세우고자 한 다수의 중요 논리학자들이 연구의 기초로 삼게 된 것도 바로 이 책이다. 그런 사람 가운데 쿠르트 괴델이 있다. 그런데 괴델은 훗날, 러셀과 화이트헤드가 세운 건축물이 수학의 기초로서는 전혀 부적합하다는 것을 입증해서 수학계를 놀라게 했다.

러셀은 수학 논리를 영원히 괴롭히게 될 곤혹스러운 패러독스 하나를 제시한 것으로도 유명하다. 러셀의 패러독스는 집합론의 모든 패러독스 가운데 가장 널리 알려진 것이다. 러셀의 패러독스를 가장 잘 예시하는 것은, 세빌리아의 이발사 이야기로 알려진 유명한 비유이다. 세빌리아의 이발사는 시골 마을인 세빌리아의 주민들 가운데 자기 스스로 머리를 깎지 않는 모든 사람의 머리를 깎아준다. 이때 문제가 하나 생긴다. 세빌리아의 이발사는 제 머리를 스스로 깎을까? 그렇다면 그는 제 머리를 깎지 말아야 한다. 그가 제 머리를 깎지 않는다면 깎아야 한다. 이것은 순수 논리적인 패러독스이다.

이 패러독스의 의미론적 예를 들면 다음과 같은데, 이것은 그렐링의 패러독스*Grelling's paradox*라고 부른다. 하나의 술어는 스스로(그 자체로서) 참이거나 혹은(대부분은) 참이 아닐 수 있다. 예를 들어 "짧다"라는 낱말은 정말 짧다. "한글"이라는 낱말은 정말 한글이다. "낱말"이라는 낱말은 정말 낱말이다. "삼음절"이라는 낱말은 그 자체가 삼음절이다. 그러나 "길다"라는 낱말은 짧다. "영어"라는 낱말 자체는 영어가 아니다. "단음절"이라는 낱말은 삼음절이지 단음절이 아니다. 패러독스가 나타나는 것은 우리가 "스스로는 참이 아님*not-true-of-self*"이 스스로 참인가 아닌가를 물을 때이다.*[30]

실제 러셀의 패러독스는 집합을 다룬다. 집합은 다른 집합을 원소로 포함할 수 있다. 과일을 담은 바구니는 원소들의 집합으로 볼 수 있다. 바구니는 집합이고, 그 원소는 바구니 안의 과일들이다. 그러나 이제 다른 집합을 살펴보자. 과일 도매상에서 팔려고 쌓아놓은 과일상자들의 집합. 이것은 집합들을 원소로 하는 집합이다. 또한 어떤 집합은 그 집합 자체를 원소로 포함한다. 예를 들어, 개가 아닌 세상 모든 것들의 집합은 한 원소로서 집합 자체를 포함한다. 이 집합은 그 자체가 하나의 개가 아니기 때문에 참이다.

1901년에 러셀은 일견 단순해 보이는 질문을 자문했다. 이 질문은 수학의 기초를 이루는 집합론과 논리의 구조를 뒤흔들어 놓았다. 러셀은 자체를(자기 자신을) 원소로 하지 않는 모든 집합의 집합을 고려했다. 그는 이 집합을 R이라고 부른 다음 자문했다. R은 자신의 한 원소인가? 여기서 러셀은 패러독스를 얻었다. 집합 R이 자신의 한 원소라면 원소가 아니고, 원소가 아니라면 원소가 된다.

러셀은 이 패러독스를 독일 논리학자 프레게 *F. L. G. Frege*(1848~ 1935)에게 보냈다. 프레게는 집합론의 토대가 될 대안 공리 체계를 이제 막 세워서 발표하려던 참이었다. 프레게의 공리는 집합론의 발전에 중요한 구실을 하게 된다. 1893년에 프레게가 제시한 이 체계에서 아주 중요한 제5공리는 추출의 공리 *axiom of abstraction*였다. 이 공리에 따르면, 어떤 속성이 주어졌을 때, 바로 그 속성을 갖는 원소들을 요소로 하는 집합이 존재한다. 러셀의 패러독스는 프레게의 제5공리에 구멍을 내버렸다. 어떤 집합은 그럴 수가 없다는 게 러셀의 패러독스였던 것이다. 그럴 경우 모순이 되니까.

프레게는 러셀의 편지를 받고 다시 원점으로 돌아가 다른 공리를 생각해내려고 고심해야 했다. 2년 후, 프레게는 두 번째로 펴낸 저서의 부록에서, 패러독스에 대한 러셀의 편지를 받은 후의 심정을 이렇게 회상했다.

"과학적 저술가로서, 연구를 끝마친 후에 자기 건축물의 기초가 흔들려버리는 것보다 더 불운한 일은 있을 수 없다. 러셀 선생의 편지를 받은 후의 내 처지가 바로 그러했다… 지금도 나는 산수가 어떻게 과학적으로 확립될 수 있는지 모르겠다. 우리가 한 개념에서 더 폭넓은 다른 개념으로 나아가는 것이 적어도 조건부로라도 허용되지 않는다면, 수가 어떻게 논리적 대상으로 이해될 수 있을지, 어떻게 논리적 점검을 할 수 있을지 나는 지금도 모르겠다."[*31]

러셀의 패러독스에 담긴 핵심 의미는, 전체집합 *universal set*, 곧 모든 것을 포함하는 집합이란 있을 수 없다는 것이다. 집합론에 처음 접근이 이루어지고 있을 때, 모든 것을 포함하는 전체집합의 존재는 당연시되었다. 러셀의 패러독스는 수학에서 뭔가를 거저 얻는다는 것이 불가능하다는 것을 보여주었다. 어떤 집합을 그저 포고하듯 정의하는 것만으로는 충분치 않다. 우리는 그 집합의 원소가 실재로 존재한다는 것을 밝혀야 한다. 유니콘을 정의한다고 해서 유니콘이 실제로 존재한다는 것이 증명되는 것은 아니다. 러셀의 패러독스 때문에 입지가 흔들리게 되었다는 것을 인식한 집합론자들은 속성들이 실제로 실집합 *real sets*을 정의하고 있는지를 밝혀야 하는 과제를 안게 되었다. 그러나 그렇게 할 수 있는 방법은 아직 아무도 알지 못했다. 약 20년 후 괴델이 증명하게 되듯이, 이 문제에 대한 완전한 답은 불가능한 것일 수도 있다.

러셀의 패러독스와 그것이 뜻하는 바는 집합론의 공리화와 수학 기초론의 확립 앞에 놓인 중요한 장애물이었다. 그 패러독스는 사실 다른 형태로 일찍이 알려졌던 것이다. 우리가 러셀의 패러독스라고 부르는 것을 체르멜로도 발견했는데, 그는 그것을 발표할 생각을 하지 않았다고 한다. 그에게는 그 패러독스가 너무 뻔해 보였기 때문이다.

선택공리는 수학의 기초를 문제 삼는 흥미로운 패러독스 하나를 낳았다. 그것은 발견자의 이름을 따서 바나흐-타르스키 패러독스라고 불린다. 폴란드 수학자 스테판 바나흐 *Stefan Banach*(1892~1945)는 진일보한 벡터공간 *vector spaces*을 수학에 도입한 사람이다. 역시 폴란드 출신의 미국 수학자인 알프레드 타르스키 *Alfred Tarski*(1901~1983)는 논리학 분야에서 선구적인 연구를 한 사람이다. 바나흐-타르스키 패러독스는 먼저 선택공리를 적용한다. 그래서 두 수학자는 유클리드 공간(유클리드의 평행선 공리와 피타고라스 정리가 성립하는 n차원의 보통 공간)에서 수학적으로 다음과 같은 사실을 유도해서 증명해냈다. 즉, 고정된 반지름을 갖는 하나의 구는 유한한 수의 부분으로 분해된 다음, 원래의 구와 반지름이 똑같은 두 개의 구로 다시 조립될 수 있다(일차원이나 이차원 유크리드 공간에서는 이러한 현상이 일어나지 아니한다. 이는 관계되는 변환군이 계수 2인 자유군인 부분군을 포함하느냐 하지 않느냐에 기인하기 때문이다. 바나흐-타르스키 패러독스에 나타나는 유한개의 조각들은 선택공리에 의하여 그 존재가 보장되므로 비구성적 *non-constructive*이다. 우리가 예측할 수 있듯이, 그 조각들은 매우 기이한 방법으로 정의되며 그 집합은 Lebesgue measurable 하지 않는다. 사실, 이 역설은 특정한 조건을 만족시키는 측도 *measure*의 존재성과 깊은 관련이 있다: 옮긴이). 이 패러독스는 수학자들을 깜짝 놀라게 했다. 선택공리를 받아들임으로써 수학자들은 이처럼 순수 마법처럼 보이는 어떤 존재를 인정한 셈이었다.

바나흐-타르스키 패러독스를 그림으로 나타내면 다음과 같다.

ℵ16

마리엔바트 온천장

칸토어는 20세기 초에 활발하게 소개된 패러독스 때문에 풀이 죽었다. 러셀의 패러독스, 그리고 러셀 전후의 다른 수학자들이 발견한 다수의 유사 패러독스는 수학 기초론을 위협했다. 킨도어의 연속체 가설은 수학 기초론에 깊이 뿌리를 내린 개념들과 직접적인 관계를 맺고 있다. 그래서 그런 패러독스의 등장으로, 칸토어가 곤경을 극복하거나 연속체 가설을 증명할 가능성은 더욱 줄어든 것처럼 보였다.

해가 갈수록 칸토어는 더욱 깊은 절망에 빠졌고, 그의 정신병 발작은 더욱 빈번해졌다. 그리고 할레 네르벤클리닉에 더욱 오래 입원해야 했다. 제1차 세계대전 동안, 거의 모든 환자가 할레에 주둔한 병사들에게 자리를 내주고 다른 곳으로 옮겨졌다. 그때 네르벤클리닉에 남은 환자는, 부유한 판사의 아내와 칸토어 두 명뿐이었다. 판사의 아내는 가족들이 다른 곳으로 옮기는 것을 원치 않아서 11년째 그곳에 남아 있었다. 칸토어는 육체적으로도 건강이 악화되고 있었다. 그래도 칸토어는 신이 자기를 통해 연속체 가설을 세상에 널리 전하게 했다는 불굴의 신념을 굳게 간직하고 있었다. 현실 세계와 격리되어 살면서 칸토어의 정신은 현실과 환상이 더 이상 구별되지 않는 상태로 접어들었다.

같은 시기에 체코슬로바키아에서는 영특한 한 아이가 자라고 있었다. 그의 이름은 쿠르트 괴델이었다. 그의 가족 환경은 칸토어의 경우와 그리 다르지 않았다. 정해진 운명이라도 있는 것처럼 괴델은 칸토어의 후계자가 되었고, 당대 최고의 천재 가운데 한 명으로 인정받게 되었다.

쿠르트 프리드리히 괴델*Kurt Friedrich Gödel*은 1906년 4월 28일 체코슬로바키아 모라비아 주의 수도인 브르노에서 태어났다. 쾨니히의 발표가 있었던 1904년과, 체르멜로의 선택공리가 등장한 1908년 사이, 집합론이 혼란의 와중에 휩쓸리고 있을 때 괴델은 태어난 셈이다. 괴델 가문은 인종적으로 게르만족이었는데, 수세대 동안 체코슬로바키아와 오스트리아에 살아왔고, 특히 오스트리아의 빈과 인연이 깊었다. 괴델은 형제가 한 명뿐이었다. 어린 괴델은 네 살 위인 형 루돌프와 늘 같이 어울려 지냈다.

쿠르트의 아버지인 루돌프 시니어는 쿠르트가 어렸을 때 사업을 크게 일으켜서, 몇 년 만에 가족이 살 3층 집을 지을 수 있었다. 두 고모도 여러 해 동안 그 집에서 함께 살았다. 쿠르트의 어머니는 아버지보다 더 상류층 출신이었고 교육 수준도 높았다. 그녀는 두 아들이 오스트리아-헝가리 제국의 세련된 신사가 될 수 있도록, 미술, 음악, 여러 언어에 정통하도록 길렀다. 쿠르트는 어렸을 때 이미 수 개 국어를 말할 수 있었지만, 현지 언어인 체코어는 거의 쓰지 않았다. 체코어는 독일어만큼 세련되지 못한 것이라고 가족들이 생각했기 때문이다.

당시 체코슬로바키아 인구의 4분의 1을 구성하고 있던 게르만 인종은 주로 대도시에 살았는데, 특히 독일과 오스트리아 국경에서 가까운 도시에 모여 살았다. 게르만 인종이 사는 도시에서는 독일어가 주로 쓰였다. 괴델 집안을 비롯한 게르만족 사람들은 체코인들을 하인으로 두었고, 그들을 미개하다고 생각했다.

괴델 집안의 저택에는 과일 나무가 늘어선 정원이 있었는데, 그 정원은 그들의 두 마리 개를 충분히 운동시킬 수 있을 만큼 넓었다.[*32] 어렸을 때 괴델은 말없이 형과 함께 놀거나, 책을 읽거나, 질문을 했다. 어려서부터 그는 세계에 대해 결코 충족시킬 수 없을 만큼 왕성한 호기심을 보였다. 그는 부모에게 끝없이 "왜?"냐고 물었다. 가족들은 그게 귀여워서 그를 "데어 헤르 바룸*Der Herr Warum*"이라고 불렀다—그건 "왜 씨(혹은 왜 각하)"라는 뜻이다. 열 살 때 그는 김나지움에 입학했다. 오스트리아–헝가리 제국의 이 교육기관에서 소년들(과 소수의 소녀들)은 대학 교육을 대비해서 여러 고전학문은 물론이고 과학과 수학도 배웠다. 세기적인 수학자가 되기로 정해진 이 소년은 놀랍게도, 1917년 성적을 보면 다른 과목은 모두 "우수" 학점을 받았는데, 수학만큼은 "보통"이었다.[*33]

괴델 집안 사람들은 주변 세계에서 일어나고 있는 일들을 통 몰랐던 것 같다. 1914년에 제1차 세계대전이 일어났을 때, 그들은 격전지 한복판에서 가까운 곳에 살고 있었다. 그러나 그 전쟁 때문에 그들의 삶이 피폐해졌다는 증거는 없다. 아버지의 사업은 계속 번창했고, 어머니는 브르노와 빈에서 계속 문화적인 생활을 즐겼고, 두 소년은 일상적인 학교 공부와 여가 활동을 꾸준히 계속했다. 그들은 휴일이면 자주 멋진 휴양지에 갔는데, 그런 습관은 전시에도 계속되었다.

1917년 6월, 브르노에서 북서쪽으로 400킬로미터 거리에 있는 할레의 네르벤클리닉에 칸토어는 마지막으로 입원했다. 전시라서 식량과 일용품이 부족해서 병원 생활은 여의치 않았다. 이제 72세가 된 칸토어는 입원하고 싶지 않아서, 집에 있게 해달라고 아내와 의사들에게 간청했다. 그러나 그의 요구는 무시되었다. 그해 말, 그는 1917년 말까지 살아 있었다는 증거로, 40쪽에 걸친 마지막 일기를 아내에게 보냈다. 그리고 1918년 1월 6일, 침대에서 죽은 채로 발견되었다. 보고된 사망 이유는 심장마비였다. 그러나 칸토어는 당시 무척 여위었고, 여러 달 동안 거의 음식을 먹지 못한 게 분명하다.

초한수와 연속체 가설을 발견한 것 외에 칸토어가 마지막으로 남긴 유산은, 러셀의 패러독스에도 함축되어 있듯이, 모든 것을 포함하는 집합은 존재하지 않을 수 있다는 그의 깨달음이었다. 주어진 어떤 집합에 대해 항상 더 큰 집합—부분집합들의 집합, 곧 멱집합—이 존재하기 때문이다. 따라서 가장 큰 기수는 없다—절대는 우리의 정신 너머에 있다. 절대 개념을 신과 동일시한 칸토어는 말년에 영국 수학자 그레이스 치솜 영*Grace Chisholm Young*에게 다음과 같은 편지를 보냈다.

"나는 실무한의 어떤 '최고류*Genus supremum*'도 말한 적이 없다. 정반대로, 나는 실무한의 '최고류'란 결코 존재하지 않는다는 것을 엄격히 증명했다. 유한하고 초한한 모든 것을 능가하는 것은 어떤 '류*Genus*'가 아니다. 그것은 단 하나의, 완벽한 개체로서, 그 안에

할레 네르벤클리닉

모든 것이 포함되고, 그 안에 절대가 포함되며, 인간의 이해력으로는 접근할 수가 없는 것이다. 그것은 악투스 푸리시무스 *Actus Purissimus*(순수행위)인데, 많은 사람들이 이것을 신이라고 부른다."[34] 인간의 정신력이 실무한을 이해하려고 시도할 수는 있어도, 신의 절대성은 인간의 정신력으로 이해할 수 없다는 칸토어의 궁극적인 믿음은 아마도 그의 고뇌에 찬 영혼에 평화를 안겨주었을 것이다.

브르노에서 성장 중인 어린 천재 괴델은 이처럼 어려운 시기에도 특전을 누리듯 유복한 환경의 보호를 받으며 발전을 계속했다. 괴델은 다양한 분야의 책을 폭넓게 읽었고, 김나지움의 자료를 충분히 이용했다. 세계대전이 끝난 지 얼마 되지 않았을 때 15세가 된 괴델은 가족과 함께 다시 휴가를 떠났다. 이때 그들은 보헤미아 근처에 있는 유명한 마리엔바트 온천장에서 몇 주를 보냈다.

마리엔바트*Marienbad*. 이 지명은, 미네랄이 풍부한 물을 하늘 높이 분출하는 커다란 여러 분수와, 잘 손질된 광활한 정원 사이로 지나가는 널따랗고 하얀 길을, 화사한 옷을 걸친 남녀들이 한가롭게 거니는 이미지를 떠올리게 한다. 괴델 가족은 우아한 바로크 풍의 호텔에서 그해 봄을 보낸 것 같다. 프러시아의 왕 프리드리히 빌헬름 4세, 그리스의 왕 오토 1세, 페르시아의 왕 나스레딘, 영국의 왕 에드워드 7세뿐만 아니라, 괴테, 마크 트웨인, 지그문트 프로이트 등 수많은 유명인사들도 그곳에서 휴가를 즐기곤 했다.

여러 해가 흐른 후 괴델은 그 휴양지에서의 경험을 얘기한 적이 있다. 마리엔바트에서 그는 탈바꿈을 체험했다는 것이다. 그때까지 그는 당시의 여느 교양인과 마찬가지로 고전과 사회학, 언어학 등에만 관심을 두고 있었다. 그러나 우아한 호텔의 긴 회랑을 걷고, 호사스러운 공원을 산책하고, 김이 무럭무럭 피어오르는 광천수에 몸을 담그고 시간을 보내다가, 그는 불현듯 달라졌다. 신비한 힘이 방정식과 상징과 무한의 낯선 세계로 그를 잡아끌었던 것이다. 가족이 휴가를 끝내고 집에 돌아왔을 무렵, 15세의 괴델은 수학자가 되어 있었다.

ℵ17

오스트리아 빈의 카페

괴델은 1924년에 김나지움을 졸업하고 오스트리아의 빈 대학에 입학했다. 김나지움에서 보낸 마지막 3년 동안 그는 수학에 집중했지만, 철학과 물리학에도 큰 관심을 보였다. 이러한 세 가지 관심은 평생 계속되었다. 그는 수학의 기초로 수립한 신비한 발견들과 철학적 아이디어를 물리학적 세계의 개념과 결합시키기 위해 여러 해 동안 연구를 했다.

괴델의 김나지움 성적은 대단히 우수해서, 유럽의 어떤 대학에도 입학할 수 있었다. 선구적인 수학자들이 집중적으로 모여 있는 베를린 대학은 분명 영특한 학생에게 매력적인 곳이었을 것이다. 그러나 괴델은 가족과 떨어져 살고 싶지 않았다. 그래서 그는 가장 가까이 있으면서도 권위도 있는 대학에 다니기로 결심했다. 그곳은 빈 대학이었다.

브르노에서 오스트리아의 수도까지는 거리가 110킬로미터 정도이다. 그래서 괴델은 빈에서 살면서도 집에 자주 들를 수 있었다. 빈은 괴델에게 아주 매력적인 도시였다. 고향집에서 가장 가까운 대도시였고, 독일어가 사용되었고, 문화의 중심지여서 미술과 음악을 즐길 수 있는 곳이 많았다. 게다가 형이 빈 대학에 다니고 있었다. 빈에 도착한 괴델은 대학에서 멀지 않은 곳에 있는 작은 집을 형과 함께 썼다. 형은 동생을 자상하게 보살펴주었다. 괴델은 벌써부터 이따금 병을 앓았는데, 더러는 육체적으로 더러는 정신적으로 앓았다—이런 병은 평생 그를 괴롭혔다.

괴델은 여러 수학 강의를 듣기 시작했다. 그는 빈 대학의 일부 유명 교수의 강의에 감동을 받았다. 그 교수 가운데 하나가 수학자 한스 한 *Hans Hahn*(1879~1934)이었다. 한스 한은 1905년 빈 대학에서 수학박사 학위를 받았다. 그는 제1차 세계대전에 참전해서 전투 중 심한 부상을 당했다. 회복된 후 본 대학에서 강의를 시작했고, 곧 수학과 정교수가 되었다. 그러나 한스 한은 빈이 그리웠다. 쿠르트 괴델과 그의 가족들이 마리엔바트 온천장에서 지내던 1921년 여름에, 한스 한은 고향으로 돌아와 빈 대학의 교수가 되었다. 그는 여러 분야에 기여를 했는데, 수학 분야에서 특기할 만한 업적은, 스테판 바나흐와 공동으로 세운 한-바나흐 정리이다.

한-바나흐 정리는 함수해석학 분야에 속한다. 이 정리는 주어진 선형 범함수 *linear functional*(한 노름 선형 공간에서 실직선으로의 선형 사상)가 만족시키는 유계 *boundedness* 조건을 전체 공간에서도 만족시키도록 유지하며 그 범함수를 전체 공간으로 확장할 수 있는 조건을 언급한다.[*35] 한-바나흐 정리는 고등해석학에서 매우 중요한 것이다. 이 정리의 증명은 불가사의한 특성을 지니고 있다—조른의 보조정리 *Zorn's lemma*를 필요로 하기 때문이다. 조른 보조정리란 하나의 반순서집합*partially ordered set*에서 모든 쇄*chain*가 상계*upper bound*를 갖는다면, 그 반순서집합은 극대원*maximal element*을 갖는다는 것이다. 그런데 조른의 보조정리는 선택공리와 동치이다. 한-바나흐 정리는 해석학의 중요 결과 가운데 하나인데, 그 논리는 수학의 기초를 이루는 하나의 가정에 의지하고 있다. 즉, 한-바나흐 정리를 증명하기 위해서는 선택공리에 의지해야만 한다.

괴델이 수학박사 학위를 준비하게 되자, 한스 한은 그의 논문 지도교수가 되었다. 해석학과 한스 한이 세운 주요 정리를 연구하면서 괴델은 집합론과 기수와 수학 기초의 중요성을 이해하게 되었다. 그는 불가사의한 선택공리와 그 밑바탕을 이루고 있는 무한의 속성을 계속 연구했다. 그는 또 칸토어의 연속체 가설도 연구했다. 괴델과 칸토어가 모두 해석학 문제를 연구하면서 집합론과 무한의 속성에 관심을 갖게 되었다는 것은 흥미로운 사실이다.

한스 한은 폭넓은 관심을 지니고 있었다. 그 가운데 하나가 비학*occult*이었다. 그는 죽은 자의 영혼이 산 자에게 말을 걸 수 있다고 믿었다. 그가 그러한 비수학적 관심사를 얼마나 깊이 파고들었는지는 분명치 않지만, 친구들과 카페에서 비학에 대해 얘기하는 걸 좋아했다.

한스 한은 친구들의 모임을 조직했는데, 주로 수학자와 철학자, 다양한 분야의 과학자로 이루어진 이 모임에는 제자인 괴델도 포함돼 있었다. 오스트리아 빈의 카페에서 시작된 이 모임은 1924년부터 더욱 정기적으로 이루어졌고, 참가자들은 스스로를 빈 서클이라고 불렀다. 가끔은 철학자 모리츠 슐리크*Moritz Schlick*(1882~1936)의 이름을 따서 슐리크 서클이라고 부르기도 했다. 모임은 활발했고, 주제는 과학과 철학의 온갖 분야를 망라했다. 회원들은 커피를 마시고 주사위놀이를 하거나, 함께 걸으며 온갖 아이디어를 논의했다. 젊은 괴델은 거의 빠짐없이 카페의 모임에 참석했다. 훗날 회원들의 회고에 따르면, 그는 거의 말없이 다른 사람의 말에 골똘히 귀를 기울이며 곧잘 고개를 끄덕이곤 했다고 한다.

이처럼 활발한 지적 자극을 받는 환경에서 괴델은 그의 유명한 학위 논문과 후속 논문들의 아이디어를 발전시켰고, 이 논문들은 과학의 면모를 일신시키게 되었다. 일단 수학의 기초와 실무한에 관한 칸토어의 연구에 관심을 갖게 된 괴델은, 자신의 뿌리 깊은 철학적 성향을 발휘해서 핵심 질문을 제기했다. 증명이란 무엇인가? 증명은 곧 진리인가? 참인 것은 항상 증명 가능한가? 나아가서, 어떤 제한된 체계 안에서 그 체계 너머로 확대되는 것에 관한 증명을 산출하는 것이 가능한가?

괴델은 열심히 연구했다. 그러나 노는 것 또한 열심이었다. 집중적인 연구를 한 이 시기에 그는 6세 연상의 매력적인 댄서인 아델레 포르케르트를 만났다. 몇 년 후 가족의 반대에도 아랑곳하지 않고 두 사람은 빈에서 은밀히 결혼식을 올렸다. 낮에는 대학에서 수업을 받고, 밤에는 아델레와 함께 빈의 나이트클럽에서 파티를 열고, 정기적으로 슐리크 서클에 참석하면서도 괴델은 어떻게 시간을 냈는지 그 사이에 놀라운 논문을 써냈다.

어떤 체계가 주어졌을 때, 그 체계 내에서는 증명될 수 없는 명제가 항상 존재할 거라고 괴델은 결론지었다. 어떤 정리가 참이라 해도, 그것을 수학적으로 증명하는 것이 불가능할 수 있다. 이것이 바로 괴델의 유명한 불완전성 정리 *incompleteness theorem*의 핵심이다.*³⁴ 인간의 정신은 제한된 우주 안에 존재하는 것이므로 그 체계의 울타리 너머로 확대된 이루 헤아릴 수 없는 어떤 실체 *entity*를 감지할 수는 없다.

괴델의 정리는 가장 큰 기수의 부재에 대한 칸토어의 정리와 다소 관련이 있다. 칸토어는 어떤 집합이 주어졌을 때―그것이 아무리 크더라도―그보다 더 큰 집합(주어진 집합의 모든 부분집합들의 집합)이 존재한다는 것을 증명했다. 어떤 무한한 체계가 주어졌을 때, 항상 그보다 더 큰 무한한 체계―더 큰 기수를 갖는 체계―가 존재한다. 그 어떤 제한된 체계 안에도, 감지 혹은 도달 혹은 증명할 수 없는 실체가 존재한다. 우리는 그러한 실체들을 이해하기 위해 더 큰 체계로 도약할 필요가 있다. 그러나 그렇게 한다 해도 우리는 그러한 실체들 너머에 있는 더 큰 체계와 실체들을 다시 만나게 된다. 이러한 개념은 러시아 인형의 비유로 예시될 수 있다.

다른 모든 러시아 인형을 담을 수 있는 가장 큰 러시아 인형의 존재가 가능할까? 어떤 집합이 주어졌을 때 그보다 더 큰 집합이 항상 존재한다는 칸토어의 아이디어나 러셀의 패러독스도 위 질문과 밀접한 관계가 있다. 모든 것을 포함하는 집합의 불가능성 때문에 칸토어는 하나의 절대가 존재한다는 결론에 이르게 되었다—칸토어에게 절대란 수학 내에서 이해되거나 해석될 수 없는 어떤 것이다. 칸토어는 절대와 신을 동일시했다.*37 절대는 카발라의 엔 소프와 동일시될 수도 있다—너무나 커서 인간이 이해할 수 있는 세계 밖에 자리한 어떤 무한이 곧 엔 소프이다. 러시아 인형의 원리, 전체집합의 불가능성, 그리고 도달 불가능한 절대, 이들은 주어진 어떤 체계보다 더 큰 어떤 것이 항상 바깥에 있다는 점에서 괴델의 불완전성 원리에 대한 신뢰를 높여준다고 할 수 있다.

우리는 한 체계가 일부 정리에 대해 어떻게 불완전할 수 있는지, 제한된 체계 안에서 왜 일부 정리를 증명할 수 없는지, 이런 의문점은 컴퓨터 조작 체계를 빗대어보면 쉽게 이해할 수 있다. 컴퓨터 스크린 상에서 문서를 작성하고 있다고 가정해보자. 우리는 많은 일을 할 수 있다. 쓰고, 다음 칸으로 이동하고, 정보를 덧붙이거나 잘라내고, 다른 곳에 있는 그림이나 공식을 삽입할 수도 있다. 그러나 작성 중인 문서 안에서 문서 자체를 삭제할 수는 없다. 그렇게 하려면(혹은 다른 파일로 그 문서를 옮기려면), 그 문서에서 빠져 나와, 더 큰 체계 안에서 조작을 해야 한다.

주어진 체계 안에서는 이해할 수 없는 아이디어나 속성이 있을 수 있다. 그것을 이해하기 위해서는 더 높은 수준으로 초월할 필요가 있다. 칸토어가 증명했듯이 "가장 높은" 수준은 없기 때문에, 모든 체계 안에는 항상 우리가 이해할 수 없는 아이디어나 속성이 내재해 있을 것이다. 그런 맥락에서 인간은 신을 결코 이해할 수 없다. 인간의 정신력이 어떤 수준의 체계를 점유하고 있든, 제한된 그 체계 안에서는 완전히 이해할 수 없는 속성들이 존재한다. 신은 그 어떤 것보다 더 높은 체계를 점유하고 있기 때문에, 제한된 인간의 정신력으로는 그런 수준에 이를 수 없고 신을 이해할 수도 없다.

괴델의 정리는 철학자들에게보다 수학자들에게 훨씬 더 큰 의미를 띠고 있다. 괴델이 우리에게 가르쳐준 것은, 결코 증명될 수 없는 정리가 있다는 것이다. 이것은 여러 가지 이유에서 아주 곤혹스러운 아이디어이다. 수학의 목적은 참*truths*의 구조를 세우는 것이다. 정리와 보조정리와 따름정리*corollaries*는 모두 공리라고 부르는 일단의 기본 원리에서 시작해, 논리법칙에 따라 한 단계씩 구축된 것이다. 괴델의 불완전성 정리 증명은, 수학자들이 산수와 대수, 해석학 등을 구축하기 위한 최초의 논리적 원리 체계를 아무리 세심하게 설계하더라도, 그 체계가 결코 완전할 수 없다는 것을 보여주었다. 어떤 체계에도 결코 대답할 수 없는 질문들이 존재하기 마련이다. 참인가 아닌가와 무관하게, 한 체계 안에는 항상 결정할 수 없는 쟁점이 담겨 있기 마련이다.

괴델이 하룻밤 사이에 국제적인 명성을 날리는 일은 일어나지 않았다. 그러나 불과 26세의 나이에 그가 입증한 결과가 이루 헤아릴 수 없을 만큼 중요하다는 것을 즉각 알아차린 수학자는 많았다. 괴델은 1930년에 학위논문을 제출한 후, 바로 그날 빈 대학의 세미나에서 자신의 결과를 발표했다. 1년도 지나기 전에, 대서양 양쪽의 유명 수학자들은 모두 괴델이 증명한 정리를 알게 되었다. 괴델은 당시 새로 설립된 프린스턴 고등학문연구소에서 한 학기 동안 머물러 달라는 초대를 받았다. 그 무렵 괴델은 반세기 전에 칸토어가 그랬던 것처럼 프리바트도첸트로 일하고 있었다 — 대학생들이 개인적으로 내는 수강료만으로 간신히 생계를 꾸려갔다. 그렇지만 그는 사랑하는 빈을 떠나, 훨씬 더 많은 급여를 준다는 미국으로 가고 싶지 않았다. 그러나 1933년 가을, 마침내 괴델은 고등학문연구소의 교수가 되기 위해 프린스턴으로 떠났다. 거기서 그는 처음으로 아인슈타인을 만나 평생의 친구가 되었다.

수학에서 결코 증명할 수 없는 결과가 있다는 것을 증명한 후, 괴델은 그때까지 증명할 수 없었던 한 결과, 다름 아닌 연속체 가설에 관심을 돌렸다. 그의 관심을 끈 또 다른 쟁점은 집합론에서 문제가 된 공리, 곧 선택공리였다.

그러나 알레프와 실무한의 은밀한 개념에 접한 직후 괴델은, 몇 십 년 전에 칸토어가 그랬던 것처럼 정신병 징후를 드러내기 시작했다. 괴델은 다른 수학자들에게 배척을 당한 적도 없었고, 크로네커 같은 악의적인 적도 물론 없었다. 그런데도 그는 칸토어의 경우와 너무나 흡사한 정신착란 징후를 보이기 시작했다. 그는 우울해졌고, 사람들이 자기를 박해한다는 강박증을 서서히 드러내기 시작했다. 그는 누군가 자기를 독살하려고 한다고 믿기 시작했다. 몇 년 후에는, 당시 아내가 된 아델레로 하여금 모든 음식을 먼저 먹어보게 했다. 병이 진전됨에 따라 괴델은 점점 적게 먹었다. 이후 그렇게 50년 가까이 살다가

그는 굶어죽었다.*38

　1934년에 괴델은 다시 고등학문연구소에 머물러 달라는 초대를 받았다. 그곳의 수학 대가들은 괴델의 능력과 천재성을 알아보았던 것이다. 당시에는 나치주의의 폭풍 구름이 유럽 하늘을 뒤덮으면서 세계가 급변하고 있었다. 제1차 세계대전 때처럼 괴델은 자기 주변에서 파괴와 증오의 회오리가 몰아치는 것을 알아차리지 못했다―오스트리아의 빈에 살고 있어서 독일에서 나치가 권력을 장악했다는 것을 모를 수가 없는데도 그랬다. 빈에는 반유대주의가 횡행했다. 그의 논문 지도교수였던 한스 한을 비롯한 다수의 유대인 친구들은 폭도들에게 시달렸고, 대학 본부의 사람들까지 그들을 괴롭혔다. 괴델은 검은 옷을 입고 거리를 걷다가 유대인이라는 오해를 받아서 나치 암살단의 공격을 받기도 했다.*39

　유럽이 불길에 휩싸여 가는 이런 와중에 유럽을 떠나 미국에서 살 수만 있다면 누구나 그 기회를 붙잡았을 것이다. 그러나 괴델은 주변 상황에 아랑곳하지 않았다. 그는 오로지 수학의 기초에 대한 연구에만 몰입했고, 서서히 현실과의 접촉을 잃어갔다. 그는 전에 없던 여러 가지 병을 앓았다―위통이나 호흡곤란뿐만 아니라, 육체적이거나 심리적인 여러 곤란 증세가 나타났다. 여름에는 병이 악화되어, 빈 근교의 한 병원에서 진찰을 받았다. 이 병원은 부유한 환자들의 정신 건강을 돌보기 위해 설립된 호화 병원이었다. 괴델은 건강을 회복하기 위해 이곳에 여러 달 동안 입원했다. 그는 고등학문연구소에 편지를 띄워, 미국 행을 연기해달라고 요청했다. 그러면서도 입원 사실은 언급하지 않았다.

퇴원을 한 후 괴델은 빈 대학으로 돌아가 여름 한 학기 동안 강의를 했다. 이 기간 내내 그는 선택공리가 집합론의 다른 공리와 모순이 없다는 것을 증명하기 위해 골똘히 연구를 계속했다.

1935년 9월, 괴델은 다시 미국으로 떠났다. 레하브르 항에서 게오르긱 호를 타고 떠났는데, 이 배에는 유명 물리학자 볼프강 파울리와 수학자 파울 베르나이스도 타고 있었다. 두 사람도 고등학문연구소로 가는 길이었다.*[40]

그러나 11월에 괴델은 그 연구소의 교수직을 그만두었다. 우울증이 도져서 빈으로 돌아가 약혼녀의 간호를 받고 싶었던 것이다. 그러나 우울증이 절정에 이르렀을 때, 괴델은 선택공리가 수학의 다른 모든 기초와 모순이 없다는 증명을 발견했다. 이어서 그는 무엇보다도 위대한 문제―알레프의 신비와 연속체 가설―에 달려들었다. 1935년 12월 7일, 레하브르에 도착한 괴델은 곧장 파리로 향했다. 그리고 그는 빈에 있는 형에게 전화해서, 자기를 집에 데려다 달라고 부탁했다.

ℵ18

1937년 6월 14일과 15일 밤

괴델은 역사상 최악의 갈등이 폭발한 유럽으로 돌아온 것을 만족스러워했다. 그는 1930년대 후반의 흉흉한 사건들을 아랑곳하지 않았다. 빈에서 그와 아델레는 결혼할 계획을 세웠다. 그들은 1938년 독일이 오스트리아를 합방한 후 결혼하게 되는데, 이것은 그들이 주변의 사건과 얼마나 무관하게 살았는지를 보여주는 또 다른 사례이다.

빈으로 돌아오자마자 괴델은 이렇게 말했다고 한다.

"제츠트, 멩언레르*Jetzt, Mengenlehre*(이제, 집합론이다)!"

이것은 칸토어의 실무한이라는 불가능한 문제의 연구에 전력을 다하겠다는 포부를 나타낸 말이다. 이런 주제에 집중하게 되면 서서히 미치게 될 거라는 사실을 그는 알았던 것이 분명하다. 그러나 칸토어처럼 그는 나방이 불에 이끌리듯 무한한 빛에 이끌렸다. 주변 세계가 무너지고 있는 상황에서 병원을 들락거리면서도 괴델은 미국의 관대한 초대를 무시하고 오직 연속체 가설 연구에만 몰두했다— 이제는 고등학문연구소뿐만 아니라 다른 대학들에서도 그를 초대했다.

그 문제를 풀려는 시도 때문에 그의 정신적 문제는 더욱 악화되었다. 괴델은 자기가 숨쉬고 있는 "나쁜 공기"에 중독이 되고 있다고 확신했다. 그와 아델레가 같이 살고 있는 집안의 냉장고와 난방기에서 나쁜 공기가 나온다는 것이었다. 아델레는 그의 문제에 둔감했다—그녀는 평생 담배를 피웠다. 담배연기가 "나쁜 공기"를 더 나쁘게 한다는 것을 알면서도 그랬다. 1937년과 이듬해에 괴델은 거의 돈을 벌지 못했다. 두 사람은 모아둔 돈으로 살아갔는데, 저축은 빠르게 줄어들었다. 괴델이 대학에서 가르친 공리적 집합론 한 과목에서 받은 수강료만이 그의 유일한 수입원이었다.

괴델은 속기로 꾸준히 메모를 해놓은 게 많았다. 수년 후, 연속체 가설이 집합론과 모순이 없다는 것을 증명한 중요 논문을 출판한 다음 그의 메모도 세상에 공개되었다. 공책에 기록된 비밀스러운 메모는 다음과 같다.

"Kont. Hyp. im wesentlichen gefunden in der nacht zum 14 und 15 Juni 1937(1937년 6월 14일과 15일 밤에 연속체 가설의 뜻을 알아냈다)."

괴델은 연속체 가설이 집합론의 공리와 모순이 없다는 것을 증명할 방법을 알아냈다. 무한에 대한 칸토어의 가설이 참이든 아니든, 그것을 참이라고 가정한다 해도 수학의 기초와 어떤 새로운 모순을 낳지 않았다.

놀랍게도, 괴델은 자신의 획기적인 발견을 아무에게도 말하지 않았다. 1938년부터 그는 다시 프린스턴 고등학문연구소에서 한 학기를 강의하고, 다른 한 학기는 노틀담 대학에서 강의하게 되었다. 두 곳에서 그를 만난 사람들은 그가 늘 침울하게 생각에 잠겨 있었다고 회고했다. 분명 그는 우울했고 외로웠다. 빈에 남아 있는 아내와 떨어져 살고 있어서 그랬는지도 모른다. 그가 집에 돌아왔을 때, 오스트리아는 독일의 일부가 되어 있었고, 제2차 세계대전이 시작되고 있었다. 1939년에 빈에 있던 나치당은 괴델을 제3제국(히틀러 치하의 독일) 보병으로 적합하다는 판정을 내렸다.

나치의 입대 명령은 결정타가 되었는지도 모른다. 괴델은 마침내 현실과 직면하지 않을 수 없었다— 전쟁에 휘말린 대륙에 남아 있었던 그로서는 무슨 조치를 취하지 않는다면 참전하지 않을 수 없게 되었다. 그는 나치에 반대했기 때문에 이제야말로 떠날 때였다. 괴델은 미국으로 갈 비자를 얻기 위해 고등학문연구소의 초대장을 이용했다. 그러나 그의 조치는 너무 때늦은 것이었다. 유럽에서 벗어나려는 모든 사람들이 비자를 신청하고 있어서, 빈의 미국 대사관에서는 난민들을 위한 절차를 신속히 처리할 수 없었다.

한편, 일반 연속체 가설이 수학의 기초를 이루는 다른 공리와 모순이 없고 선택공리도 모순이 없다는 것에 관한 괴델의 논문은 미국 국립과학아카데미의 〈프로시딩스 *Proceedings*〉지에 발표되었다. 이 논문은 불완전성 정리 이후 그가 성취한 두 가지 위대한 업적을 결합한 것이었다. 선택공리, 그리고 하우스도르프가 일반화된 칸토어의 연속체 가설에 모순이 없다는 것을 그는 입증했던 것이다. 무한에 관한 두 수수께끼 같은 진술은, 그것이 참이라고 가정해도 집합론의 다른 공리들과 모순되지 않았다. 수학의 기초에 아무런 문제가 없다면, 두 수수께끼 또한 참이라고 가정해도 아무런 문제가 없다는 것을 괴델의 증명이 보여준 것이다. 그의 증명은 연속체 가설이나 선택공리가 참이라고 말한 것은 아니었다. 사실 괴델의 결과는 연속체 가설과 선택공리가 수학의 다른 것들과는 무관한 독립성을 지니고 있다는 것을 증명하고자 한것이었고, 이제 반은 증명한 셈이었다. 미국 행 비자를 얻어서 살아남기 위해 안간힘을 다하면서도 괴델은 남은 문제도 완벽히 증명해서 독립성을 세우려는 연구를 계속하고 있었다.

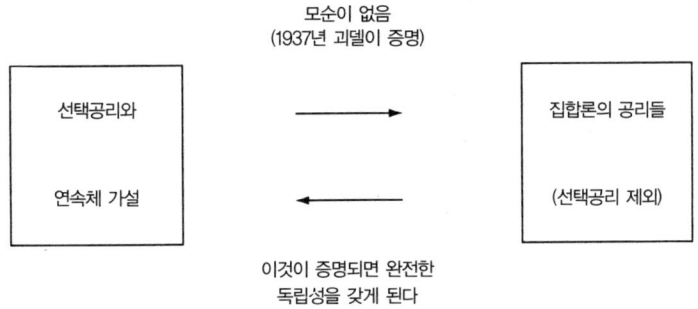

1937년 6월 14~15일 밤에 완성된 괴델의 증명은, 연속체 가설이 수학의 기초를 이루는 일단의 공리들 내에서도 유효할 수 있다는 것을 의미하는 것이었다. 그 역을 증명하기만 하면(저자의 이 문장의 뜻은 분명하지 않다. 앞에서 언급했듯이 선택 공리와 연속체 가설의 독립성을 확보하기 위해서는 선택 공리와 연속체 가설을 부정하여도 집합론의 기존의 공리들과 모순이 없음을 보여야 한다 : 옮긴이), 선택공리와 연속체 가설이 현재의 수학 체계와는 완전히 독립적이라는 것을 증명하게 되는 셈이다. 즉, 현재의 체계 내에서는 칸토어의 무한의 단계가 옳은지 그른지를 알 수가 없다는 것이 밝혀지게 된다.

이 무렵 괴델은 이미 명성이 높았다(적어도 국제 수학계에서는 그랬다).

그래서 프린스턴 고등학문연구소 소장은 자신의 영향력을 발휘해서 대사관으로 하여금 괴델 부부에게 비자를 빨리 내주도록 요구했다. 비자를 받기도 어려웠지만, 오스트리아를 지배하고 있던 나치 당국도 이 오스트리아의 교수가 미국으로 이민 가려는 것이 아닌가 의심하고 있었다. 그러나 일이 잘 풀려서 괴델 부부가 유럽을 떠나도 좋다는 나치 당국의 허락이 떨어졌고, 곧 비자도 발급되었다. 그런데 때가 좀 늦은 탓에, 유럽에서 대서양을 가로질러 미국으로 가는 보통의 항로는 전쟁 때문에 차단되어 있었다. 그러나 해결책이 있었다—괴델 부부는 시베리아를 거쳐 아시아 쪽 태평양에 이른 다음, 일본을 거쳐 샌프란시스코로 가게 된다.

이때는 1940년이었고, 유럽은 전쟁 중이었다. 1년이 지나지 않아 진주만이 공격을 받고, 미국은 세계대전에 침진하게 된다. 그러니 괴델 부부가 유럽을 가로질러 아시아로 가는 것도 여간 위험한 게 아니었다. 괴델 부부는 기차를 타고 시베리아를 횡단했다. 기차는 수 차례 멈추었고, 그들은 하마터면 송환될 뻔했지만, 가까스로 일본에 도착할 수 있었다. 2월 20일, 그들은 샌프란시스코행 배를 탔다. 몇 주 후 그들이 프린스턴에 도착했을 때, 괴델은 유럽에서 빠져나가려는 난민이 그토록 많다는 것에 놀라워했다. 그는 아내와 함께 전시 유럽에서 숱한 어려움을 겪으면서도 묘한 내면 세계에만 파묻혀 살았던 것이다. 떠나기 전 빈에서의 삶이 어땠느냐는 질문에 대해 괴델은 이렇게 대답했다.

"커피 맛이 형편없었어요."[*41]

ℵ19

라이프니츠, 상대성, 그리고 미국 헌법

괴델은 칸토어와 마찬가지로, 심오한 실무한의 세계를 오래 붙들고 있을 수 없었다. 그는 연속체 가설을 연구할 때 수반되는 강렬한 내면세계로의 침잠 때문에 정신병이 깊어졌다. 연속체 가실이 집합론의 모든 공리를 포함하는 체계 내에서 어떤 모순도 일으키지 않는다는 것을 그는 알고 있었다. 거기서 나아가 선택공리가 다른 공리들 체계 안에서 사용되어도 "안전"하다는 것을 그는 증명했다. 그러나 그는 연속체 가설의 부정과 선택공리의 부정 역시 집합론과 모순이 없는지의 여부는 알지 못했다. 그는 연속체 가설이 다른 수학 체계와 완전히 독립적이라는 것을 입증하려고 애를 쓰며 우울하게 여러 달을 보냈다. 연속체 가설의 부정 역시 집합론의 공리들과 모순이 없다면 독립성이 입증될 수 있었다.

괴델은 마인 주의 해변에서 여름 휴가를 보냈다. 그는 한밤중에 해변의 숲을 거닐며 여러 시간 깊은 상념에 잠기곤 했다. 휴양지의 사람들은 그가 "독일인"이라는 것을 알고 있었다. 그래서 그가 밤중에 혼자 해변을 걷고 있을 때마다, 유보트*U-Boat*에 비밀 신호를 보내려고 기다리는 스파이라는 오해를 사기도 했다. 괴델에게는 여전히 현실감이 없었다. 해변 휴양지의 꽃을 볼 때마다 그는 마리엔바트에 있다는 착각을 하곤 했다.

괴델은 편집증이 점점 더 심해졌다. 그는 의사들이 자기를 가두어놓으려 한다고 확신했다. 그에게는 모든 난방기나 에어컨이 독가스를 뿜어내는 것이었고, 음식은 독이었다. 그는 오렌지를 찾곤 했지만, 오렌지를 받으면 질이 떨어진다면서 돌려보냈다. 그는 신의 존재를 수학적으로 증명하려고 했다. 그 증명을 해냈다고 생각했다가, 곧 증명이 옳지 못하다고 생각했고, 다시 증명을 해냈다고 생각했다가 다시 생각을 뒤집었다. 그는 여전히 연속체 문제를 연구하고 있었지만, 마침내—칸토어와 마찬가지로—그 문제를 풀겠다는 모든 시도를 포기하고 다른 문제에 매달렸다. 칸토어는 셰익스피어가 희곡작품을 쓰지 않았다는 것을 입증하려고 헛되이 애썼는데, 괴델은 라이프니츠의 이론들이 다른 사람의 작품일지도 모른다는 것을 입증하려고 애쓰며 여러 해를 보냈다. 칸토어와 마찬가지로 괴델은 자신의 생각을 뒷받침할 만한 확실한 증거를 찾지 못했다. 연속체 가설에는 그것을 오랫동안 생각하지 못하게 하는 초월적인 무엇인가가 있었다. 그것을 증명하려고 하면 정신이 위험해졌다. 위험을 피하려면 그것을 포기하고 다른 분야로 넘어가야 했다.

전쟁이 끝난 후, 괴델은 라이프니츠의 연구 내용 전부에 대한 사진 복사를 얻기 위해 독일 도서관과 접촉했다. 연구물은 수 만 페이지가 넘었는데, 이미 다수의 학자들이 연구하고 있었다. 여러 해를 낭비한 후, 셰익스피어에 매달렸던 칸토어처럼 괴델도 포기하고 말았다. 그동안 괴델은 유럽에서 고등학문연구소로 도피해온 또 다른 천재 아인슈타인과 따뜻하고 친밀한 관계를 맺었다.

괴델과 아인슈타인이 좋은 친구가 되었다는 사실에 어리둥절한 사람이 많았다. 두 사람의 개성은 판이하게 달랐다. 아인슈타인은 개방적이고 사교적이며 유머감각이 있었다. 괴델은 폐쇄적이고 환경 변화를 싫어하며 친구도 거의 없었다. 괴델과 함께 있을 때 아인슈타인이 뭘 즐거워했느냐는 질문에 대해 괴델은 이렇게 대답했다. 그가 아인슈타인의 말에 동의한 적이 없었는데, 아인슈타인은 그런 논쟁을 무척이나 좋아했다고. 친구가 된 이유 하나는 또 아인슈타인이 독일어를 말하고 싶어했고, 괴델이 독일어를 모국어로 구사했기 때문이다. 괴델과 아인슈타인은 물리학과 철학, 수학 등에 대해 얘기하며 여러 시간을 보냈다. 이런 대화를 통해 괴델은 상대성 이론에 관심을 갖게 되었다. 그것은 무한과 연속체 가설에서 발을 뺄 수 있는 또 다른 도피처였다. 견딜 수 없는 무한의 빛에 미쳐버리지 않고 천재성을 발휘할 수 있는 도전적인 분야가 바로 상대성 이론이었던 것이다.

그래서 괴델은 독자적으로 상대성 이론을 연구하기 시작했다. 그는 아인슈타인의 중력장 방정식부터 연구하기 시작해서, 그것을 전체 우주에 적용시키려고 했다. 괴델은 이 장방정식*field equation*을 풀어서 어떤 해*solutions*를 얻을 수 있는지, 그 해가 우주와 공간과 시간에 대한 어떤 비밀을 밝혀줄 것인지를 알아내려고 했다. 그 결과는 놀라운 것이었다. 괴델은 팽창하지 않고 회전하는 균질의*homogeneous* 우주 — 어디서 보거나 똑같이 보이는 우주—를 가정했다. 그는 이런 가정 아래 아인슈타인의 장방정식에 대한 해를 내놓았는데, 그것에 따르면 시간 여행이 가능했다. 오늘날 우리는 우주가 팽창하고 있을 뿐, 회전하고 있지는 않을 거라는 점을 알고 있으므로, 괴델의 해는 우리 우주에 맞지 않는다. 그러나 1949년에 발표된 그의 논문은 많은 주목을 받았다. 그래서 괴델은 친구인 아인슈타인이 발전시킨 분야에 중요한 기여를 한 셈이었다. 이제 두 사람은 모두 과학에 중요한 기여를 했다는 공통점을 갖게 되자 더욱 신명나게 토론을 계속했다.

아인슈타인과의 우정이 깊어가고 있던 무렵, 괴델은 미국 시민권을 신청했다. 왜 그런 생각을 하게 되었는지는 분명치 않다. 미국 이민법에 따르면 정신적 문제를 가진 사람은 시민권을 받을 수 없었고, 입원 병력을 가진 사람은 더욱 그랬기 때문이다. 그런데도 괴델은 시민권 시험을 치를 계획을 세웠다. 시험을 대비해서 그는 미국 역사와 국민 윤리를 공부해야 했다. 그는 미국 헌법도 공부했다. 그런데 괴델은 논리학자가 문장을 검토하듯 헌법을 읽어나갔다. 그는 믿기지 않을 만큼 세심하게 모든 문장을 검토해서, 논리적 결함이나 모순을 찾으려고 했다. 그리고 그는 마침내 몇 가지를 찾아냈다고 주장했다. 어느 날, 시민권 시험 청문회에 참석하기 전에, 괴델은 아인슈타인의 연구실로 뛰어들어가서 외쳤다.

"미국헌법에서 논리적 모순을 찾아냈어요!"

아인슈타인은 가슴이 덜컥 내려앉았다. 괴델이 청문회에서 그런 말을 했다가는 시민권을 받지 못할 가능성이 컸기 때문이다. 아인슈타인은 흥분한 괴델을 달래기 위해 고등학문연구소의 여러 교수들을 동원했다.

그러나 아무런 소용이 없었다. 괴델은 자신의 위대한 발견을 얘기하지 않고는 견디지 못해서, 자기 말을 들어주는 사람을 만나기만 하면 미국 헌법의 결함을 설명했다. 마침내 청문회 날이 되었고, 괴델은 판사 앞에 출두하게 되었다. 법정으로 가는 길에 아인슈타인과 다른 친구는 괴델로 하여금 "발견"을 잠시 잊으라고 최선을 다해 설득했지만 헛일이었다. 청문회가 시작되자마자 괴델은 지체없이 판사에게 말했다. 미국 헌법에는 결함이 있으며, 유럽에서 그랬던 것처럼 미국에서도 헌법의 결함으로 인해 독재정권이 일어설 수도 있다고. 다행히 판사는 인내심이 있었고 유머감각도 있었다. 게다가 판사는 시민권 신청자의 증인으로 그 유명한 아인슈타인이 자기 법정에 나와 있다는 것이 여간 흐뭇하지 않았다. 괴델은 시민권을 받았다.

이처럼 다른 여러 분야를 기웃거린 후 괴델은 다시 잠깐 동안 연속체 문제로 돌아왔다. 그러나 그것에 관한 논문을 다시 발표하지는 않았다. 사실 1958년 이후 그는 어떤 논문도 발표하지 않았다. 괴델의 무한에 대한 생각은 이제 칸토어의 당초 생각과 정반대가 되었다. 괴델은 연속체 가설이 옳다고 생각하지 않았다. 해가 감에 따라 그는 연속체의 기수에 대한 생각이 바뀌었다. 처음에는 c가 $\aleph_2$라고 생각했다가, 다음에는 "다른 알레프"라고 생각했고, 그 후에는 $\aleph_1$을 제외한 다른 알레프 사이에서 오락가락했다. 결국 그는 그 문제에 더 이상 진전을 이룰 수 없다는 사실을 알고 단념한 것 같다. 그러나 1963년, 뜻밖의 곳에서 떠오른 빛이 연속체 가설과 선택공리를 환히 비추었다.

$\aleph_{20}$

코언의 증명과 집합론의 미래

1963년 봄, 57세가 된 괴델은 건강이 악화되고 편집증에 시달리고 있어서, 무한과 연속체 연구에 필요한 강렬한 집중을 할 수가 없었다. 그런데 이때 미대륙의 다른 쪽에서 중요한 발전이 이루어지고 있었다. 스탠퍼드 대학의 젊은 수학자 폴 코언*Paul Cohen*이 "강제*forcing*"라는 획기적인 새 방법을 사용해서, 선택공리가 집합론의 다른 공리들과 독립적이라는 것을 증명했고, 연속체 가설 또한 선택공리를 비롯한 다른 모든 공리와 독립적이라는 것을 증명했다. 코언은 수 년 전에 괴델이 확립한 결과를 보완함으로써 이 과제를 달성했다. 코언의 증명은 현재의 집합론 공리 체계로는 칸토어의 연속체 가설의 진위를 밝힐 수 없다는 것을 분명하게 보여주었다.

이 증명은, 괴델의 불완전성 정리가 반드시 연속체 가설에 적용된다는 것을 의미하지는 않았다—공리 체계만 달라지면 연속체 가설이 참인지, 그 부정이 참인지에 대한 증명을 할 수도 있다는 가능성은 여전히 남아 있었다. 코언의 증명이 우리에게 가르쳐준 것은, 현재의 공리 체계 안에서는 연속체 가설이 참일 수도 있고 거짓일 수도 있으며, 어떤 새로운 모순도 초래하지 않는다는 것이다. 칸토어가 옳았는가 틀렸는가의 여부를 알아내기 위해 오랜 세월 힘겨운 연구가 이어진 끝에 결국 연속체 가설은 수수께끼로 남게 되었다.

연속체 가설이 옳다는 것을 증명하거나 잘못되었다는 것(그래서 알레프 제로와 연속체의 기수 사이에 다른 알레프들이 있다는 것)을 증명하려면 다른 공리 체계가 필요했다. 그렇다면 어떤 공리 체계를 사용해야 하는가? 체르멜로-프랭켈의 체계는 더없이 우수했다. 수학에 잘 적용될 수 있었던 것이다. 그런데 이 체계를 교체하는 다른 체계를 어떻게 세울 수 있단 말인가? 다른 체계에는 모두 모순이나 잘못이 내포된 것 같았다. 체르멜로-프랭켈의 체계는 세월의 시험에서 살아남았고, 공리 계획의 중요 속성들을 다수 밝혀냈다. 그러나 이 체계로는 연속체 가설이 참인지 아닌지 여부를 밝혀낼 수 없었다.

코언은 1958년에 시카고 대학에서 수학박사 학위를 받았다. 이때 그는 수학 기초론과는 별 관계가 없는 조화해석*harmonic analysis* 분야를 연구하고 있었다. 그는 논리나 수학 기초론에는 별 관심이 없었다. 그는 이어서 아주 중요한 바나흐 대수 문제를 풀어서, 수학계에 새롭게 명성을 날리게 됨으로써 고등학문연구소의 초대를 받아 1959년부터 1961년까지 거기서 머물렀다. 놀랍게도, 그가 고등학문연구소에 있는 동안 괴델도 그곳에 있었는데 두 사람이 만났다는 증거가 전혀 없다.

코언은 수학의 또 다른 위대한 문제를 풀고 싶어했다. 연구소에 있는 동안 논리학자 솔로몬 페퍼먼*Solomon Feferman*과 친구가 된 코언은, 논리와 수학 기초론에서 문제가 되는 게 뭐냐고 페퍼먼에게 물었다. 연구소에서 나간 후 코언은 스탠퍼드 대학의 교수가 되었고, 거기서 수학 기초론에 관한 문제들을 연구하기 시작했다. 그는 선택공리와 연속체 가설이 집합론의 다른 공리들과 독립적이라는 것을 증명하는 것이 논리와 수학 기초론에서 — 사실상 모든 수학 분야에서—가장 중요한 문제라고 생각하게 되었다. 코언은 괴델이 그 독립성의 일면을 이미 증명했다는 것을 알았고, 이제는 다른 관점에서의 증명이 필요하다는 것을 알게 되었다.

코언은 스탠퍼드의 다수 논리학자들에게 자문하며 그 문제를 골똘히 연구했다. 결국 그는 "강제"라는 새로운 증명 기법을 고안해냈다. 그는 현명한 논법을 사용해서, 일단의 기초조건*postulates*을 강제함으로써 두 값 가운데 하나를 선택할 수 있었다. 강제 방법은, 집합들과 이들 집합에 적용된 논리 규칙들의 모음으로 시작해서, 그 체계를 점차 확대함으로써 규칙들이 훨씬 더 큰 집합들의 모음에 적용될 수 있도록 하는 것이었다. 더 큰 논리 체계 안에서 기초조건들을 교묘히 다룸으로써 코언은 최종 답을 얻었다. 결국 연속체 가설은 집합론의 공리들과 완전히 독립적이라는 것이 증명되었다. 참이든 아니든, 현재의 체계 안에서는 그 가설을 수학적으로 증명하거나 반증하는 것이 불가능하다는 것이 밝혀진 것이다. 연속체 가설과 더불어 선택공리도 집합론의 다른 공리들과는 독립적이라는 것이 증명되었다.

코언의 증명이 전문가들의 정밀 검토를 받고 있는 동안 부분적인 잘못이 발견되었지만, 코언은 모든 잘못을 바로잡았다. 하지만 코언은 자신의 증명에 다른 잘못이 있을지도 모른다고 생각해서, 이것을 괴델에게 보내 의견을 묻기로 했다. 괴델은 코언의 증명을 읽어보고, 그것이 정말로 위대한 수학적 결과라는 것을 알아보았다—그가 얻어내려고 수 년 동안 시도했지만 실패했던 바로 그것이었다. 그는 코언의 중요한 결과에 찬사를 보내며 그것을 발표하라고 격려해주었다. 1966년에 코언은 그 업적으로 수학계의 가장 영예로운 상인 필즈상을 받았다. 필즈상이 논리와 수학 기초론 분야에 대한 연구 업적으로 수여된 것은 이것이 처음이자 유일한 것이었다.

말년의 괴델과 마찬가지로 코언은 칸토어의 가설이 실제로 참인지 의심스러워했다. 하버드 대학에서 1960년대에 한 강의에서, 코언은 연속체 가설에 대한 그런 견해를 밝혔다.*[42] 그 견해에 따르면, 연속체는 워낙 그 원소가 풍부한 집합이어서, 연속체의 기수는 알레프 원($\aleph_1$)인 것 같지가 않다는 것이었다. 더 낮은 단계의 기수들은 특별한 수학적 연산을 통해 서로 접근이 된다. 그러나 코언에 의하면, 연속체는 낮은 단계의 무한들보다는 훨씬 더 높은 곳에 자리 잡고 있다— 연속체의 기수는 $\aleph_1$보다 훨씬 더 크다는 것이다.

문제는 수학적 결과가 당연히 증명을 필요로 한다는 것이다. 재능이 있고 명성을 날리고 있는 수학자라 해도 그가 무한이나 연속체에 대해 진술한 것은 증명되어야만 수학적 결과로 인정될 수 있다. 증명되지 않은 진술은 수학계에서 아무런 비중도 지닐 수 없다. 괴델과 코언은 연속체 가설의 증명이 현 체계 안에서 불가능하다는 것을 우리에게 보여주었다. 결국 우리가 다른 체계를 구축하게 될 때까지 연속체 가설은 수수께끼로 남아 있게 되었다.

기초가 되는 중요 가설이 증명될 수 없다면 수학은 그런 실정에 맞추어 조정되어야 한다. 그래서 수학자들은 다양한 대안 가설을 제시했다. 안타깝게도 연속체에 대한 다른 대안들 역시 증명되거나 결정되지 않았다.

존스*F. B. Jones*가 제시한 약한*weak* 연속체 가설은 다음과 같다.

$$2^{\aleph_0} < 2^{\aleph_1}$$

칸토어는 한 집합의 농도가 항상 그 멱집합의 농도보다 작다는 것을 증명했다. 즉 $\aleph_1$은 $2^{\aleph_1}$보다 작다. 따라서, 만일 연속체 가설이 참이라면 — 즉, $2^{\aleph_0} = \aleph_1$이 참이라면, 존스의 약한 연속체 가설 곧 $2^{\aleph_0} < 2^{\aleph_1}$도 참이다. 우리는 연속체 가설이 참인지 여부를 모르기 때문에, 약한 연속체 가설이 참인지 여부도 알 길이 없다. 약한 연속체 가설의 부정은 $2^{\aleph_0}$가 $2^{\aleph_1}$과 같다는 것이다. 이것은 니콜라이 루친*Nikolai N. Luzin*의 이름을 따서 루친의 가설이라고 부른다. 루친은 1916년에 칸토어의 연속체 문제를 연구하기 시작한 러시아의 수학자이다. 그는 모스크바 대학에서 연구하며 다수의 재능 있는 제자를 배출했다. 그는 제자들과 더불어 모스크바 함수론 학파를 형성했다. 이들 러시아 수학자들은 연속체 가설과 그 함의에 관심이 많아서 관련된 중요 결과들을 제시하고 발전시켰다.

부코프스키*L. Bukovsky*는 루친 가설이 집합론과 모순이 없다는 것을 증명했다. 따라서 약한 연속체 가설(루친 가설의 부정)은 집합론과 독립적이다. 그리하여 결국 이들 세 가지 진술은 모두 수수께끼로 남게 되었다.

연속체 가설이나 약한 연속체 가설 혹은 그 부정(루친의 가설)이 참인지 여부를 모를 경우, 여러 공간의 위상수학적 속성 등 수학의 다수 결과 또한 참인지 여부를 알 수 없게 된다. 따라서 수학자들은 때로 어떤 정리를 증명할 때, 자신의 결과가 의존하고 있는 것이 연속체 가설인지, 증명되지 않은 다른 가설인지에 관한 진술을 삽입해야 한다. 그러니 수학 이론의 완전성이 확보되려면, 수수께끼 같은 연속체의 비밀이 더 많이 알려지는 날까지 기다릴 수밖에 없다.

그러나 그것을 모른다고 해서 집합론의 발전이 멈추지는 않았다. 칸토어와 그의 후계자들인 체르멜로, 괴델 등이 세운 기초 위에서 집합론은 계속 발전해나갔다. 괴델은 집합론을 발전시키기 위해 처음 시도한 사람이다. 괴델은 아주 큰 수—"보통의" 무한기수보다 훨씬 더 큰 무한기수—의 존재 가능성을 제시했다. 이러한 생각에 따라 집합론 안에 큰 기수 *large cardinals*라는 현대적 분야가 생기게 되었다. 큰 기수들은 존재가 증명된 적이 없다. 그처럼 예외적으로 큰 무한의 양은 단지 선언*decree*함으로써 존재하게 되었다. 집합론자들은 이와 같은 새로운 기수들의 존재에 대한 가능성을 확립하는 일단의 공리들을 발전시켰다. 큰 기수들은 하나의 유한한 수와 최초의 무한기수인 $\aleph_0$ 사이에 차이가 있다는 생각에서 이론적으로 만들어진 것이다. 그 논법은 다음과 같다.

우리는 어떤 수학 연산(덧셈, 곱셈, 혹은 지수화)을 하든 최초의 무한기수에 이를 수가 없다—아무리 큰 유한한 수에서 시작하더라도 연산으로는 최초의 무한기수를 얻을 수가 없다. 즉, 최초의 무한기수 $\aleph_0$는 어떤 유한기수에서도 도달(접근)이 불가능하다. 그러나 우리가 가장 낮은 무한기수 $\aleph_0$에 일단 도달하면, 우리는 지수 함수를 이용하여 더 높은 무한 기수를 얻을 수 있다. 칸토어의 정리에 따라, 주어진 집합의 멱집합은 더 높은 농도를 갖기 때문이다. 즉, $2^{\aleph_0}$은 $\aleph_1$에서 얻은 더 높은 기수이다. 이것은 참인데, 연속체 가설이 참이 아니라고 하더라도 ($\aleph_0$와 $2^{\aleph_0}$ 사이에 어떤 무한기수가 존재한다 하더라도) 그렇다.

큰 기수라는 아이디어는 $\aleph_0$가 "접근불가능성*inaccessibility*"이라는 특성을 지닌 유일한 무한기수가 아니어야 한다는 데서 나온 것이다. 이 가정이 옳다면, 무한기수들의 무한한 영역 어딘가에는, 낮은 단계의 무한기수로부터 도달 불가능한 다른 무한기수가 존재한다. 그러한 기수들은 너무나 커서, 낮은 단계의 무한기수를 지수화하는 등의 연산 방법으로는 결코 도달할 수 없어야 한다. 큰 기수들이 존재한다면 그 기수들의 세계가 어떤 모습인지를 나타내는 그림은 다음과 같다.

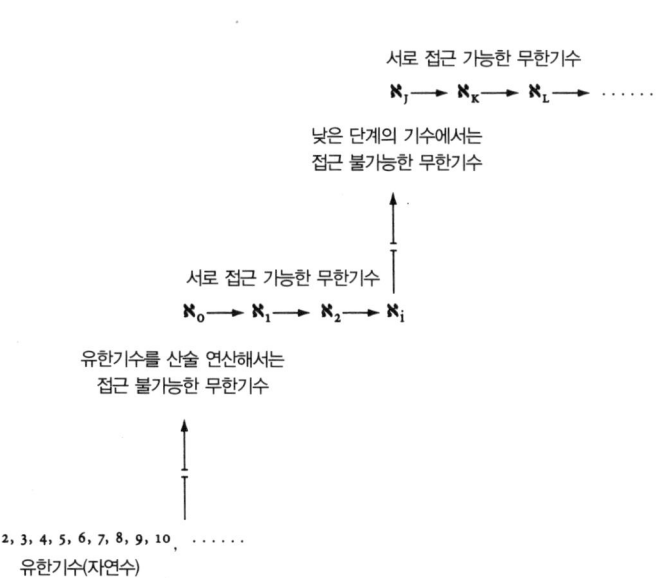

집합론자들은 거인왕 가르강튀아 같은 큰 기수들—다른 모든 무한한 양을 난쟁이로 만드는 무한들—을 이용해서 폭넓게 연구를 했다. 그 결과 큰 기수에 대한 연구는 집합론에서 흥미롭고 중요한 다수의 결과를 창출했다. 비록 아직까지는 큰 기수가 연속체 문제 자체에 대한 해법으로 우리를 이끌지는 못했지만, 새로운 결과를 발견해냄으로써 우리는 낮은 기수의 단계에 대해 더욱 많은 것을 알게 되었다.

집합론의 햇불은 이렇게 계속 후계자에게 전달되어 왔다. 칸토어에서 체르멜로에게, 다음에 괴델에게, 다음에는 코언에게. 코언이 강제 방법을 고안한 후 집합론은 1960년대에 막다른 골목에 다다른 듯했다. 그러나 1974년, 버클리에 있는 캘리포니아 대학의 잭 실버*Jack Silver*는 알레프에 대한 중요 결과 하나를 증명했다. 이 증명은 젊은 집합론자들이 새로운 연구를 해나갈 수 있는 길을 열어주었다. 이어서 예루살렘에 있는 히브리 대학의 사하론 셀라*Saharon Shelah*는 코언의 강제 논법을 완벽하게 해서 그 논법에 자신의 해석학 방법을 가미함으로써 무한에 관한 수많은 정리를 증명해냈다. 독자께서 최신의 집합론을 맛볼 수 있도록 정리 하나만 예시해보겠다. 이 정리는 현대 무한론의 깊이와 폭을 보여준다. 나아가서, 연속체 가설이 참인지 여부를 우리가 모르기 때문에 우리의 정신력으로는 접근할 수 없는 여러 진리에 수학적 결과가 얼마나 깊이 의존하고 있는가를 보여주기도 한다.

셀라의 정리*Shelah's Theorem* :
모든 수 n에 대하여 $2^{\aleph_n} < \aleph_\omega$이면, $2^{\aleph_\omega} < \aleph_{\omega_4}$이다.

아래첨자 4는 정말 아주 뜻밖이다. 왜 하필이면 4일까? 정수 첨자를 갖는 알레프의 멱집합이 알레프-오메가(최초의 초한순서수로 지시된 알레프)보다 작다면, 알레프-오메가의 멱집합이 4번째 초한순서수로 지시된 알레프보다 작아야만 하는 이유가 뭘까? 우리는 모른다. 그처럼 복잡한 수준의 무한을 직관으로 파악할 수 있는 사람은 아마 이 세상에 없을 것이다. 그런데 셸라는 이 정리를 증명해냈다.

ℵ21

할루크의 무한한 광채

괴델과 코언은 소박한 깨달음 하나를 우리에게 안겨주었다. 즉, 우리가 아무리 애를 써도 영원히 도달할 수 없는 어떤 진리가 항상 존재한다. 인간은 무한의 심오한 본질을 결코 이해할 수 없을지도 모른다. 이것은 카발라 수행자들이 수학적 증명 없이 직관으로 이해하고자 했던 것인지도 모른다. 그들에게 무한은 곧 신이었다. 혹은 신에게 속한 것이었다. 그러한 무한 가운데 하나가 할루크chaluk이다. 결코 인간이 바라볼 수 없는 무한히 밝은 신의 옷.

그러나 역사상 극소수의 인간은 무한을 훔쳐볼 수 있었다. 인류 문명이 깨어나고 있던 바로 그때에 고대 그리스의 예리한 정신은 놀랍게도 무한에 관한 추상적 진리를 포착할 수 있었다―제논의 패러독스와 아르키메데스, 에우독소스 등의 연구가 그 증거이다.

우주의 작용에 대한 초인적인 감각으로 물리학의 아버지가 된 갈릴레오는 말년에 분리된 무한의 속성을 훔쳐볼 수 있는 축복을 받았다. 체코의 성직자이자 수학자였던 볼차노는 연속된 무한으로 도약해서 실직선 상의 무한집합의 역설적 본질을 이해할 수 있었다.

그러나 무한에 관한 중요 진실을 제대로 이해한 것은 현대 집합론의 고독한 창시자인 게오르크 칸토어였다. 그는 무한의 개념을 여러 단계로 나눌 수 있었다. 여러 단계를 지닌 무한의 참된 의미를 이해하려고 한 것—도달 불가능한 무한을 해부해서 심연을 들여다보려고 한 것—이 그를 정신병으로 몰고 갔을 수도 있다. 그러나 칸토어의 연구는 낙원으로 가는 문을 활짝 열어 젖혔고, 이 문은 결코 다시 닫힐 수 없었다. 칸토어가 발견한 무한의 속성 때문이든, 혹은 칸토어와 그의 당대인들이 드러낸 곤혹스러운 패러독스와 함정들 때문이든, 칸토어 이후의 수학은 전과 같을 수 없었다. 무한이 어느 정도 이해됨에 따라, 그리고 과거 어느 때보다도 더 분명해진 무한의 그물 속으로 위험한 모험을 감행함으로써, 지난 세기에 수학은 더욱 일관성이 있고, 더욱 잘 조직된 학문으로 성숙하게 되었다.

수학과 손을 맞잡은 컴퓨터 과학은 현대 세계에 대단히 중요한 분야로 부상했다. 그리고 이 분야에서도 역시 무한과 그 연구는—그리고 우리가 무한의 본질을 이해하고자 할 때 우리를 괴롭히는 한계는—여전히 과제로 남아 있다.

1936년에 앨런 튜링 *Alan Turing*(1912~1954)은 어떤 기계적 절차로도 "정지 문제 *halting problem*"를 해결할 수 없다는 것을 증명했다. 정지 문제는 주어진 계산 프로그램 *computer program*이 궁극적으로 정지하게 될 것인가의 여부를 묻는 것이다. 자리수를 하나씩 셈하는 계산 프로그램이 존재하기만 하면 실수는 계산할 수가 있다. 놀랍게도, 거의 모든 실수는 계산할 수가 없다. 튜링은 주어진 계산 프로그램이 궁극적으로 정지하게 될 것인가의 여부를 결정하는 기계적 절차만 발견할 수 있다면, 계산할 수 없는 실수를 계산할 수 있다는 것을 증명했는데, 이것은 모순이다. 이 문제, 그리고 튜링이 이것을 증명한 후 수십 년이 흐른 후 발달하게 되는 컴퓨터 과학 연구는 괴델의 연구와 깊은 관계가 있다. 컴퓨터는 놀라운 능력을 지니고 있지만, 우리 인간과 마찬가지로 무한에 발목이 잡혀 있다.

물리학에서는 우리가 우주의 크기를 생각할 때 무한의 문제가 제기된다. 우주는 유한한가, 무한한가? 이 질문에 대한 답은 물론 아무도 모른다. 물리학자들은 실제의 물리적 공간을 무한소로 나눌 수 있는지의 여부도 알지 못한다. 일부 이론은 공간과 시간의 "최소 크기"—크기의 기본 단위인 플랑크 시간*Planck time*을 가정한다. 끈이론 *string theory*에서는 더 이상 나눌 수 없는 작은 끈, 곧 최소 원소의 존재를 가정한다. 그러나 물리학자들은 그런 실체가 정말 존재한다는 증거를 갖고 있지 않다. 따라서 물리적 세계에서 무한이 어떤 의미를 갖는가에 대한 질문은 아직도 미지로 남아 있다.

우리는 수가 무한히 확대된다는 것을 알고 있고, 칸토어가 가르쳐준 대로 그러한 무한에는 본질적으로 단계가 있다는 것을 알고 있다. 다른 무한보다 무한히 더 큰 무한이 있다. 그러나 여기서 핵심적인 질문 하나가 제기된다 :

수는 실제로 존재하는가?

수는 단지 실제의 물리적 양을 셈하고 비교하기 위해 사람들이 만들어낸 추상적 개념에 지나지 않는 것처럼 보일 수도 있다. 그래서 수는 실세계의 문제를 나타내기 위한 일종의 언어, 즉 인간의 발명품이라고 말하는 사람이 있다. 그러나 그게 사실이라면 우리는 수에 대한 모든 것을 알아야 하며, 수들의 상호관계도 모두 알아야 한다. 우리 인간이 만든 거니까. 나는 그것이 사실이라고 믿지 않는다. 수학에서 우리는 고된 연구를 통해 끊임없이 수의 속성(그리고 수의 추상적 개념과 함수와 공간의 속성)을 발견한다 — 흔히 우리의 직관과 배치되는 진실을 발견하기도 한다. 따라서 수는 우리 인간이 만든 것일 수가 없다. 수는 우리 인간이 항상 새로운 것에 매료되어 가며 배우게 되는 실체이다. 수와 그 추상적 개념과 관련 개념에 대해 연구하는 것이야말로 수학의 본령이다.

수는 실제로 존재하며, 수의 존재는 인간의 존재와 무관하다고 나는 믿는다. 우리 인간이 살지 않는 다른 우주, 우리의 우주에서 우리가 인식하고 있는 그 어떤 것도 존재하지 않는 다른 우주에도 수는 존재할 것이다. 그 우주에서도 수는 무한할 것이다. 그런데 이 수들은 얼마나 조밀하게 밀집해 있는 것일까?

연속체는 실제로 존재하는가?

수는 존재해도 연속체는 존재하지 않을 가능성이 있을까? 이런 생각은 크로네커의 진술에 반영되어 있다. "신은 정수를 만들었고, 다른 모든 수는 인간이 만든 것이다." 우리는 연속체의 존재에 대한 의문을 불식시킬 수 없다. 물리적 세계에 무한히 쪼갤 수 있는 어떤 실체가 있다는 증거를 갖고 있지 못하기 때문이다. 그러나 무한한 분할 가능성과 연속체의 존재를 필수적으로 가정하는 미적분학은 실세계 문제에 대한 정확한 답을 구할 때 놀랍게도 잘 들어맞는다. 연속체 자체가 존재하지 않는다면, 연속체를 토대로 한 방법이 어떻게 그토록 잘 들어맞을 수 있겠는가?

א

카발라의 핵심 교리 하나는 엔 소프 *Ein Sof*가 하나*Ein*를 포함하고 있다는 것이다. 또한 신의 무한은 무*nothingness*를 포함한다. 신의 무한에 속하지 않는 것은 없기 때문이다. 수학에서도 무한은 공(空, *emptiness*)을 포함한다. 무한집합은 공집합을 포함한다. 이러한 진술은 수학 기초론의 문맥 내에서 이해될 수 있다. 페아노는 무로 시작하는 수를 정의했다. 그는 0을 공집합으로—순수한 무로—정의했다. 그리고 1이라는 수를 공집합을 포함하는 집합으로 정의했다. 수 2는 공집합과, 공집합을 포함하는 집합을 포함한다. 이런 식으로 페아노는 전적인 무로 시작하는 무수히 많은 수들을 정의했다.

이런 식으로 무한을 이해해간다고 해도 우리는 결코 무한의 가장 깊은 속성들을 완전히 이해할 수는 없을 것이다. 결코 인간의 것이 될 수 없는 지식이 있다. 그러나 앞으로 계속 연구해간다면 무한에 대한 중요한 결과들을 더 많이 얻을 수 있을 것이다. 수학 연구에서 흔히 일어나는 일이지만, 뭔가를 발견하려고 노력을 집중하게 되면 불가피하게 우리는 어딘가에 이르게 되고, 새로운 것들을 배우게 된다. 언젠가는 패러독스나 다른 난점이 없는 수학의 기초, 더욱 일관성이 있는 수학의 기초를 우리는 발전시킬 수 있을 것이다. 그러한 새 체계 안에서,

연속체 가설은 새로운 조명을 받게 되어 알레프의 본질을 알게 되고, 연속체의 기수가 알레프들 가운데 어느 곳에 자리 잡고 있는지도 알게 될 것이다.

그래서 우리가 할루크의 강렬한 빛을 견뎌낼 수는 없다 하더라도, 인간적 이해와 지식에 이르는 길을 오롯하게 비춰주는, 할루크보다 약한 빛은 발견할 수 있을 것이다.

א

칸토어는 위의 두 가지 질문에 대해 긍정적으로 답할 수 있다고 믿었다. 1883년 논문에서 그는, 수가 *간주관적이며 내재적인 리얼리티 intersubjective and immanent reality*를 갖고 있다고 말했다.*⁴³ 칸토어는 더 높은 무한들, 곧 그의 알레프들이 존재하며, 연속체 또한 실재한다고 확고히 믿었다. 그의 말에 따르면, 물리적 실체는 수학적 원리에 의존하지 않는다. 따라서 연속체, 수, 그리고 그 속성들은 모두 물리적 실체의 다양한 양태 속에 반영되어 있다. 그러나 수학은 자신의 존재를 정당화하기 위해 물리적 세계를 필요로 하지 않는다고 칸토어는 덧붙였다. 수학과 무한의 무한한 단계 —초한수— 는 독자적인 의미를 지니고 있다.

א

역사적인 도시인 할레의 중심지에서 멀지 않은 곳에는 소련이 지배했을 때 세워진 커다란 주택단지가 들어서 있다. 그 단지의 여러 아파트 빌딩 사이에는 주민들이 산책을 하거나 쉴 수 있는 작은 풀밭이 있다. 그 풀밭 한가운데에는, 1970년에 시멘트 블록 위에 붙여 놓은 청동 기념판이 하나 있다. 멀리서 보면 이것은 레닌을 기념하는 것처럼 보인다. 그러나 이 청동 부조는 게오르크 칸토어를 기념하는 것이다. 그의 얼굴 옆에는, 하나의 수에서 다른 수로 화살표가 그어진 수 배열표가 있는데, 이것은 대각선 논법을 나타내는 것이다. 그 아래에는 연속체 가설과 관련된 수학 방정식이 적혀 있다. 그 모든 것 아래에는 수학에 대한 칸토어의 가장 깊은 신념이라고 할 수 있는 문장이 적혀 있다. 그 문장을 우리말로 옮기면 다음과 같다.

"수학의 본질은 자유에 있다."

| 부록 |

집합론의 여러 공리

집합론의 다음 공리들은 수학에서 일반적으로 사용되는 것들이다. 이 공리들은 수학의 기초를 그 위에 세우기 위한 토대로써 만들어진 것인데, 체르멜로와 20세기초의 다른 논리학자들이 설계한 깃이다. 이들은 오래 연구한 후, 자연수와 실수, 복소수, 그리고 그 속성들과 산수 등에 대한 일관된 지식체*body of knowledge*를 유도해낼 수 있는 최소한의 가정을 찾아냈다. 기하학, 위상수학, 대수 등과 같은 다른 수학 분야 또한 이 토대 위에 세워짐으로써 모든 분야의 수학이라는 전체 구축물을 형성하게 된다. 이들 공리는 주로 칸토어의 연구에 힘입어 만들어진 것이다. 집합론을 창시한 칸토어의 이론에도 이들 공리 가운데 일부가 암암리에 가정되어 있다.

1. 존재의 공리*Axiom of Existence*
적어도 하나의 집합은 존재한다.
이 공리에서 하나의 집합을 공집합으로 간주할 수 있다. 다른 집합들은 공집합에서 만들어진다. 이 집합들 가운데 하나는 공집합을 포함하는 집합이다.

2. 외연外延의 공리 *Axiom of Extension*

두 집합이 같은 원소를 갖고 있다면 서로 동일하다.

3. 내역內譯의 공리 *Axiom of Specification*

임의의 조건 $S(x)$와 임의의 집합 A에 대하여 조건 $S(x)$를 만족시키는 집합 A의 원소 x로 이루어지는 집합 B를 얻는다.

이것은 러셀의 패러독스로 이어지는 공리이다. 즉, 자신을 제외한 모든 집합을 원소로 하는 집합이라는 조건을 갖게 될 경우 패러독스가 발생한다. B는 B의 한 요소일까? 요소라면 요소가 아니다. 요소가 아니라면 요소이다. (이 공리에 대한 저자의 해석은 옳지 않다. 사실, 저자의 해석과는 반대로 이 공리는 러셀의 패러독스를 해결하기 위한 것이다. 집합 B를 얻기 위해 집합 A에 의존하면 러셀의 패러독스는 쉽게 해결된다. 즉, 집합을 $\{x \mid S(x)\}$와 같이 구성하면 러셀의 패러독스가 발생하나 집합을 $\{x \in A \mid S(x)\}$와 같이 구성하면 러셀의 패러독스가 발생하지 않는다 : 옮긴이)

4. 대합對合의 공리 *Axiom of Pairing*

모든 두 집합에 대하여 두 집합 모두가 속하는 한 집합이 존재한다.

5. 합집합의 공리 *Axiom of Unions*

임의의 집합들의 모음에 대하여 이 모음을 이루는 각각의 집합의 원소들로 이루어지는 집합이 존재한다.

6. 기수의 공리 *Axiom of Powers*

각 집합에 대하여 주어진 그 집합의 모든 부분집합을 원소로 하는 집합이 존재한다.

칸토어는 멱집합이 원집합보다 항상 더 크다는 것을 증명했다. 이것은 가장 큰 하나의 집합, 곧 가장 큰 하나의 기수가 있을 수 없다는 역설적 결론으로 귀결된다. "가장 큰" 어떤 집합을 취하든, 그 집합보다 더 큰 멱집합이 항상 존재한다 — 가장 큰 집합이라고 만든 원집합의 기수보다 더 큰 기수가 항상 존재한다.

7. 무한의 공리 *Axiom of Infinity*

0을 포함하며, 각 원소들의 다음 수를 포함하는 하나의 집합이 존재한다.

이 공리는 자연수를 정의하는 데 도움이 된다. 0에서 시작해서, 하나를 더함으로써 최초의 자연수 1을 얻을 수 있고, 다시 하나를 더하여 2를 얻을 수 있고, 이렇게 무한까지 계속해나갈 수 있다.

8. 선택의 공리 *Axiom of Choice*

임의의 집합(A)에 대하여 선택함수(f)가 존재한다. 즉, 집합 A의 공집합이 아닌 모든 부분집합 B에 대하여, $f(B)$는 B의 한 원소이다.

선택함수는 각 집합 B에서 한 원소를 선택한다. 선택공리의 문제점은 A 안에 무수히 많은 집합 B가 있을 수 있다는 것이다.

| 저자후기 |

  이 책의 아이디어는 25년 전 어느 날 밤늦도록 한 친구와 얘기를 나누다가 문득 머리 속에서 싹트기 시작했다. 당시 대학원생이었던 그 친구(밥 트렌트)는 버클리에 있는 캘리포니아 대학에서 수학을 전공하고 있었다. 우리는 몹시 지쳐 있었지만 연거푸 커피를 마시며 얘기를 나누었다.
  "이봐, 자네한테 보여줄 게 있어."
  밥이 말하더니 어떤 수열을 적어나가기 시작했다. 1, 2, 3, $\cdots$, ω+1, ω+2, $\cdots$ 2ω, $\cdots$ ω^2, $\cdots$ ω^ω, $\cdots\cdots$ 나는 자연수가 무한 너머까지 계속될 수 있다는 생각에 매료되었다. 끝없이 점점 더 커지는 무한의 여러 단계에 대해 얘기를 할 수 있다는 것도 매혹적인 일이었다. 가장 큰 무한 곧 모든 집합을 포함하는 하나의 집합이 있을 수 없다는 것에 대해 밥이 내게 설명해 줄 때 나는 전율을 느꼈다. 나는 그것이야말로 수학의 핵심이라고 생각했다.
  그후 나는 실무한과 연속체 가설 아이디어를 맨 처음 제안한 사람의 고뇌에 찬 삶의 이야기를 접하게 되었다. 나는 칸토어의 생애에 사로잡혔고, 거기서 많은 것을 배웠다. 수년 후, 도서 발행인 존 오크스에게 이 이야기를 들려주자, 그는 그것을 책으로 써보라고 내게 권했다. 5년 이상 이 이야기에 매달려온 나를 격려해준 존에게 감사드린다. 내가 계속 공부하며 이 책을 써온 여러 해 내내 그는 인내심을 가지고 기다리며 변함없이 나를 지원해주었다. 이 책을 펴내기 위해 수고를 아끼지 않은 편집부의 헌신적인 직원들—질엘린 라일리, 카트린 벨던, 필립 조치—에게도 감사드린다.

브랜다이스 대학의 수학과 과장인 다니엘 루버만 교수에게도 감사드린다. 루버만 교수는 내가 이 책을 쓰는 동안 나를 수학과 방문 학자 자격으로 머물 수 있도록 배려해주셨다. 게오르크 칸토어의 연구와 무한의 개념 관련 서적을 찾아준 브랜다이스 대학과 벤틀리 대학의 사서들에게도 감사드린다.

기꺼이 관대하게 시간을 내주어서 이 책의 집필과 관련된 면담에 응해준 수학자들에게도 깊은 감사를 드리고 싶다. 특히 보스턴 대학의 아키히로 가나모리 교수, 펜실베이니아 주립대학의 존 도슨 교수, 예루살렘 히브리 대학의 사하론 셀라 교수의 도움이 컸다.

독일 할레의 마틴-루터 대학 수학과의 맨프레드 괴벨 교수와 카린 리흐터 교수에게도 감사드린다. 두 분은 내가 할레에 머무는 동안 게오르크 칸토어의 생애와 수학과 관련된 수많은 논문, 사진, 서류, 지역 등을 찾아주셨다. 또 내가 할레 대학에 머무는 동안 나를 환대해준 할레 대학의 게오르크 칸토어 협회에도 감사드린다.

할레 네르벤클리닉의 정신의학자인 프랭크 필만 박사에게 감사드린다. 필만 박사는 칸토어의 병에 대한 소견을 들려주었고, 20세기의 처음 몇 해 동안 칸토어가 입원했던 병실을 내게 보여주었다. 칸토어의 입원 기록뿐만 아니라 병원의 역사를 기록한 여러 서류를 보여준 것에 대해서도 감사드리지 않을 수 없다.

칸토어의 수학에 대한 다양한 논의를 해주신 수학자인 유진 핀스키 박사와 야코브 카르피슈판 박사에게도 감사드린다. 또 모든 원고에 대한 촌평을 해주신, 드포 대학의 우드워드 두들리 교수와 미국 수학협회의 출판 책임자인 돈 앨버스 박사에게 감사드린다. 이분들 덕분에 원고가 한결 좋아졌다. 정신병에 대해 논의해주신 정신의학자 베냐민 핀스키 박사와 심리학자 이델 골덴베르크 박사에게도 감사드린다.

마지막으로 아내 데보라에게 감사의 말을 전하고 싶다. 아내는 이 원고를 쓰는 동안 내내 나를 직접 도와주고, 뒷바라지 해주고, 격려해주었다.

| 옮긴이 해설 |

가무한 virtual infinity, 실무한 actual infinity

공간이나 시간에서 "무한"을 가정하면 여러 가지 어려운 문제가 생긴다. 우리가 감각할 수도, 경험할 수도, 따라서 실험할 수 없는 무한의 특성 때문이다. 수학에서도 무한의 개념이 개입되면 많은 문제가 발생한다. 제논의 여러 역설을 비롯하여 수학에서의 많은 역설에는 무한 개념이 관련된다. 유크리드 기하학에서 제5 공준 즉, 평행선 공준이 그 많은 문제를 야기한 것도 그 공준이 무한 개념을 내포하고 있는 것도 한 이유였다. 예로부터 무한을 인간이 범접할 수 없는 신의 영역, 즉 종교나 신학에서나 다뤄져야 할 영역으로 치부해 버리고, 수학에서는 깊이 다루는 것은 가급적 피했다고 볼 수 있다.

그러나, 모든 학문에서도 마찬가지겠지만, 특히 수학에서 무한은 수시로 접할 수 밖에 없는 문제이다. 당장 자연수의 개수가 무한이다. 소수의 개수도 무한인 것도 이미 오래 전에 알려졌다. 수학을 하는 한 무한의 개념으로부터 완전히 해방될 수는 없었다. 멀리하자니 자주 만나게 되고, 가까이 하자니 그 행태가 하도 기이하여 수학적(논리적, 체계적)으로 다루기 어려웠다. 결국 무한은 수학자에게 하나의 커다란 골칫거리였다.

한 가지 예를 들어보자. 현대 수학에 익숙한 우리에게는 $0.999\cdots$는 하나의 분명한 수(무한 순환 소수)이며 이는 정확히 1과 같다. 지금 중학교 2학년(수학과 교육 과정 7-가 단계)에서 다루는 내용이다. "공비가 1보다 적은 무한 등비 급수의 수렴성" 등 필요한 수학적 내용들을 정확히 이해하면 쉽게 "증명"할 수 있다. 보통은 다음과 같이 설명한다 : 먼저, $x=0.999\cdots$라고 하면, $10x=9.999\cdots$가 된다. 두 식으로부터 $9x=9$를 얻고, 이로부터 $x=1$을 얻게된다. 그러나 입장에 따라서 $0.999\cdots$와 같은 수 자체를 인정하지 않을 수 있다. 모양으로 봐서는 1과 매우 가까운 "것" 같으나 1 보다는 분명히 적은 어떤 "것"을 나타낼 뿐, 실존하는 "수"로 보기는 어렵다는 입장이 가능하다. 따라서 그러한 "것"을 "10 배" 한다는 것은 있을 수 없고, 설령 10 배가 가능하다 하더라도 10 배 하면 소수점의 위치가 오른쪽으로 한 칸 옮겨지는 이유를 도저히 설명할 수 없다. 게다가 다음과 같은 뺄셈은 전에 해 본 적이 없다 : $9.999\cdots - 0.999\cdots = 9$ 결국 위의 모든 논증을 받아들일 수 없다. 주장하는 내용들이 그럴 듯 하기는 하나, 어찌 이상하고, 수학 같지가 않다. 이제 $1+10+10^2+10^3+\cdots$의 값을 같은 논법으로 계산하여 보자. 먼저 이 값을 x라고 하면 $10x=10+10^2+10^3+\cdots$가 된다. 따라서 $9x=-1$을 얻고, 이로부터 $x=-\frac{1}{9}$을 얻게된다. 이 논증은 타당한가? 타당하지 않다면 앞의 경우와 무엇이 다른가?

또 다른 예를 들어보자. $1+\cfrac{1}{1+\cfrac{1}{1+\cdots}}$의 값을 계산하기 위하여 $1+\cfrac{1}{1+\cfrac{1}{1+\cdots}}$

를 S 라고 하면, $S=1+\frac{1}{S}$가 되어 $S=\frac{1+\sqrt{5}}{2}$ 임을 알 수 있다. 이제, 이와 같은 방법을 적용하여 다음 무한 급수의 값을 계산하여 보자.

1 + (−1) + 1+ (−1) + 1+ (−1) + 1 + (−1) + ······ = 1 − {1 + (−1) + 1 + (−1) + 1+ (−1) + 1 + (−1) + ······} 이므로, 1 + (−1) + 1+ (−1) + 1 + (−1) + 1 + (−1) + ······ 를 s 라고 하면 s = 1 − s 가 성립하여 s = $\frac{1}{2}$이다. 이 논증은 타당한가? 타당하지 않다면 무엇이 문제인가? 확실히 무한은 쉬운 문제가 아닌 것 같다.

무한으로 인한 여러 어려움을 겪게되면서 자연스럽게 형성된 것이 요즈음 우리가 말하는 "가무한"의 개념이다. 즉, 아리스토텔레스 이래로 칸토어 이전까지의 대부분의 수학자들의 무한에 대한 인식으로서 언제라도 충분히 크(적)게 할 수 있는 것이며, 끝남이 없는 것이므로 현실적으로는 존재하지 않는, 그래서 잠재적으로만 파악할 수밖에 없다는 것이다. 어찌 보면 막연한 개념이며, 매우 소극적이고 피상적인 인식이라고 할 수 있다. "가무한"의 개념은 쉽게 말하여 보통 사람이 가지고 있는 무한 개념이라고 할 수 있을 것이다. 이런 인식은 무한성이 내재된 여러 역설에 대한 적극적인 해결 노력을 방해하는 역할을 하였다고도 볼 수 있다.

그러나 그들이 무한에 대해 상당히 모호하게 인식하고 있었지만 무한의 개념이 개입할 수밖에 없는 미 · 적분학(무한소 개념)이나 사영기하학(무한원점 개념) 등을 만족스럽게 정립한 것은 괄목할 만하다. 사실

본서에서도 언급되었지만 이미 희랍 시대에 에우독소스는 "우리가 원하는 만큼 작게 할 수 있는" 양, 즉 가무한(소) 개념만을 사용하여 넓이와 부피를 성공적으로 계산 할 수 있었다. 이는 물리학에서 전기에 대하여 정확히 이해하기 전에 전기를 유용하게 활용하였던 것과 유사한 상황이라고 할 수 있다.

현대 수학은 .그"자유성"에 큰 특징이 있다. 수학은 결코 현실적인 검증이나 실험적 뒷받침을 요구하지 않는다. 수학의 체계 안에서 모순이 없으면 된다. 따라서 수학은 현실적인 이유 때문에 발목을 잡힐 수 없다. 무한에 대한 기존의 소극적인 자세를 단호히 부정하고 적극적으로 접근한 수학자가 칸토어라고 할 수 있다. 물론, 칸토어 이전에도 갈릴레오처럼 실무한의 개념을 나름대로 확립한 수학자가 있었다고 볼 수 있다. 그러나 칸토어는 조심스러워 하면서도 분명하게 무한에 접근하였고, 그가 정립한 이론을 적용하여 무한을 적극적이며 효과적으로 다루었다. 그 결과 "실무한"의 개념을 확립하여 무한을 체계적으로 다루게 됨으로써 수학의 지평을 크게 넓혔다. 힐베르트는 칸토어의 이러한 업적을 높이 평가하여 칸토어가 우리를 "수학의 낙원"으로 인도하였다고 했다. 물론, 이러한 적극적인 접근으로 인하여 추가적인 문제(선택 공리의 문제, 연속체 가설의 문제 등) 또는 다양한 역설(러셀의 역설 등)이 등장했다. 그러나, 수학자들은 지속적으로 적극적 자세를 견지함으로 집합론, 함수 이론 등을 점점 발전시켜, 오늘날에는 무한을 효과적으로 다룰 수 있게 하였다.

실무한 입장의 대표적인 예를 들어보자. 자연수로 유한 집합의 크기(원소의 개수)를 나타낼 수 있다. 무한 집합에 적극적으로 접근한 칸토어느 무한 집합도 그가 개발한 방법에 따라 분류하고 각각의 무한 집합에 크기를 정의하였다. 이 크기를 농도 cardinality라고 부른다. 특히 무한 집합 중에서 가장 중요한 역할을 하는 자연수 집합의 농도를 $\aleph_0$라고 했다. 그는 실수 전체의 농도는 $2^{\aleph_0}$임을 보임으로 실수 전체의 집합은 자연수 집합과 같은 농도를 갖지 아니함을 증명하였다. 즉, 실수 전체의 농도를 연속체를 나타내는 의미에서 c라고 하면, $c=2^{\aleph_0}$이며 $\aleph_0 < 2^{\aleph_0}$가 된다는 것을 보인 것이다. 그 유명한 연속체 가설 *continuum hypothesis*은 $2^{\aleph_0}$가 $\aleph_0$의 바로 다음 농도라는 주장이다. 다시 말하면, $\aleph_1 = 2^{\aleph_0}$라는 주장이다. 이는, $\aleph_0$와 c사이에는 다른 농도가 없다는 것이다. 이 가설을 일반화 한 것이 일반 연속체 가설 *generalized continuum hypothesis* 인데, 이에 의하면, $\aleph_n = 2^{\aleph_{n-1}}$(n은 자연수)가 된다. 즉, $\aleph_n$과 $2^{\aleph_n}$사이에는 다른 농도가 없다는 것이다. 일반 연속체 가설의 정확한 내용을 다음과 같이 말할 수 있다 : 임의의 무한 농도 α에 대하여 α와 2^α사이에는 다른 농도가 존재하지 않는다. $\aleph_0, \aleph_1, \aleph_2, \cdots\cdots$ 등과 같은 무한 집합의 농도를 초한 농도라고 한다. 여기서 $\aleph_n$(n은 자연수) 형태 이외의 농도도 얼마든지 얻을 수 있음을 주목할 필요가 있다. 이처럼 초한 농도를 나타내는 수는 자연수의 개념을 확장한 것이라고 할 수 있다. 이 수를 기수 *cardinal number* 라고 부른다. 자연수가 아닌 기수를 초한수 *transfinite number*라고 한다. 이러한 수는 실무한의 입장에서나 가능한 것으로, 수의 개념이 무한으로 대폭 확장된 것이다.

두 자연수를 더할 수도 있고, 곱할 수도 있듯이, 두 기수도 더할 수도 있고, 곱할 수도 있다. 그러나 초한수의 덧셈과 곱셈은 자연수의 덧셈과 곱셈과 비교하여 볼 때, 여러 가지 면에서 판이하게 다른 성질을 가진다. 예를 들어, $\aleph_0 + \aleph_0 = \aleph_0$이고 $\aleph_0 \times \aleph_0 = \aleph_0$이다. 이러한 등식은 유한의 경우에는 볼 수 없다. 무한 순서수 *ordinal number*의 경우는 이처럼 이상한 성질이 더 많다. 심지어 곱셈은 물론 덧셈조차도 교환 법칙이 성립하지 않게 된다. 이러한 현상도 실무한의 입장에서나 가능한 것이다.

한편, 실무한의 입장에서는 자연수 집합에 적용되는 수학적 귀납법은 자연수 집합보다 더 일반적인 정렬 집합 *well-ordered set*에 적용할 수 있는 초한 귀납법 *transfinite induction*으로 확장될 수 있다. 그런데 선택 공리와 동치 명제인 정렬 원리에 의하면 모든 집합은 정렬 집합으로 만들 수 있다. 따라서 모든 집합에 대하여 수학적 귀납법과 같은 논증이 가능하게 된다. 이 사실을 통해서도 실무한의 입장이 수학의 범위를 얼마나 확장하는지를 알 수 있다. Gerhard Gentzen은 1936년에 산술 *arithmetic* 체계의 무모순성 *consistency*과 완전성 *completeness*을 초한 귀납법(무한 단계)을 적용하면 증명 가능함을 보인 것도 주목할 만 하다. 물론, 이 방법으로도 수학 전체의 무모순성을 증명할 수는 없다.

현대 수학에서 가장 특징적인 역할을 하는 선택공리 *axiom of choice*에서는 무한한 순차적 조작을 요구한다. 이는 공간적으로나 시간적으로 불가능하다. 따라서 선택공리를 받아들인다는 것은 현실적으로 불가능한 조작을 시간과 공간의 문제를 초월하여 병렬적으로 단숨에 조작 가능하다는 것을 가정하는 것이므로 여러 가지 현실적 모순에 봉착하게 한다. 이러한 상황에 처하면 20세기초까지(칸토어 이전까지) 대부분의 수학자들은 크게 당혹해 했을 것이다. 그러나 현실적인 검증이나 실험적 뒷받침을 요구하지 않는 현대 수학의 자유성, 즉 실무한 입장 등에서 표출되는 적극적 자세는 수학 체계 내에 모순을 유발하지 않는 한 선택공리를 충분히 받아들일 수 있었다. 따라서, 실무한의 입장이 주류를 이룬다고 볼 수 있는 현대 수학에서는 무한이 중요한 연구 대상이 된다. 어떤 수학자는 "수학은 무한의 학문이다"라고 할 정도이다.

무한의 난해함 때문에 우리 나라 중학교 2학년 과정에의 "0.9999……=1" 등과 같은 무한 도입은 문제가 있듯이 중학교 1학년 과정 (수학과 교육 과정 7-가)에서 집합론의 도입은 재고되어야 한다. 집합론의 핵심은 "무한"이다. 이를 어떤 수학자는 다음과 같이 표현하기도 한다: Set theory without infinity is like Shakespeare without poetry, Cezanne without color. 무한은 중학교에서 다루기에는 지나친 내용이라고 볼 때, 중학교 과정에서의 집합론 도입은 의미가 없다.

가무한과 실무한은 무한을 인식하는 차이에 따라 구별된다. 그래서 가무한을 "잠재적 무한*potential infinity*"이라고도 한다. 칸토어는 이를 "비본래적(uneigentlich, improper)" 무한이라고 불렀다. 실무한 *actual infinity*은 "존재로서의 무한"이라고도 하며, 칸토어는 "본래적(eigentlich, proper)" 무한이라고 불렀다.

괴델의 불완전성 정리 the incompleteness theorem of Gödel

수*number*야 말로 수학의 최고의 대상일 것이다. 특히 크로네커에

의해 하나님의 창조물(선물)로 그 특별한 의의를 부여받은 자연수는 수학적 대상 중에서도 그 핵심이라고 할 수 있을 것이다. 따라서 자연수에 관하여 엄밀한 수학적 이론의 정립은 필수적일 수밖에 없었다. 자연수에 관한 가장 보편적인 논리 체계는 페아노*Peano*에 의한 것이다. 이 논리 체계로부터 유리수, 실수 등 모든 수의 이론이 정립된 것이다. 그 후 칸토어의 집합론 체계(필요한 수정이 가해지긴 했지만)와 페아노의 자연수 공리 체계 등에 기반을 두고 무모순적*consistent*(논리 체계 내의 어떠한 주장도 참과 동시에 거짓으로 증명될 수 없다)이고 완전한 *complete*(공리 체계 내의 언어로 서술된 어떠한 주장도 참 또는 거짓으로 증명 가능하다) 공리체계를 이루고자 하는 노력이 있어왔다. 여기서 말하는 증명은 유한 단계로 이루어진 것만을 뜻한다.

불완전성 정리는 체코의 수학자 괴델이 그의 나이 25세(1931년)에 발표한 정리로서 수학계는 물론 철학계 등 전 학문 분야에 엄청난 충격을 주었다. 페아노의 공리 체계를 포함하는 어떤 형식체계가 무모순적 일 때, 그 형식체계 내에는 자연수에 관한 어떤 주장 A가 존재하여 A가 참이라고도 증명할 수 없고, A가 거짓이라고도 증명할 수 없는, 그러한 주장 A가 반드시 존재한다는 것이 불완전성 정리의 주요 내용이다. 즉, 페아노의 공리 체계를 포함하는 어떠한 논리 체계도 무모순적인 동시에 완전할 수 없다는 것이다. 이는 힐베르트 등이 무모순적이고 완전한 수학 체계 구현을 위하여 심혈을 기울인 노력이 실현불가능임을 밝힌 것으로서 수학은 그 자체에 극복할 수 없는 근본적인 한계를 가진다는 것을 증명한 것이다. 이는 양자 역학에서의 불확정성 원리가 관찰 행위에 근본적인 한계가 있음을 주장함으로 기존

물리학의 기초를 흔들고, 물리학에 근본적인 변화를 초래하였던 것과 마찬가지로 수학의 기존의 절대적 권위를 뒤흔들었고, 수학에 대한 완전히 새로운 인식을 초래하였다. 다만, 수학이 수학 자체의 근본적인 한계를 증명했다는 사실로부터 수학은 역시 대단한 힘을 가지고 있다는 것을 수학 스스로 보인 것에 주목함으로 위안을 삼을 수는 있을 것이다.

불완전성 정리는 컴퓨터가 아무리 발전해도 인간의 두뇌에 이르지 못한다는 논증에 활용되기도 한다. 인간은 신비한 능력으로(논리에 의해서가 아니라) 뜻밖의 사실을 발견하는 게 가능하지만, 컴퓨터는 유한개의 공리로 출발하여 유한 단계에서 논증이 끝나야 하므로 불완전성 정리에 의하여 참과 거짓을 가릴 수 없는 주장이 존재하게 된다는 것이다. 마찬가지로 인간의 이성적 사고 *rational thought*로는 궁극적 진리에 도달할 수 없다고 할 수 있다. 다시 말하여 궁극적 진리는 증명가능한 *provable* 것이 아니라고 말 할 수 있다. 빛 속도에 가까운 엄청난 속도가 가능하고 또 중력도 없는 그러한 특수한 물리계에서나 큰 의미가 있는 특수 상대성 이론이 실생활에서는 큰 의미가 없다고 생각할 수도 있다. 미세한 양자 세계에서나 의미 있는 양자 역학도 실생활에 큰 의미가 없다고 생각하는 것과 마찬가지이다. 이와 같이 괴델의 불완전성 정리가 보통의 수학에는 큰 의미가 없을 거라고 생각할 수 있다. 즉, 불완전성 정리에 의하여 필연적으로 존재하는 결정 불가능한 문장은 수학적으로 큰 의미가 없는 그러한 문장일 것이라고 생각하는 것이다. 그러나 연속체 가설에 관한 괴델과 코언의 결과(이 연속체 가설은 기존의 집합론 체계 내에서는 증명도 반증도 할 수 없는 문장이다)

는 그러한 기대를 산산이 허물어 버렸다. 즉, 선택 공리나 연속체 가설 같이 수학의 기초론에 나타나는 중요한 주장들도 불완전성 정리가 그 존재를 보장하는 그러한 주장일 수 있다는 것은 큰 충격이 아닐 수 없었다.

괴델은 불완전성 정리를 증명함에 매우 독창적인 방법을 사용하였다. 특히 "괴델수"라는 개념을 도입한 것이다. 형식화된 체계내의 기본적인 기호, 논리식, 증명마다 하나의 고유번호를 지정한다. 여기서 논리식이라 함은 기호를 규칙에 의해 하나로 묶은 것이다. 일상적인 문장도 논리식의 하나로 보면 되고, 증명은 추론규칙에 따라 이루어지는 논리식의 유한한 열이다. 이러한 각 고유번호를 괴델수라고 한다. 만일 어떤 수가 괴델수이면, 그 괴델수가 어떠한 표현의 괴델수인가를 알 수 있도록 하였다. 따라서 형식체계의 각 기호, 논리식, 증명 등에 하나의 괴델수가 대응되고 그 역도 성립한다. 그렇게 함으로서, 초 수학적 표현이 자연수(괴델수)에 관한 산술적 명제로 바뀔 수 있어서, 초 수학적 표현이 간결해질 뿐만 아니라 이를 통한 초 수학적 분석이 용이해진다. 이러한 기법을 사용하는 불완전성 정리의 증명 과정에 페아노의 자연수 공리 체계가 개입함을 주목할 필요가 있다.

이제 괴델수를 사용하는 엄밀한 논증은 생략하고 불완전성 정리 증명의 골자를 개략적으로 살펴보자. 먼저 "이 문장은 참임을 증명할 수 없다"라는 문장을 G 라고 하자. 이 문장 G 는 괴델수의 기법으로 자연수에 관한 문장으로 나타낼 수 있다. 이제 페아노의 공리 체계를 포함하는 완전한 형식체계 안에서는, G 는 참 또는 거짓임을 증명할 수 있다. 이는 곧 G 가 참인 동시에 거짓임을 증명한 것이 된다. 따라서 본 형식 체계는 모순적이다. 결국 페아노의 공리 체계를 포함하는 형식체계는 완전한 동시에 무모순적일 수 없다. 한 편, 무모순적인 형식 체계라면 G 는 결정 불가능이다. 즉, G 는 참 또는 거짓을 증명할 수 없다. 따라서 다음과 같이 말 할 수 있다. 페아노의 공리 체계를 포함하는 형식 체계가 무모순적이라면, 그 형식 체계안에는 결정 불가능한 문장이 존재한다.

얼마 전 미국의 한 철학자는 괴델의 불완전성 정리와 에셔*Escher*(네델란드의 화가)의 그림, 그리고 바흐의 음악 사이에 깊은 관련성을 발견하여 그 "영원한 황금 몰*braid*"을 한 권의 책에 소개하여 큰 관심을 모은 적이 있다 (이 책은 우리 나라에서도 괴델, 에셔, 바흐라는 제목으로 번역되었다). 그에 의하면 괴델의 불완전성 정리의 핵심 내용이 에셔의 그림을 통하여 시각적으로 나타나고, 바흐의 음악, 특히 "음악의 헌성 *Musical Offering*"을 통하여 청각적으로 표현되어 있다고 하였다. 또 어떤 철학자는 불완전성 정리가 헤겔과 마르크스의 변증법적 입장을 지지한다고 주장한다. 즉, 불완전성 정리에 의하면 어떠한 형식 체계도 충분히 강력하면서도 동시에 무모순적이고 완전할 수 없다. 그런데 형식 체계는 인간 사유 체계의 정확한 모델이라고 볼 수 있다. 따라서 어떠한 사유 체계도 완벽할 수 없다는 것이다. 다시 말하면, 어떠한 사유 체계도 제한적일 수 밖에 없던가, 아니면 모순된 주장이나 결정 불가능한 주장에 다다를 수 있다는 것이다.

이상의 예들을 통하여 불완전성 정리가 내포하고 있는 다양한 철학적 의의를 엿볼 수 있다.

바나흐-타르스키 역설 the Banach-Tarski paradox

이 바나흐-타르스키의 명제는 수학 기초론의 핵심 공리인 선택 공리를 이용하여 증명이 가능하므로 "역설*paradox*"이 아니라 "정리*theorem*"라고 불러야 한다. 그러나 그 주장하는 바가 보통의 상식으로 수용하기 어렵기 때문인지 일반적으로 역설이라고 불리 운다. 수학자들은 이 정리를 다음과 같이 쉽게 말하곤 한다 : 나에게 콩 하나와 선택 공리를 달라. 내가 태양을 만들어 내겠다.

이 정리의 내용을 더 자세히 말하면 다음과 같다. 고정된 반지름을 갖는 하나의 구를 유한 개의 부분으로 분해된 다음, 원래의 구와 반지름이 똑같은 두 개의 구로 다시 조립할 수 있다는 것이다.

이 주장에 대한 갈등을 다소나마 해소하기 위하여 다음 몇 가지를 주목하자. 먼저, 길이가 1 인 실수 선분이나 길이가 2 인 실수 선분은 집합론적으로 대등*equipotent*하다. 즉, 두 실수 선분 사이에는 일대일 대응관계가 존재한다. 바나흐-타르스키 정리와는 많이 다른 상황이지만 "길이가 2 인 실수 선분은 원래의 선분, 즉 자기 자신과 '대등' 한 두 부분으로 나뉘어진다"라고 할 수 있다. 여기서 "길이"의 개념과 "대등"의 개념이 분명하면 위의 주장으로부터 하등의 갈등을 겪지 아니하겠지만, 그렇지 아니한 경우에는 인지적 갈등을 유발 할 수 있다. 두 번째로 "길이", "넓이", 그리고 "부피"의 개념을 상식적인 수준에서 생각해 볼 필요가 있다. 길이, 넓이, 그리고 부피는 집합론적 개념이 아니다. 즉, 길이, 넓이, 그리고 부피를 나타내는 값은 일대일 대응에 의하여 보존되지 아니한다. 위의 예에서 보았듯이 대등한 두 집합의 길이는 얼마든지 다를 수 있다. 사실, 길이가 1인 실수 선분은 길이가 무한대 인 수직선 전부(모든 실수의 집합)와 대등하다. 또, 선분의 길이를 잴 때 그 선분의 양 끝 점의 포함여부는 중요하게 여기지 않는다. 직사각형의 넓이를 잴 때에도 모서리의 점이 포함되는지 포함되지 아니하는지는 문제되지 아니한다.

측도론 *measure theory*에서 흥미 있는 예로 소개되는 칸토어 집합 *Cantor ternary set*은 실수 전체의 집합과 대등하되 그 집합의 측도(좀 부주의하게 말하면, 길이)는 0이다(참고로, Fractal 기하학에 나오는 *Sierpinski gasket* 이라는 도형은 그 도형 둘레의 길이는 무한이지만 그 넓이는 0이다. 한 편, **Menger sponge**라는 입체는 그 입체의 겉넓이는 무한이나, 그 부피는 0이다). 또, 칸토어는 길이가 1 인 실수 선분(일차원 도형)과 한 변의 길이가 1인 정사각형(내부 포함, 이차원 도형)은 대등함을 보였다. 이 발견에 칸토어 스스로도 놀라서 "I see it, but I don't believe it"라고 했던 것이다(참고로, 페아노와 힐베르트는 길이가 1 인 실수 선분에서 한 변의 길이가 1인 정사각형(내부 포함)으로의 전사*surjective*이며 연속인 *continuous* 함수를 발견하여 수학계를 놀라게 했다. 대등성 *equipotency*은 길이, 넓이, 부피, 그리고 차원 등과 매우 독립적인 개념이라는 사실을 이상의 예에서 알 수 있다.

바나흐-타르스키 정리는 "길이"와 "대등"처럼 매우 이질적인 개념이, 이보다 더 이질적인 "인간의 상식(직관)"과 뒤범벅되어 역설적인 것으로 비쳐진다.

이 정리의 바탕에는 여러 분야의 수학이 관련된다. 앞에서 언급한 바와 같이 집합론에서의 선택 공리는 결정적인 역할을 한다. 이는 측도론에서의 불가측집합(Lebesgue) non-measurable을 구성하는데 활용된다. 대수학(특히 군론)에서의 변환군과 자유군의 이론도 바나흐-타르스키 정리에서 중요한 역할을 한다. 특히, 일차원이나 이차원 유크리드 공간에서는 바나흐-타르스키 정리에서 주장하는 그러한 현상이 일어나지 않는 사실은, 이 정리에 등장하는 변환군이 계수 2인 자유군인 부분군을 포함하느냐 하지 않느냐에 달려있기 때문이다.

자명한 사실이지만, 바나흐-타르스키 정리에 나타나는 유한개의 조각들은 선택공리에 의하여 그 존재가 보장되므로 비구성적 *non-constructive*이라는 것이다. 다시 말해서 실제로 콩 하나와 칼을 비롯한 필요한 도구가 주어졌을 때, 주어진 콩을 분할하고 재 구성하여 두 개의 콩(같은 크기의)을 만들어 낼 수있는 구체적인 방법과 절차가 바나흐-타르스키 정리의 증명 과정에는 제시되지 아니한다는 것이다. 그 조각들은 매우 기이하고 또 순전히 이론적으로만 정의되며, 가측 *(Lebesgue) measurable* 하지 않는, 즉 불가측 집합이다. 우리가 보통 생각할 수 있는 집합들은 가측이다. 우리가 생각할 수 있는 집합보다 더 이상하고 복잡한 집합이라도 불가측이기 쉽지 않다. 실제로 아직까지는 불가측 집합은 선택 공리를 사용하여서만 제시될 수 있다.

이상의 내용을 자세히 살펴보면 다음과 같다. 바나흐-타르스키 정리는 특정한 조건을 만족시키는 측도의 존재성과 깊은 관련이 있다. 이 문제는 측도론에서 다루는 중요한 문제 중 하나이다. 해석학에서 가장 쉽게 접하게되고, 따라서 가장 중요한 수의 집합은 구간 *interval*이다. 이 구간의 개념은 확장되어 개집합(또는 폐집합), 보렐 *Borel* 집합, 더 나아가 가측 집합 등이 된다. 한 편, 주어진 구간은 그 구간의 크기(길이)를 생각할 수 있다. 이 크기의 개념은 일반적인 개집합, 보렐 집합, 그리고 가측 집합에도 적용될 수 있도록 그 개념이 일반화되어 정의되어야 한다. 이 일반화 된 크기의 개념이 측도라는 것이다. 그러나 아무리 일반화 된 개념이라 하더라도 유용한 일반화가 되기 위해서는 기본적으로 만족시켜야할 조건이 있다. 예를 들어, 다음과 같은 성질들이다 : (1) 어떠한 실수의 집합에 대해서도 그 집합의 측도가 정의된다. 측도의 개념이 모든 집합을 아우를 수 있어야 한다는 요구다. (2) 구간의 측도는 그 구간의 길이와 같다. 이 요구는 측도는 길이 개념의 일반화이어야 한다는 것이다. (3) 집합 E_i……가 서로 만나지 않는다면(서로 소라면), $\bigcup_i E_i$의 측도는 E_i각각의 측도의 합과 같다. 이 조건도 길이 개념의 근본적 성질이므로 당연한 요구라 하겠다.

그러나 불행하게도 연속체 가설을 수용하면, 위의 세 조건을 만족시키는 그러한 측도는 존재하지 않음이 알려졌다. 결국 위의 성질 중 일부를 약화시켜야 한다. 보통 많이 다루는 **Lebesgue** 측도론에서는 (1)의 조건을 약화시킨다. 즉, 측도를 계산 할 수 없는 집합이 존재하게 된다. 바나흐-타르스키 정리에서 등장하는 그 조각은 측도를 계산할 수 없는 그러한 집합이고, 이러한 의미에서 그 집합을 불가측 집합이라고 하는 것이다.

수학적 결론이 우리의 상식(직관)과 갈등을 일으키는 예는 바나흐-타르스키 정리 외에도 많이 있다. 확률 개념과 관련해서는 많이 있는데 그 중에 한 예는 "두 봉투 역설*two envelope paradox*"이다. 그 내용은 다음과 같다. 당신 앞에 상금이 들어있는 두 봉투가 있다. 한 봉투 속의 상금은 다른 봉투 속의 상금의 두 배라는 것을 당신은 안다. 그러나 안타깝게도 겉으로는 구별이 되지 않는다. 이제 당신은 둘 중 하나를 택하고 그 택한 상금을 받게된다. 택하고 난 후 그 금액을 확인한다(물론, 확인하지 않고 그냥 가지고 가도 된다). 이 때 당신이 원한다면 한 번의 기회가 더 주어진다. 이제라도 다른 봉투를 택할 수 있는 것이다. 가급적 많은 상금을 원한다면, 당신은 어찌하겠는가? 처음에 택한 상금으로 만족하겠는가 아니면 봉투를 바꿔 보겠는가? 당신의 결정(전략)에 논리적인 근거가 있는가? 그 논리적 근거는 당신의 상식(또는 직관적인 느낌)과 일치하는가?

수리 논리와 관련된 예도 있다. 헴펠의 역설 *Hempel's paradox*이 대표적이다. 다음 명제를 증명하고 싶다 : **All ravens are black**. 이곳 저곳 다니면서 raven을 만나, 그 raven이 검은색임을 확인한다. 만나는 raven의 수가 많아지고 그 때마다 검은색임이 확인될수록 증명하고자하는 명제의 정당성에 신뢰가 커진다. 그러나 여행하며 raven을 만나기가 쉽지 않다. 시간과 돈이 많이 든다. 그래서 증명 전략을 바꾸기로 했다. 원래 명제의 대우 명제인 "검지 않으면 raven이 아니다"를 증명하기로 한 것이다. 원래의 명제와 그 대우 명제의 진리 값은 항상 같다고 수리 논리학에서 증명했기 때문이다. 멀리 여행하지 않아도, 이 대우 명제가 참임을 확인해 주는 예가 당신 주위에 많이 있다. 이제 이러한 예가 많아질수록 당신은 원래의 명제 "**All ravens are black**"의 정당성에 신뢰가 쌓여 가는가? 그렇지 않다면 무엇이 문제인가?

매우 엄격할 것 같은 수리 논리에는 어이없는 참 명제도 있다. "1 + 1 = 3 이면 나는 영국의 여왕이다"라고 러셀이라는 남자가 주장했다면, 이 주장은 두 개의 거짓 명제로 이루어진 참 명제이다. 수학적으로는 "거짓말로 만 된 참 말"이 가능하다는 것이다.

각주

1. 칼 보이어 *Carl Boyer*, 〈수학의 역사 *A History of Mathematics*〉, 미국 뉴욕(출판사 소재지), Wiley(출판사), 1968, 58쪽.

2. 모든 유리수는 기약 분수꼴로 나타낼 수 있다. $\sqrt{2}$를 유리수라고 가성하면, $\sqrt{2}=a/b(a, b$는 정수이고, 1이외의 공약수를 갖지 않는다.) 양변을 거듭 제곱하여 이항하면 $a^2=2b^2$, 여기서 a가 홀수라면 $2b^2$이 짝수이므로 모순 그런고로 a는 짝수 ∴ $a=2c$ (c는 정수) $a^2=(2c)^2=4c^2=2b^2$, $b^2=2c^2$ ∴ b도 짝수, a, b가 모두 짝수가 되어 2라는 공약수를 갖게 된다. 기약분수라는 가정에 모순, $\sqrt{2}$를 유리수라고 가정해서 이런 모순이 생겼으므로 $\sqrt{2}$는 무리수.(증명끝) 수학에서는 이러한 증명법을 귀류법(모순법)이라고 한다.

3. 소수부분이 반복되는 모든 수는 — 반복되기 전까지의 소수부분이 아무리 길더라도 그 수는 — 유리수라는 것을 증명하는 간단한 방법이 있다. 예를 들어 수 $0.123123123\cdots$이 있는데, 이것을 x라고 하자. 그러면 $1000x$는 $123.123123123\cdots$이다. $1000x$에서 x를 뺀 것은 123.000이다(반복되는 소수부분을 이렇게 제거할 수 있다). $1000x-x=999x=123$. 따라서 x는 $123/999$이고, 이것은 두 정수의 비율이며, 유리수이다.

4. 매트 *D. C. Matt* 번역, 〈조하르, 계몽의 책 *Zobar : The Book of Enligh-tenment*〉, 미국 뉴저지, Paulist Press, 1983, 33쪽.

5. 같은 책, 49쪽.

6. 루커 *R. Rucker*, 〈무한과 정신 *Infinity and the Mind*〉, 미국, Princeton University Press, 1955, 189–219쪽.

7. 삼각함수에서 탄젠트 x는, 예각(90도보다 작은 각) x의 마주보는 변(대변)과 인접변(대변과 직각을 이루는 변)의 비율이다. (직각삼각형 ABC에서 각 C가 직각이고, a, b, c가 각 A, 각 B, 각 C의 대변이라고 할 때, 예각 A를 기준으로 하면 AB 곧 c는 빗변(사변) hypotenuse, BC 곧 a는 대변 *opposite side*, AC 곧 b는 인접변 *aduacent side*이 된다. 여기서 탄젠트 *tangent* A는 a/b, 사인 *sine* A는 a/c, 코사인 *cosine* A는 b/c, 코탄젠트 *cotangent* A는 b/a, 시컨트 *secant* A 는 c/b, 코시컨트 *cosecant* A는 c/a이다 : 옮긴이).

8. 칸토어의 생애를 다룬 여러 책 가운데 이러한 주장에 반대하는 책도 많다. 영국의 수학사가인 아이버 그래턴-기네스 *Ivor Grattan-Guiness*는 〈과학 연대기 *Annals of Science*〉(1971)에 실린 "게오르크 칸토어의 전기 초고"에서, 칸토어는 분명 유대인이 아니라고 주장했다.

9. 벨 *E. T. Bell*, 〈수학의 사람들 *Men of Mathematics*〉, 미국 뉴욕, Simon & Schuster, 1937.

10. 요제프 다우벤 *Joseph W. Dauben*, 〈게오르크 칸토어: 그의 무한의 철학과 수학 *Georg Cantor: His Mathematics and Philosophy of the Infinite*〉, 미국 뉴저지, Princeton University Press, 1990. 275–6쪽.

11. 다우벤의 같은 책 277쪽

12. 폴 헬모스 *P. R. Halmos*, 〈소박한 집합론 *Naïve Set Theory*〉, 미국 뉴욕, D. Van Nostrand, 1960.

13. 칸토어의 증명에서, 각 수의 숫자는 그것에 1을 더하는 것과는 조금 다른 방법으로 변하지만, 그 원리는 동일하다. 수학을 전공하는 독자를 위해, 실직선 위의 수가 가산적이지 않다는 것에 대한 다른 증명을 제시해보겠다. 편의상 다시 0과 1 사이의 구간을 사용하겠다. 0과 1 사이의 모든 수를 하나의 리스트로 열거하는 방법이 있다고 가정해보자. 그 리스트는 $a_1, a_2, a_3, \cdots\cdots$ 등으로 무한히 계속된다고 하자. 이제 0과 1 사이의 구간을 3등분한다. 그러면 0과 1/3 사이의 폐구간과, 1/3과 2/3 사이의 폐구간, 2/3와 1 사이의 폐구간으로 나뉜다. 이것들 가운데 수열의 첫 항목인 a_1을 포함하지 않는 폐구간 하나를 선택한다. 이것이 0과 1/3사이의 폐구간이라 하고 이것을 다시 3등분한다. 그러면 0과 1/9, 1/9와 2/9, 2/9와

1/3로 나뉜다. 여기서 두 번째 수인 a_2를 포함하지 않는 새 구간 하나를 선택한다. 이런 식으로 무한히 계속한다. 수학의 속성 하나에 의하면, 어떤 폐구간에도 하나의 교점 *a point of intersection*이 있다. 그 점을 c라고 하자. 이제까지 폐구간을 나누어온 방식에 따라 우리는 이 수가 수열 $a_1, a_2, a_3, \cdots\cdots$ 가운데 한 수가 아니라는 것을 알 수 있다(거칠게 말해서, 폐구간을 계속 작게 쪼개면 결국에는 열거되지 않은 수가 포함된 폐구간을 얻을 수 있다는 뜻 : 옮긴이).

14. 다우벤의 같은 책에서 재인용(1979년판, 54쪽)

15. 앙리 르베그*Henri Lebesgue*(1875-1941)는 측도론*theory of measure*을 발전시킨 프랑스 수학자이다.

16. 다우벤의 같은 책, 1쪽

17. 마이클 홀레트*Michael Hallett*, 〈칸토어의 집합론과 크기의 한계 *Cantorian Set Theory and Limitation of Size*〉, 미국 뉴욕, Oxford University Press, 1984, 13쪽

18. 칸토어가 괴스타 미타그-레플러에게 보낸 편지, 1883년 12월 30일자, 다우벤의 같은 책에서 재인용(1979년판, 134쪽)

19. 데이빗 웰스*David Wells*, 〈신기하고 재미있는 수에 관한 펭귄 사전*The Penguin Dictionary of Curious and Interesting Numbers*〉, 영국 런던, Penguin, 1987, 205쪽.

20. 성 아우구스티누스*St. Augustine*, 〈신시*City of God*〉, 미국 뉴욕, **Penguin**, 1972, 496-7쪽.

21. 불연속함수는 이 집합에 더 높은 무한의 단계를 부여한다. 수학에 관한 어떤 대중서적을 보면 이 무한의 단계를 다음과 같이 묘사했다. "우표 한 장의 뒷면에 그릴 수 있는 모든 곡선." 이런 진술은 부정확하다. 그것은 우표의 크기가 작기 때문이 아니다. 우리는 크기가 무한에 영향을 미치지 않는다는 것을 이미 알고 있다. 문제는 곡선—우표 뒷면에 그린 연속적인 선—만으로는 불충분하다는 것이다. 연속함수는 실수의 무한 단계를 갖는다. 불연속함수는 그보다 더 높은 단계의 무한이다.

22. 유한수든 초한수든 이들 수는 순서수라고 불린다. 나중에 우리는 기수라고 불리는 더욱 흥미로운 무한한(그리고 유한한) 수에 대해 논하게 될 것이다. 이 기수가 바로 칸토어의 연구와 현대 수학에서 가장 중요한 원소라고 할 수 있다.

23. 아이버 그래턴-기네스, "게오르크 칸토어의 전기 초고", 〈과학 연대기 Annals of Science〉(1971), 제27권, 351쪽.

24. 나탈리 샤로드Nathalie Charraud, 〈무한과 무의식: 게오르크 칸토어에 관한 에세이Infini et Inconscient: Essai sur Georg Cantor〉, 프랑스 파리, Anthropos, 1994, 176쪽.

25. 쇼엔플라이스A. Schoenflies, 〈집합론의 발달Entwickelung der Mengenlehre〉, 독일 라이프치히, B. G. Teubner, 1913.

26. 아이버 그래턴-기네스, "게오르크 칸토어의 전기 초고", 〈과학 연대기 Annals of Science〉(1971), 제27권, 372쪽.

27. 〈버트런드 러셀 자서전The Autobiography of Bertrand Russell〉, 영국 런던, 1967-69(미국 Bantam 출판사에서는 1968년에 출판), 제1권, 217쪽. 칸토어의 편지는 같은 책 218-220쪽에 실려 있다.

28. 다운벤의 같은 책(1990년판), 239쪽.

29. 이 패러독스와 다른 여러 패러독스가 패트릭 수페스Patrick Suppes의 다음 책에 논의되어 있다. 〈공리적 집합론Axiomatic Set Theory〉, 미국 뉴욕, Van Nostrand, 1965, 9쪽.

30. 윌러드 퀸Willard V. O. Quine, 〈집합론과 그 논리Set Theory and Its Logic〉, 미국 매사추세츠, Harvard University Press, 1963, 254쪽.

31. 패트릭 수페스의 같은 책, 1960년판, 5쪽.

32. 괴델의 생애와 연구에 대한 상세 내용은 다음 세 권의 책을 참고한 것이다. 존 도슨John W. Dawson, 〈논리적 딜레마: 괴델의 생애와 연구Logical Dilemmas: The Life and Work of Kurt Gödel〉, 미국 매사추세츠, A. K.

Peters, 1997. 하오 왕*Hao Wang*, 〈논리 여행: 괴델부터 철학까지*A Logical Journey: From Gödel to Philosophy*〉, 미국 매사추세츠, M.I.T. Press, 1996. 페퍼만*S. Feferman* 등 편집, 〈괴델 연구 선집*The Collected Works of Kurt Gödel*〉, 미국 뉴욕, Oxford University Press, 1990.

33. 존 도슨의 같은 책, 1997, 16쪽.

34. 다우벤의 같은 책, 1990, 290쪽.

35. 함수 $F(x)$는 $F(x+y)=F(x)+F(y)$일 경우 1차 함수이며, $F(ax)=aF(x)$일 경우 동차 함수이다.

36. 사실상 괴델은 수많은 정리를 증명했는데, 편의상 여기서는 하나만 예시했다.

37. 마이클 홀레트의 같은 책, 1984, 7-11쪽.

38. 칸토어와 괴델은 똑같이 수학의 기초 분야를 연구한 수학자이면서 정신병―우울증과 박해 콤플렉스 등―을 앓았다는 점을 주목하지 않을 수 없다. 선택공리를 만들었고 공리 체계를 발전시킨 체르멜로 또한 적어도 신경쇠약으로 고통을 받은 것이 확실하다. 무한에 관한 괴델의 결과들 일부를 증명하려고 하다가 실패한 수학자 에밀 포스트*Emil L. Post*도 같은 병을 앓았다. 이런 얄궂은 현상의 이유를 생각해보는 것도 흥미로운 일이다.

39. 나치만이 이런 실수를 한 것이 아니었다. 러셀은 〈자서전〉에서 괴델을 유대인이라고 말했다―이 영국 철학자는 자신의 자서전에서 그밖에도 많은 실수를 했다.

40. 존 도슨의 같은 책, 1997, 109쪽.

41. 상동

42. 다우벤의 같은 책, 269-70쪽.

43. 마이클 홀레트의 같은 책, 1984, 17쪽에 실린 칸토어의 1883년 논문 〈수학 연대기*Mathematische Annalen*〉 참조.

실무한 개념으로 이어진 칸토어의 노트 두 페이지

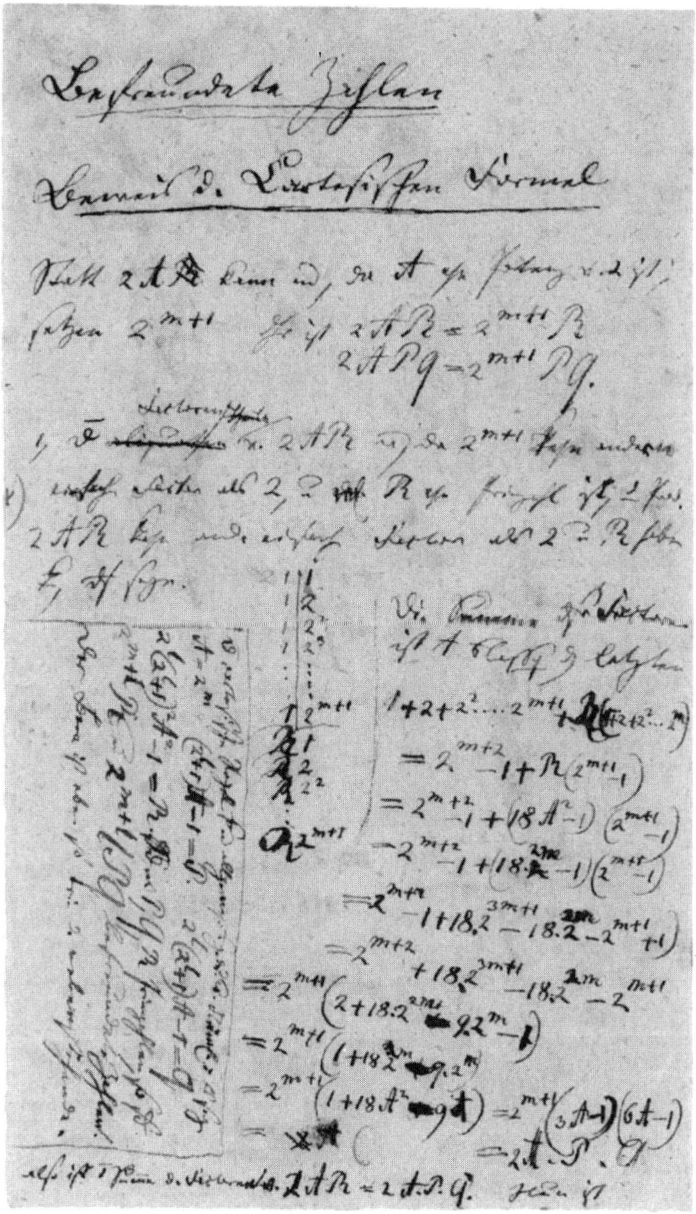

Handwritten manuscript page, largely illegible old German script (Kurrent) with mathematical derivations.

Sechsfachkommata Zahlen

Beweis d. Euklidischen Formel

Es sei $2A\mathfrak{B}$ keine und, da A zu setzen u.s.w ist,
setzen 2^{m+1}. So ist $2A\mathfrak{B} = 2^{m+1}\mathfrak{B}$
$2APq = 2^{m+1}Pq$

1, ... $2A\mathfrak{B}$ ... da 2^{m+1} ......
...... als $2, P ... \mathfrak{B}$ ...... ist 2 ...
$2A\mathfrak{B}$ ...... als $2 \cdot P \cdot \mathfrak{B}$ ...
... ...

$$1 + 2 + 2^2 \ldots 2^{m+1} \quad \mathfrak{B}(2+2^2\ldots^m)$$
$$= 2^{m+2} - 1 + \mathfrak{B}(2^{m+1} - 1)$$
$$= 2^{m+2} - 1 + (18A^2 - 1)(2^{m+1} - 1)$$
$$= 2^{m+2} - 1 + (18A^2 - 1)(2^{m+1} - 1)$$
$$= 2^{m+2} - 1 + 18 \cdot 2^{m+1} - 18 \cdot 2^m - 2^{m+1} + 1$$
$$= 2^{m+1}(2 + 18 \cdot 2^m - 9 \cdot 2^m - 1)$$
$$= 2^{m+1}(1 + 18A^2 - 9 \cdot 2^m)$$
$$= 2^{m+1}(1 + 18A^2 - 9A) = 2^{m+1}(3A-1)(6A-1)$$
$$= 2A \cdot P \cdot q$$

Also ist ...... $2A\mathfrak{B} = 2A \cdot P \cdot q$ ......

(Marginal notes in left margin, illegible)

| 찾아보기 |

ㄱ

가우스 *Carl Friedrich Gauss* 14, 59, 79~80, 113, 119
가톨릭 교회 119, 72, 141
게마트리아 *gematria* 40, 52
곡률 *curvature* 33
공리 *axioms*
   프레게의 공리 202~203
   수학의 공리 23
   체르멜로-프랭켈 공리 124, 236
괴델 *Kurt Gödel* 197, 201~222
   미국 시민권 232
   어린시절 208
   코언과 괴델 235~243
   죽음 220~221
   불완전성 정리 *Incompleteness theorem* 217, 219, 225, 235, 267
   큰 기수 *large cardinals* 217, 240~244
   결혼 223
   정신적 문제 223
   아인슈타인과의 관계 229
   선택공리 연구 194~197

연속체 가설 연구 233
　　미국에서 223~233
　　비엔나에서 213~214
교황 레오 13세 *Leo XIII* 161
교황 요한 바오로 2세 66
구골 *googol*(10의 100제곱=10^{100}) 157
구더만 *Christof Gudermann* 86~89
구트베를레트 *Constantin Gutberlet* 161~162
그래턴-기네스 *Ivor Grattan-Guinness* 161~163
극한 *limits* 34, 55, 66
극한점 *limit points* 78
기독교 신비주의 52
기하학 *geometry*
　　해석기하학 139~142
　　연속체 개념 18, 169
　　유클리드 기하학 124
　　곡면체의 면적과 부피를 측정하는 기하학 33, 67
　　원을 정사각형으로 만들기 54, 99~108
　　신의 무한 41, 57~58
　　엔 소프 참고

ㄴ

노벨 *Alfred Nobel* 117~118
뉴턴 *Isaac Newton* 59
니콜라스 *Nicholas of Cusa* 55

ㄷ

다우벤 *Joseph Dauben* 185
단테 *Dante Alighieri* 51, 129, 141
대수 *algebra* 88~91, 219, 236
대수적 수 *algebraic numbers* 90, 101
데데킨트 *Richard Dedekind* 116~118

데카르트 *R. Descartes* 137~144
디리클레 *Peter G. L. Dirichlet* 78~81
따름정리 219

ㄹ

라이프니츠 *Gottfried Leibniz* 227
람베르트 *Johann H. Lambert* 103
러셀 *Bertrand Russell* 188~189
러셀의 패러독스 199
루리아 *Isaac Luria* 43
루친 가설 *Luzin hypothesis* 239
루친 *Nikolai N. Luzin* 239
르네상스 54
리만 구 *Riemann Sphere* 54
리만 적분 *Riemann Integral* 80
리만 *Bernhard Riemann* 80~82
린데만 *C. L. F. Lindemann* 105

ㅁ

메르셴 *Marin Mersenne* 140
멱집합 *power set* 169, 241~255
모세스 데 레온 *Moses de léon* 41
무리수 *irrational numbers*
    대수적 무리수 *algebraic irrational numbers* 105, 132, 150, 159
    무리수에 대한 고대 그리스의 관점 21
    피타고라스 학파의 무리수 발견 23
    무리수 열거 *enumerating*의 불가능성 80
    무리수를 믿지 않은 크로네커 90
    유리수 수열의 극한인 무리수 121
    수직선 상의 무리수 134
    초월수인 무리수 103
    바이어슈트라스의 무리수 연구 112, 114, 116
무한 호텔 *infinite Hotel* 70

무한 *infinity*
  절대적 무한 *Absolute infinity* 218
  실무한 *actual infinity* 59
  무한에 관한 기독교의 관점 64, 158
  첫 단계의 무한 165
  함수의 무한 89
  신의 무한 164, 166, 198, 249
  무한 속의 무 51
  계속적인 연구 249
  무한의 단계 281
  가무한 *potential infinity* 34~35, 59, 82~83
  직선의 무한 80
  초한산수의 무한 165, 166, 171, 172
무한 원점(遠點) *a point at infinity* 50~54, 82~83
무한 집합 *infinite sets* 264~265
물리학 60, 62, 81, 96, 245~247
미술에서의 원근법 55
미적분 *calculus* 59, 89, 94, 249
미타그-레플러 *Gösta Mittag-Leffler* 15, 96, 97, 117~118, 154

ㅂ

바나흐 *Stefan Banach* 204
바나흐-타르스키 패러독스 204~205
바르 요하이 *Shimon Bar Yohai* 41
바이어슈트라스 *Karl Weierstrass*
  바이어슈트라스와 칸토어의 연구 116. 118, 121
  크로네커와의 갈등 91
  칸토어와의 관계 112~114, 116
  볼차노-바이어슈트라스 속성 참고
반순서집합 *partially ordered set* 215
베를린 대학 79
베이컨 *Francis Bacon* 180~188
벨 *E. T. Bell* 280

볼차노 *Bernhard bolzano* 59
볼차노-바이어슈트라스 속성 *Bolzano-Weierstrass property* 116, 126
부랄리-포르티 *Cesare Burali-Forti* 125, 199, 200
Cesare의 이탈리아어 발음은 "체사레"
부코프스키 *L. Bukovsky* 239
불완전성 정리, 괴델 참고
브래드워딘 *Thomas Bradwardine* 54

ㅅ

사페드 *Safed* 43~44
삼각 수 *triangular numbers* 27~28
상대성이론 231, 269
샤로드 *Nathalie Charraud* 282
선, 차원과 수직선 참고
선택공리 *axiom of choice* 200
    바나흐-타르스키 패러독스와 선택공리 204~205, 272
    선택공리에 관한 괴델의 연구 215~222
    한-바나흐 정리와 선택공리 214~215
    집합론으로부터 독립적인 선택공리 197
세피로트 *Sefirot* 44~57
셀라 *Saharon Shelah* 242~243, 258
셀라의 정리 *Shelah's Theorem* 243
셰익스피어 *William Shakespeare* 177
솔로몬 이븐 가비롤 *Solomon Ibn Gabirol* 40
쇄 *chain* 215
쇼엔플라이스 *A. Schoenflies* 282
수 신비주의 *number mysticism* 26, 30
수 *number*
    헤브라이어 문자와 관련된 수 40
    셈 *counting* 31
    집합으로 정의한 수 126, 249
    수의 존재 248
    순서수 *ordinals* 127, 200
    아주 큰 수 240

무리수, 유리수, 초한수 참고
수렴 *convergence* 22
  함수의 수렴 89~93
수직선 *Number line*
  절단 *cuts* 119~120
  수직선 상의 무리수 134~135
  무한의 단계 26, 106, 134, 151
  수직선 상의 유리수 134~135
수학
  고대 그리스의 수학 30, 59
  증명 방법 196
  공리, 기하학 참고
순서수 *ordinal numbers* 200, 241, 266, 282
실무한 *actual infinity* 59, 68, 71, 121~129, 159, 161, 164, 210, 261
실버 *Jack Silver* 242

○─────────────────────────────

아낙사고라스 *Anaxagoras* 103~104
아르키메데스 *Archimedes* 33, 35, 61, 67, 104, 245
아불라피아 *Abraham Abulafia* 43
아우구스투스 *St. Augustine* 53, 158~161, 281
아인슈타인 *Albert Einstein* 220, 231~233
아퀴나스 *St. Thomas Aquinas* 54
아키바 벤 조셉 *Akiva ben Joseph* 38~45
아킬레스 *Achilles* 21~23
악어 딜레마 *crocodile dilemma* 199
악타 마테마티카 *Acta Mathematica* 117~118, 155, 175~178
알레프(신의 상징) *Aleph* 18
  연속체의 기수 *cardinalnumber of continuum* 160~161
  알레프의 단계 *order of alephs* 173
  초한기수의 상징으로서의 알레프 161, 172, 191~192
  알레프 제로(혹은 알레프 널) 164, 169, 170~172, 236
  연속체 가설, 초한 산수 참고

약한 연속체 가설 *weak continuum hypothesis* 239, 240
에딩턴 *Sir Arthur Eddington* 80
에르미트 *Charles Hermite* 154
에우독소스 *Eudoxus* 31, 33, 35, 67, 73, 84, 89, 245, 263
에피메니데스 *Epimenides* 199
엔 소프 *Ein Sof* 47~58, 164, 165, 218, 249
연속체 가설
  대안 가설 238
  칸토어가 증명하고자 한 연속체 가설 173
  연속체 가설에 대한 칸토어의 도그마적 견해 185
  연속체 가설 방정식 173
  일반 연속체 가설 173
  연속체 가설에 대한 괴델의 연구 224, 226, 229~230, 233, 235~238
  증명 불가능성 180
  집합론과의 독립성 224, 229, 236
  칸토어의 연구에 대한 반박 91, 92
  약한 연속체 가설 239, 240
  연속체 가설 증명에 요구되는 정렬원리 192~197
  초한수 참고 127
연속체 *continuum*
  기수 *cardinal number* 31, 160~170
  연속성 84, 89
  두 수 사이의 대응 68, 69, 76
  연속체의 존재 248, 249
  기하학 상의 연속체 32, 33, 80
  연속체 속의 무리수 24~32, 99~108
  연속체에 관한 카발리스트들의 견해 51
연속체의 기수 *cardinal number of continuum*
  큰 연속체의 기수 170, 171, 210, 217, 240~242, 255
  집합 49, 50
  초한 127, 131~132, 150, 156
영 *Grace Chisholm Young* 210
오일러 *Leonhard Euler* 59, 73, 106
요셉 카로 *Joseph Caro* 44
  데카르트 좌표계 *Cartesian coordinate system* 140~144

원근법 *perspective* 54, 99
원을 정사각형으로 만들기, 기하학 참고
유대 기도문 164
유대교 신비주의 37
    카발라 참고
유리수 *rational numbers* 29, 30
    유리수 배열 106
    유리수 열거 *enumerating* 131~135
    수열의 극한 *limits of sequences* 89, 94, 116, 121~126
    무한의 단계 *order of infinity* 26, 106, 129~134, 151, 159, 165, 173
유리수의 가부번성 *denumerability*에 대한 대각행렬 증명 130
유클리드 *Euclid* 32

ㅈ

절대무한 *Absolute infinity* 150, 210, 218
정지 문제 *halting problem* 246
제곱근 *square roots*, 무리수 참고
제논의 패러독스 *Zeno's paradoxes* 101, 116, 245
조른의 보조정리 *Zorn's lemma* 214
조하르 *Zohar* 41~44, 48, 49, 279
존스 *F. B. Jones* 239
집합 *Sets*
   가산무한집합 *countably infinite sets* 72, 76, 171
   공집합 *empty(null) sets* 50, 122, 124, 126
   무한집합 68~69, 71
   집합으로 정의된 수 126
   멱집합 *power sets* 169~171, 210, 239, 240
   전체집합(보편집합) *univasal sets* 203, 218
   정렬원리 *well-ordering principle* 192~197
집합론 *set theory*
   추출의 공리 *axiom of abstraction* 202
   칸토어의 연구 246, 253, 258
   농도 *cardinality* 31, 160, 166, 170~171, 239
   연속체 가설의 무모순성 266, 268

연속체 가설의 독립성 226
새로운 발전 123
연산 *operations* 106, 122, 123
패러독스 69,
1과 다의 문제 50
차원 *dimensions* 134
　데카르트 좌표계의 차원 142~144
　다른 차원에서의 무한의 단계 137~138, 144~147, 151~152

ㅊ

천문학 *astronomy* 33, 67
체르멜로 *Ernst Zermelo* 124
체르멜로-프랭켈 집합론(ZF) 124, 236
　선택공리 참고
체비 *Shabbetai Zevi* 42
초월수 *transcendental number* 103, 106
초한산수 *transfinite arithmetic* 165~166, 171~172
초한수 *transfinite numbers*
　초한기수 161, 172, 191~192
　최초의 초한수(오메가) 160, 243
　초한수 단계의 분류체계 *hierarchy of orders* 131
　추출의 공리 *axiom of abstraction* 202

ㅋ

카발라(유대 신비주의) *Kabbalah* 37~57, 158, 164, 167
　하베림 *Chaverim* 44
　발전 51~59
　엔 소프 47~51, 57~58, 164, 167
　카발라의 원소들 44~45, 50
　무한 개념 47, 89
　무 50~59, 127, 131, 176
　비밀 정원으로서의 카발라 57
카발리스트 *Kabbalists* 40~58

칸토어 *Georg Cantor*
  기념판 11
  코발레프스카야와의 편지 교환 95~97
  죽음 11
  교육 11~14, 109~111, 179~183
  연구 결과를 발표하기 위한 노력 134~135, 152~155
  수학 연구의 끝 179~181, 198
  가족 14~16, 109~111, 179, 183
  추종자 125
  정신적 문제로 입원 12, 15, 18
  할레의 집 16~17
  유대인 배경 109~115
  크로네커의 반대 154
  결혼 109
  해석학 연구 12
  무한의 단계/*orders of infinity* 26, 106, 129, 131
  성격 14
  유리수와 무리수의 속성 102, 130~131
  데데킨트와의 관계 118~121, 114~126
  아버지와의 관계 177
  미타그-레플러와의 관계 15, 97, 117~118, 154~155, 174~178
  바이어슈트라스와의 관계 112, 114~126
  종교적 신념 162~163
  집합론 49~50, 115
  셰익스피어-베이컨 연구 187
  연구의 의미 129, 246~247
  무한 연구 67
  기독교 신학자들의 지지 161~162
  교수 경력 11~12, 15, 17~18, 120
  연속체 가설 참고
칸토어-르베그(Lebesgue) 정리 149
칸토어의 아버지 16, 109~111, 177
캐스너 *Edward Castner* 157
컴퓨터 과학 123, 246~247
케플러 *Johann Kepler* 67

코르도베로 *Moses Cordovero* 44
코발레프스카야 *Sofya Kowalewskya* 95~99
코언 *Paul Cohen* 197, 234~245
쾨니히 *Jules C. König* 184~193, 208
쿠머 *Ernst Eduard Kummer* 90, 112
크로네커 *Leopold Kronecker*
   바이어슈트라스와의 갈등 91
   칸토어와의 갈등 92, 149
   무리수 인정 거부 149~155
크리스티나 *Christina*(스웨덴 여왕) 141

ㅌ

타르스키 *Alfred Tarski*
타프 *taf*
테트락티스(10) *tetractys*
   유대교 신비주의에서 10의 의미
토라 *Torah*
튜링 *Alan Turing*

ㅍ

파푸스 *Pappus* 104
패러독스 *paradoxes*
   바나흐-타르스키 패러독스 204~205, 272
   볼차노의 패러독스 75
   가산(가부번) 무한집합 *countably infinite sets* 72, 76, 171
   악어 딜레마 199
   그렐링의 패러독스 201
   거짓말쟁이 크레타인 199
   러셀의 패러독스 50, 199~205
   집합론의 패러독스 124
   제논의 패러독스 101, 116, 245
페아노 *Giuseppe Peano* 122, 125~127, 249, 268~273
페퍼만 *Solomon Feferman* 283

푸앵카레 *Henri Poincaré* 129
프랑켈 *Abraham Fraenkel* 125, 236
프레게 *F. L. G. Frege* 202~203
플라톤 *Plato* 31~50
플루타르코스 *Plutarch* 104
피보나치 급수 *Fibonacci se ries* 25~26
피타고라스 정리 *Pythagorean theorem* 23, 29, 82, 204
피타고라스 학파의 사람들 *Pythagorean* 24, 26~31, 43
피타고라스 *Pythagoras* 23
필로라오스 *Philolaos* 28, 30~31

ㅎ

하우스도르프 *Felix Hausdorff* 173, 225
한 *Hans Hahn* 214
한-바나흐 정리 *Hahn-Banach theorem* 214~215
할레 네르벤클리닉 11, 18, 182, 207, 258
할레 대학 2114~115, 120~121, 149~151, 180
할레 *Helle*(독일) 11~17
할루크 *chaluk* 39, 245~251
함수 *functions*
   연속체와 함수의 비교 76~77
   연속함수 92~93, 159, 281
   수렴함수 89, 93
   불연속함수 93, 281
   함수의 무한성 164, 167, 263
   멱급수 전개 *power-series expansion* 86~87, 89
   계단함수 *step functions* 82, 93~94
   갈릴레오 갈릴레이 *Galileo Galilei* 59~73
해석학 *mathematical analysis*
   대수와의 차이 90~93
   한-바나흐 정리 214~215
   코발레프스카야의 연구 96, 99
   적분 이론 59
핼모스 *Paul R. Halmos* 122, 280

헤브라이어 18, 40~41, 44~45, 51, 57~58
헨델 *Georg Friedrich Handel* 12
황금분할 *golden section* 25
히파소스 *Hippasus* 29~30
힐베르트 *David Hilbert* 70, 129, 187, 264, 268, 273
힐베르트의 호텔 *Hilbert's Hotel* 70

참고문헌

Afterman, Allen. *Kabbalah and Consciousness*. Riverdale, NY: Sheep Meadow press, 1992.
St. Augustine. *City of God*. New York: Penguin, 1972.
Barrow, John D. *Pi in the Sky: Counting, Thinking, and Being*. New York: Oxford University Press, 1992
Bell, E. T. *Men of Mathematics*. New York: Simon & Schuster, 1937.
Bell, John. *Boolean-Valued Models and Independence Proofs in Set Theory*. NY: Oxford University Press, 1985.
Benacerraf, P. and H. Putnam, eds. *Philosophy of Mathematics*. Englewood Cliffs, NJ: Prentice-Hall, 1964.
Bolzano, Bernard. *Paradoxes of the Infinite*. New Haven, Conn.: Yale University Press, 1950.
Boyer, Carl B. *A History of Mathematics*. New York: Wiley, 1968
Boyer, Carl B. *The History of the Calculus and Its Conceptual Development*. New York: Dover, 1959.
Bunch, Bryan. *Mathematical Fallacies and Paradoxes*. New York: Dover, 1982.
Cantor, Georg. *Contributions to the Founding of the Theory of Transfinite Numbers*. Translated by Philip E. B. Jourdain. La Salle, IL: Open Court, 1952.
Charraud, Nathalie. *Infini et Inconscient: Essai sur Georg Cantor (in*

French). Paris: Anthropos, 1994

Dauben, Joseph W. *Georg Cantor: His Mathematics and Philosophy of the Infinite.* Princeton, N. J.: Princeton University Press, 1990.

Dawson, John W., Jr. *Logical Dilemmas: The Life and Work of Kurt Gödel.* Natick, MA: A. K. Peters, 1997.

Drake, F. *Set Theory.* Amsterdam: North Holland, 1974.

Epstein, Perle. *Kabbalah: The Way of the Jewish Mystic.* New York: Barnes & Noble, 1998.

Field, J. V. *The Invention of Infinity: Mathematics and Art in the Renaissance.* NY: Oxford University Press, 1997.

Fraenkel, A., Y. Bar-Hillel, and A. Levy. *Foundations of Set Theory.* Amsterdam: North Holland, 1973.

Friedman, Avner. *Foundations of Modern Analysis.* New York: Dover, 1987.

Gödel, Kurt. *On Formally Undecidable Propositions of Principia Mathematica and Related Systems.* New York: Dover, 1962.

Gödel, Kurt. *Collected Works.* Vol. I. Feferman, Solomon. et al., eds. New York: Oxford University Press, 1986.

Gödel, Kurt. *Collected Works.* Vol. II. Feferman, Solomon. et al., eds. New York: Oxford University Press, 1990.

Grattan-Guinness, Ivor. *The Norton History of the Mathematical Sciences.* New York: Norton, 1998.

Gut, Emmy. *Productive and Unproductive Depression.* New York: Basic Books, 1989.

Hajnal, Andras, and Peter Hamburger. *Set Theory.* Cambridge, U.K.: Cambridge University Press, 1999.

Hallett, Michael. *Cantorian Set Theory and Limitation of Size.* NY: Oxford University Press, 1984.

Halmos, Paul R. *Naïve Set theory.* New York: Van Nostrand, 1965.

van Heijenoort, J. ed. *From Frege to Gödel.* Cambridge, MA: Harvard University Press, 1967.

Hobson, Ernest Willaim. *Squaring the Circle.* Cambridge, U.K.: Cambridge University Press, 1913.

Hrbacek, K., and Thomas Jech. *Introduction to Set Theory.* New York: Marcel Dekker, 1978.

Kamke, E. *Theory of Sets.* New York: Dover, 1950.
Kanamori, Akihiro. *The Higher Infinite.* Berlin: Springer-Verlag, 1997.
Kelley, John. *General Topology.* Princeton, NJ: Van Nostrand, 1955.
Kline, M. *Mathematical Thought from Ancient to Modern Times.* New York: Oxford University Press, 1972.
Kunen, K. *Set Theory: An Introduction to Independence Proofs.* Amsterdam: North Holland, 1980.
Kuratowski, K. Introduction to *Set Theory and Topology.* Reading, MA: Addison-Wessley, 1962.
Lavine, Shaughan, *Understanding the Infinite.* Cambridge, MA: Harvard University Press, 1994.
Levy, A. *Basic Set Theory.* Berline: Springer-Verlag, 1979.
Matt, Daniel C., Trans. Zohar: *The Book of Enlightenment.* Mahwah, N.J.: Paulist Press, 1983.
McLeish, John. *The Stroy of Numbers: How Mathematics Has Shaped Civilization.* New York: Fawcett, 1991.
Moore, Gregory H. *Zermelo's Axiom of Choice: Its Origins, Development, and Influence.* New York: Springer-Verlag, 1982.
Von Neumann, John. *Collected Works.* A.H. Taub, ed., Vol. 1. Oxford: Pergamon, 1961.
Phillips, Esther. *An Introduction to Analysis and Intergration Theory.* New York: Dover, 1984.
Quine, W. V. O. *Set Theory and Its Logic.* Cambridge, MA: Harvard University Press, 1963.
Ramsey, Frank P. *The Foundations of Mathematics and Other Logical Essays.* R. Braithwaite, ed., London: Kegan Paul, 1931.
Rucker, Rudy. *Infinity and the Mind.* New York: Penguin, 1997.
Russell, Bertrand. *Autobiography,* 1914-1944. Boston: Little, Brown, 1968.
Shelah, Saharon. *Proper Forcing. Berlin: Springer-Verlag,* 1982.
Shelah, Saharon. *Cardinal Arithmetic.* New York: Oxford University Press, 1994.
Shoenfield, J. R. *Mathematical Logic.* Reading, MA:Addison-Wesley, 1967.
Schoenflies, A. *Entwickelung der Mengenlehre.* Leipzing: B. G. Teubner, 1913.
Sierpinski, Waclaw. *Hypothese du Continu.* NY: Chelsea, 1956.

Steen, L. A., and J. A. Seebach. *Counterexamples in Topology*. New York: Dover, 1978.

Suppes, Patrick. *Axiomatic Set Theory*. New York: Van Nostrand, 1965

Tarski, Alfred. *Logic, Semantics, Metamathematics*: Papers from 1923 to 1938. Oxford: Clarendon Press, 1956.

Wang, Hao. *A Logical Journey: From Godel to Philosophy*. Cambridge, MA: MIT Press, 1996.

Wells, David. *The Penguin Dictionary of Curious and Interesting Numbers*. *New York*: Penguin,1987.

Whitehead, Alfred North and Bertrand Russell. *Principia Mathematica. Cambridge*, U.K.: Cambridge University Press, Vol.1, 1910; Vol. 2, 1912; Vol. 3, 1913